基础化学实验

（下册）

主　编　金淑萍
副主编　徐　莉　冯晓娟　刘晓晴

科学出版社
北　京

内 容 简 介

本书共4章，包括材料合成与制备、物质性质测定、分子模拟入门、综合性实验，书后附有物理化学常用数据表。第6章是有机玻璃、白乳胶、胶水、药物或药物合成中间体、除草剂等的合成与制备实验；第7章与材料合成有机结合，应用物理化学的方法测试物理及化学变化过程中物质的性质；第8章以量子化学理论为基础、高斯程序为载体，简要阐述了分子模拟的理论基础及应用；第9章是综合材料合成、物性测试及结构表征实验。

本书可作为高等学校化学、应用化学、化学工程与工艺、生命科学等专业的本科生教材，也可供相关专业的教师和学生参考。

图书在版编目(CIP)数据

基础化学实验．下册/金淑萍主编．—北京：科学出版社，2016
ISBN 978-7-03-049320-0

Ⅰ．①基…　Ⅱ．①金…　Ⅲ．①化学实验-高等学校-教材　Ⅳ．①O6-3

中国版本图书馆CIP数据核字(2016)第150080号

责任编辑：丁　里／责任校对：赵桂芬
责任印制：张　伟／封面设计：迷底书装

科学出版社 出版
北京东黄城根北街16号
邮政编码：100717
http://www.sciencep.com
北京凌奇印刷有限责任公司 印刷
科学出版社发行　各地新华书店经销
*
2016年8月第　一　版　开本：720×1000　1/16
2022年8月第三次印刷　印张：14 1/2
字数：318 000
定价：39.00元
(如有印装质量问题，我社负责调换)

前　言

“创新是一个民族的灵魂，是一个国家兴旺发达的不竭动力”。如何增强学生实践能力，培养学生创新精神，正是人才培养模式改革中的重点，也是化学实验教学内容和课程体系改革中的一个重要课题。自2009年以来，河西学院化学化工学院尝试进行实验教学改革，打破过去实验项目依附于单门课程、单个验证性实验的教学模式，以培养学生的观察能力、分析能力、动手实践能力和初步科研能力为教学目标，以形成大学科思想、培养科研思维、掌握科学实验研究方法为主线，打破课程界限，重组实验教学内容，建立了三级实践教学平台——基础操作技能训练实验、专业基础综合设计性实验、专业方向创新研究性实验。针对这一全新的教学体系，并根据人才培养目标和学校实际，编者以学院试行的讲义为基础，着手编写了系列实验教材。本系列实验教材共分四册：《基础化学实验（上册）》、《基础化学实验（下册）》、《中级化学实验》和《综合化学实验》。

本书在《基础化学实验（上册）》的基础上，以典型的合成反应为载体，将合成、分离、提纯、波谱分析、物性测试以及分子模拟等环节有机整合，力图以实践能力与创新精神培养为目标，以学习实验通法为抓手，着力将基本技能训练、综合能力训练及创新精神培养融为一体。

本书的主编为金淑萍，副主编为徐莉、冯晓娟、刘晓晴。第6章由刘晓晴编写，第7章由冯晓娟编写，第8章由徐莉编写，第9章实验三十一至三十三、实验三十九至四十五由刘晓晴编写，其余实验及附录常用数据表由冯晓娟编写。章末列出了主要参考文献。全书由徐莉、刘晓晴统稿，金淑萍审定。

本书的出版得到了甘肃省实验教学示范中心、甘肃省河西走廊特色资源利用重点实验室、河西学院学科建设点专项经费、河西学院教材立项、应用化学重点学科建设等项目的大力支持。河西学院化学化工学院安红钢、吴冬青、王永生、任雪峰、石彦龙、宋正恩、禹兴海、王清云、韩玉琦、宋海、籍向东老师给予了支持与帮助。另外，在讲义使用过程中很多老师和学生都提出了宝贵的意见和建议。编者在此一并致以最衷心的感谢！

“他山之石，可以攻玉”。希望本书能够成为化学本科莘莘学子成才之路上的一块垫脚石。由于编者的水平有限，书中的疏漏和不妥之处在所难免，敬请专家、同行和读者批评指正。

编　者

2016年7月于张掖

目　录

第 6 章　材料合成与制备

实验一　甲基丙烯酸甲酯的本体聚合——有机玻璃的制备(5 学时)

一、实验目的

(1) 了解本体聚合的基本原理和特点，着重了解聚合温度对产品质量的影响。

(2) 了解有机玻璃制备的操作技术。

二、实验原理

本体聚合是指单体在少量引发剂引发下或者直接在热、光和辐射作用下进行的聚合反应。因此，本体聚合具有产品纯度高、无需后处理等特点。本体聚合常用于实验室研究，如聚合动力学的研究和竞聚率的测定等。工业上多用于制造板材和型材，所用设备也比较简单。本体聚合的缺点是散热困难，易发生凝胶效应，工业上常采用分段聚合的方式。

有机玻璃就是甲基丙烯酸甲酯(MMA)通过本体聚合方法制成，聚合热为 $56.5\ kJ \cdot mol^{-1}$。聚甲基丙烯酸甲酯(PMMA)具有光学性能优良、密度小、机械性能和耐候性好等特点，在航空、光学仪器、电器工业、日用品方面有着广泛用途。甲基丙烯酸甲酯在本体聚合中的突出特点是有凝胶效应，即在聚合过程中，当转化率达 10%～20%时，聚合速率突然加快，物料的黏度骤然上升，以致发生局部过热现象。其原因是随着聚合反应的进行，物料的黏度增大，活性增长链移动困难，致使其相互碰撞而产生的链终止反应速率下降；相反，单体分子扩散作用受其影响较小，因此活性链与单体分子结合进行链增长的速率不变，总的结果是聚合总速率增加，以致发生爆发性聚合。本体聚合没有稀释剂存在，聚合热的排散比较困难，凝胶效应放出大量反应热，使产品含有气泡影响其光学性能。因此，在生产中要通过严格控制聚合温度来控制聚合反应速率，以保证有机玻璃产品的质量。

反应式：

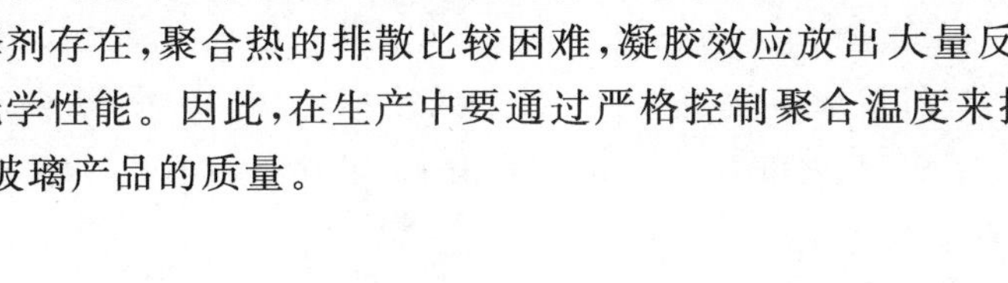

甲基丙烯酸甲酯本体聚合制备有机玻璃常采用分段聚合方式，先在聚合釜内进行预聚合，将预聚合物浇铸到制品型模内，再开始缓慢聚合反应成型。预聚合有几个优点：一是缩短聚合反应的诱导期并使凝胶效应提前到来，以便在灌模前移出较多的聚合

热,利于保证产品质量;二是可以减少聚合时的体积收缩,因甲基丙烯酸甲酯由单体变成聚合物时,体积要缩小 20%～22%,通过预聚合可使收缩率小于 12%,另外,浆液黏度大,可有效减少灌模的渗透损失。

三、试剂与仪器

1. 试剂

甲基丙烯酸甲酯(减压蒸馏),偶氮二异丁腈(重结晶纯化两次)。

2. 仪器

磨口锥形瓶(100 mL),球形冷凝管,集热式磁力搅拌器,玻璃漏斗,试管或其他形状的玻璃模具。

四、实验装置

实验装置如图 6-1 所示。

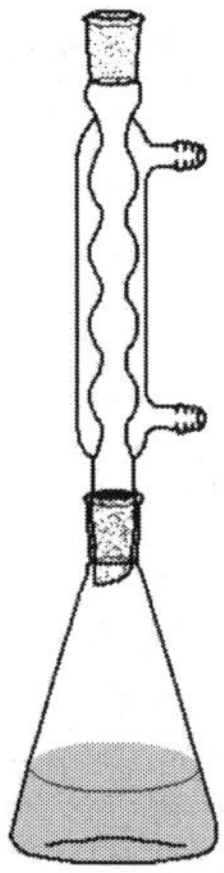

图 6-1 聚甲基丙烯酸甲酯的预聚合实验装置

五、实验内容

1. 制浆(制备预聚物)

在洁净、干燥的 100 mL 锥形瓶中加入甲基丙烯酸甲酯 20 g,称取 0.02 g(用量为甲基丙烯酸甲酯的 0.1%)偶氮二异丁腈(AIBN),轻轻摇动至溶解。86～90 ℃水浴回流,观察体系的黏度变化至形成黏性薄浆(甘油状或稍黏,需 0.5～1 h),迅速用冷水冷却至 40 ℃使聚合反应停止。

2. 成型(制备有机玻璃棒材)

将上述制得的预聚物,通过玻璃漏斗小心地由开口处灌入洁净、干燥的试管或其他棒状的玻璃模具中,将灌好的模具放入 40 ℃的烘箱中,保持 24 h,升温至 70 ℃,保持 30 min,最后升温至 95 ℃,保持 30 min。冷却后将玻璃模具砸碎,得一透明光滑的有机玻璃棒。

六、主要试剂及产物的物理常数

名称	缩写	摩尔质量/(g·mol^{-1})	性状	密度/(g·mL^{-1})	熔点/℃	沸点/℃
甲基丙烯酸甲酯	MMA	100.12	无色液体	0.94	−48	100～101
偶氮二异丁腈	AIBN	164.21	白色结晶	1.11	102～104	—

七、思考题

(1) 本体聚合与其他聚合方法比较有何特点?

(2) 采用预制浆的目的是什么?

(3) 如何避免有机玻璃中产生气泡?

(4) 甲基丙烯酸甲酯单体相对密度为 0.94,聚合物相对密度为 1.99,计算完全聚合后体积的收缩率。若要制得厚 5 mm、长 20 mm、宽 15 mm 的有机玻璃平板,所需的单体量为多少?

实验二　悬浮聚合——甲基丙烯酸甲酯的悬浮聚合(5 学时)

一、实验目的

(1) 了解悬浮聚合的配方及各组分的作用。

(2) 了解水和单体体积比、搅拌速率对悬浮聚合物粒度的影响。

二、实验原理

悬浮聚合是将单体以微珠形式分散于介质中进行的聚合。从动力学的观点看,悬浮聚合与本体聚合完全一样,每一个微珠相当于一个小的本体。当微珠聚合到一定程度,珠子粒度迅速增大,珠与珠之间很容易碰撞黏结,黏成一团,因此必须加入适量分散剂,选择适当的搅拌器与搅拌速率,同时也要注意水与单体配比。悬浮聚合克服了本体聚合中散热困难的问题,但珠粒表面附有分散剂,使纯度降低。由于分散剂的作用机理不同,在选择分散剂的种类和确定分散剂用量时,要根据聚合物种类和颗粒要求而定,如颗粒大小、形状、树脂的透明性和成膜性能等。

本实验以氢氧化镁为分散剂进行甲基丙烯酸甲酯的悬浮聚合。

三、试剂与仪器

1. 试剂

甲基丙烯酸甲酯(减压蒸馏),偶氮二异丁腈(重结晶纯化两次),$MgCl_2$(1 mol · L^{-1}),NaOH(1 mol · L^{-1}),去离子水。

2. 仪器

三颈烧瓶(250 mL),烧杯(25 mL、200 mL),量筒(10 mL、25 mL、100 mL),温度计(100 ℃),球形冷凝管,玻璃漏斗,滤纸,抽滤瓶,布氏漏斗,电动搅拌器,水浴锅。

四、实验装置

实验装置如图 6-2 所示。

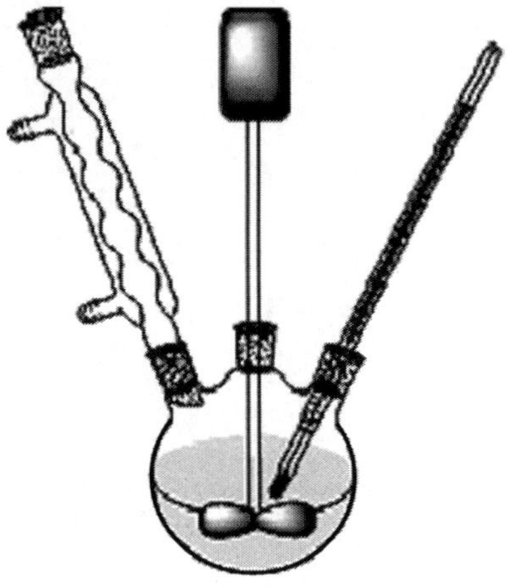

图 6-2　甲基丙烯酸甲酯的悬浮聚合实验装置

五、实验内容

量取 40 mL 去离子水加入三颈烧瓶中，开启电动搅拌器，加入预先配制的 1 mol·L^{-1} $MgCl_2$ 和 1 mol·L^{-1} NaOH 溶液各 4～5 mL，水浴加热至 60 ℃，反应 5 min。同时取新蒸馏的甲基丙烯酸甲酯 8 mL 于 25 mL 烧杯中，使其先与偶氮二异丁腈混溶(用量为甲基丙烯酸甲酯质量的 1%)，待全部溶解后，用玻璃漏斗加至三颈烧瓶中，20 mL 去离子水冲洗烧杯，洗液一并加入烧瓶。为使单体在水中分散成为大小均匀的珠粒，此时应注意调整电动搅拌器转速，使反应温度保持在 78～80 ℃。

注意观察悬浮粒子的情况，随着反应的进行，聚合物相对密度增大，球形的聚合物逐渐沉降于烧瓶底部，当几乎嗅不到单体气味时，即可升温至 85 ℃熟化 30 min 左右，通常反应 1.5～2 h。

反应结束后，移去热水浴，冷却后将产物倾入 200 mL 烧杯，用温热的去离子水清洗数次，过滤，60 ℃烘箱中恒量。计算产率。

六、思考题

(1) 悬浮聚合成败的关键何在？
(2) 如何控制聚合物粒度？
(3) 试比较有机分散剂与无机分散剂的分散机理。
(4) 实验中哪些因素对摩尔质量(或黏度)有影响？
(5) 聚合过程中油状单体变成黏稠状最后变成硬的粒子的现象如何解释？

实验三　乙酸乙烯酯的乳液聚合——白乳胶的制备(5 学时)

一、实验目的

(1) 学习乳液聚合的方法，制备聚乙酸乙烯酯乳液。
(2) 了解乳液聚合的机理及乳液聚合中各组分的作用。

二、实验原理

乳液聚合是以水为分散介质，单体在乳化剂的作用下分散，并使用水溶性的引发剂引发单体聚合的方法，所生成的聚合物是以微细的粒子分散在水中形成乳液。乳化剂的选择对稳定的乳液聚合十分重要，起到降低溶液表面张力，使单体容易分散成小液滴，并在乳胶粒表面形成保护层，防止乳胶粒凝聚的作用。常见的乳化剂分为阴离子型、阳离子型和非离子型三种，一般离子型和非离子型配合使用。

市场上的白乳胶就是通过乳液聚合方法制备的聚乙酸乙烯酯乳液。乳液聚合通常在装有回流装置的搅拌反应釜（图 6-3）中进行：加入乳化剂、引发剂水溶液和单体后，一边进行搅拌，一边加热便可制得乳液。乳液聚合温度一般控制为 70～90 ℃，pH 为 2～6。由于乙酸乙烯酯聚合反应放热较大，反应温度上升显著，一次投料法要想获得高浓度的稳定乳液比较困难，故一般采用分批加入引发剂或单体的方法。

反应式：

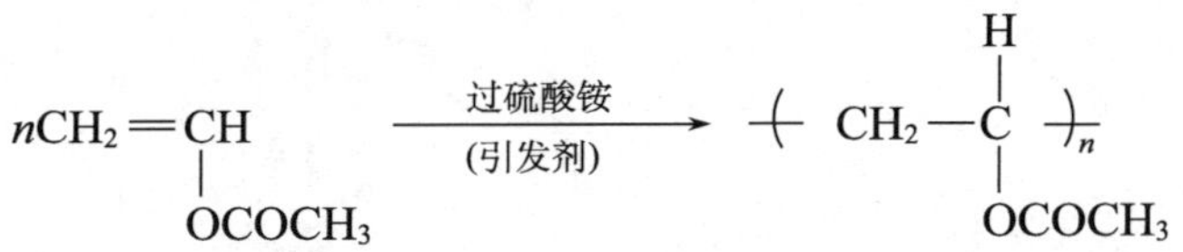

乙酸乙烯酯乳液聚合机理与一般乳液聚合机理相似。但是，乙酸乙烯酯在水中有较高的溶解度，而且容易水解，产生的乙酸会干扰聚合；同时，乙酸乙烯酯自由基十分活泼，链转移反应显著。因此，除了乳化剂，乙酸乙烯酯乳液生产中一般需要加入聚乙烯醇来保护胶体。乙酸乙烯酯也可以与其他单体共聚合制备性能更优异的聚合物乳液，如与氯乙烯单体共聚合可改善聚氯乙烯的可塑性或改良其溶解性，与丙烯酸共聚合可改善乙酸乙烯酯聚合乳液的黏结性和耐碱性。

三、试剂与仪器

1. 试剂

乙酸乙烯酯（减压蒸馏），聚乙烯醇-1799（分析纯），十二烷基磺酸钠（分析纯），OP-10水溶液（20%），过硫酸铵水溶液（20%），去离子水。

2. 仪器

三颈烧瓶（250 mL），球形冷凝管，恒压滴液漏斗，温度计（100 ℃），量筒（5 mL、100 mL），电动搅拌器，水浴锅，平板电炉，分析天平。

四、实验装置

实验装置如图 6-3 所示。

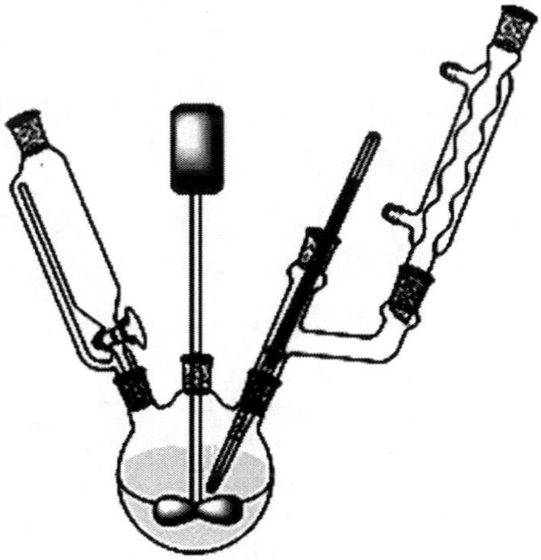

图 6-3　白乳胶的制备装置

五、实验内容

(1) 三颈烧瓶中加入去离子水 90 mL、聚乙烯醇-1799 5 g，开启电动搅拌，水浴加热至 80～90 ℃使聚乙烯醇完全溶解。

(2) 聚乙烯醇全部溶解后降温至 70 ℃,停止搅拌,依次加入 1 g 十二烷基磺酸钠、5 mL 20% OP-10 水溶液、2.5 mL 20%过硫酸铵水溶液(引发剂)和 21.4 mL 乙酸乙烯酯,开启搅拌,反应开始。

(3) 反应至体系出现蓝光,表明乳液聚合反应开始启动,15 min 后再加入 2.5 mL 20%过硫酸铵溶液(引发剂),并开始由恒压滴液漏斗缓慢滴加乙酸乙烯酯 42.8 mL,于 2 h 内加完,滴加时注意控制反应温度不变。

(4) 滴加完毕后继续搅拌,保温反应 30 min,撤除水浴,继续搅拌冷却至室温。

(5) 将生成的乳液经纱布过滤倒出,进行物性测试。

六、乳液的物性测试

(1) pH 测定:以 pH 试纸测定乳液 pH。

(2) 固含量测定:在已称好的铝箔中加入 0.5 g 左右试样(精确至 0.0001 g),放在平面电炉上烘烤至恒量,按下式计算固含量($S\%$):

$$S\% = \frac{(W_2 - W_0)}{(W_1 - W_0)} \times 100\%$$

式中,W_0为铝箔质量;W_1为干燥前试样和铝箔质量;W_2为干燥后试样和铝箔质量。

七、主要试剂及产物的物理常数

名称	缩写	摩尔质量 /(g·mol⁻¹)	性状	密度 /(g·mL⁻¹)	熔点 /℃	沸点 /℃
乙酸乙烯酯	VAc	86.09	无色液体	0.93	−93	71.8
聚乙酸乙烯酯	PVAc	2 万~20 万	无色黏稠液或淡黄色透明玻璃状颗粒	1.19	—	—
聚乙烯醇-1799	PVA	7 万~14 万	白色片状、絮状或粉末状固体	1.27~1.31	230~240	—

八、思考题

(1) 乙酸乙烯酯乳液聚合体系与理想乳液聚合体系有何不同?

(2) 如何从聚合物中分离出固体聚合物?

(3) 为什么要严格控制单体滴加速率和聚合反应温度?

(4) 聚乙酸乙烯酯乳液有何用途?

(5) 市售的乙酸乙烯酯单体一般需要蒸馏后才容易发生聚合反应,为什么?

实验四　聚乙烯醇缩甲醛胶水的制备(7 学时)

一、实验目的

(1) 了解聚合物化学反应的基本特征。

(2) 掌握由聚乙烯醇制备聚乙烯醇缩甲醛胶水的方法。

二、实验原理

聚乙烯醇(PVA)与甲醛在 H^+ 的催化作用下发生缩合反应：

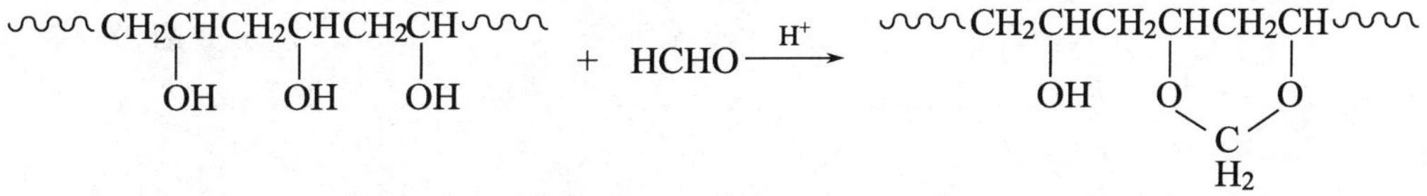

聚乙烯醇与甲醛的缩合反应是分步进行的，首先形成半缩醛，且在 H^+ 存在下转化成碳正离子，然后与羟基作用而得缩醛：

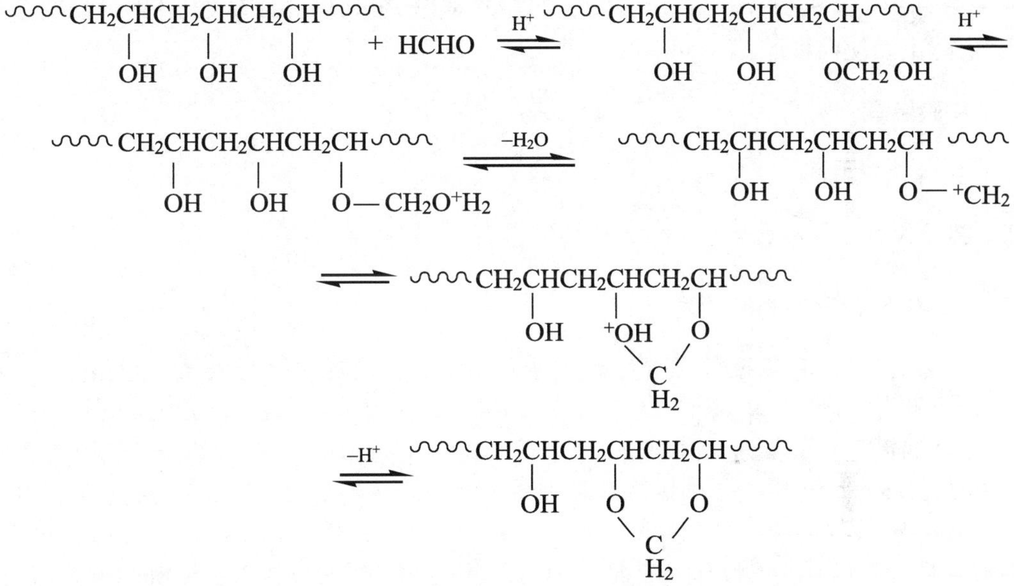

聚乙烯醇缩甲醛胶水最初只是代替浆糊及动植物胶、文具胶等使用，20 世纪 70 年代开始用于民用建设，此后又应用于壁纸、玻璃、瓷砖等的粘贴，目前作为胶黏剂也广泛应用于内外墙涂料、水泥地面涂料的基料等。

本实验先通过自由基溶液聚合制备聚乙酸乙烯酯，然后水解得到聚乙烯醇，再将聚乙烯醇与甲醛缩合制备胶水。制备聚乙烯醇的反应原理如下：

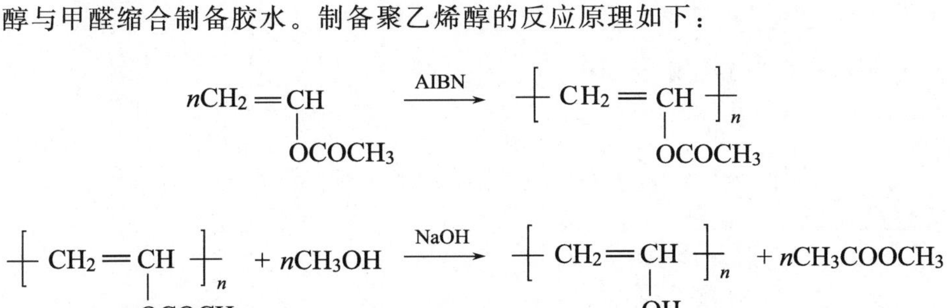

三、试剂与仪器

1. 试剂

甲醇(分析纯),偶氮二异丁腈(重结晶纯化两次),乙酸乙烯酯(减压蒸馏),丙酮(分析纯),去离子水,NaOH/甲醇溶液(5%),甲醛水溶液(37%),盐酸溶液($V_{盐酸}:V_{水}=1:4$),NaOH 水溶液(8%)。

2. 仪器

三颈烧瓶(250 mL),圆底烧瓶(250 mL),烧杯(200 mL),量筒(25 mL、100 mL),移液管(1 mL、5 mL),温度计(100 ℃),球形冷凝管,玻璃棒,pH 试纸,滤纸,抽滤瓶,布氏漏斗,电动搅拌器。

四、实验装置

实验装置如图 6-2 所示。

五、实验内容

1. 聚乙烯醇的制备

在装有搅拌器、冷凝管和温度计的 250 mL 三颈烧瓶中加入 25 mL 甲醇,再加入 0.04~0.05 g 偶氮二异丁腈(单体质量的 0.1%),开启搅拌器,调节转速在 400 $r \cdot min^{-1}$ 左右,待偶氮二异丁腈完全溶解后,反应瓶中加入 45 mL 乙酸乙烯酯,升温,控制反应液温度为 75~77 ℃,注意观察体系黏度的变化,反应 3 h。停止反应,向反应液中加 10 mL丙酮,搅拌使聚乙酸乙烯酯溶解。取一只 250 mL 烧杯,加入约 100 mL 蒸馏水,将聚合物的丙酮溶液缓缓加入蒸馏水,边加边快速搅拌,聚合物以白色沉淀形式析出,干燥。取 15 g 干燥的聚乙酸乙烯酯,加入 100 mL 甲醇,搅拌使聚合物溶解。待聚合物充分溶解后,40 ℃下缓缓滴加 5%的 NaOH/甲醇溶液 25 mL(约 1 滴/2 s),仔细观察反应体系,1.5 h 后继续加入 10 mL 5%的 NaOH/甲醇溶液,继续反应 1 h。反应结束后将产品聚乙烯醇分离,甲醇洗涤 3 次(每次 15 mL)。产品放在表面皿上,散开,自然干燥至恒量。

2. 聚乙烯醇缩甲醛胶水的制备

在 250 mL 三颈烧瓶中加入步骤 1 制备的聚乙烯醇及适量去离子水(聚乙烯醇质量的 10 倍),水浴加热至 95 ℃,搅拌。待聚乙烯醇全部溶解后,将温度降至85 ℃,加入盐酸溶液(1:4)0.5 mL,调节反应体系的 pH 为 1~3,再加入 3 mL 甲醛水溶液(37%),维持 90 ℃,搅拌反应 40~60 min。体系逐渐变稠,可取少许用纸试验其黏结性。当有满意的黏结性后立即加入 1.5 mL 8%的 NaOH 水溶液,调节反应体系的 pH 为 8~9,冷却后将无色透明黏稠的液体从三颈烧瓶中倒出,即聚乙烯醇缩甲醛胶水。

六、注意事项

（1）整个反应过程中搅拌要充分均匀，当体系变黏稠出现气泡或有絮状物产生时应马上加入 NaOH 溶液，终止反应。

（2）工业上生产胶水时，为了降低游离甲醛的含量，常在 pH 调整至 7～8 后加入少量尿素，发生脲醛化反应。

七、思考题

（1）如何加速聚乙烯醇的溶解？

（2）最后加入 NaOH 的作用是什么？

实验五　酚醛树脂的合成（5 学时）

一、实验目的

（1）了解缩聚反应的特点及反应条件对产物性能的影响。

（2）学习酚醛树脂中甲醛含量的测定方法。

二、实验原理

酚醛树脂是世界上最早人工合成和工业化生产的一类合成树脂，因原料易得、生产工艺简单、力学强度较高、耐热性好、难燃、低毒、低发烟，可与其他多种聚合物共混，实现高性能化而广泛应用于航空航天、汽车、电子、机械、交通运输等国民经济各个领域。

1. 酚醛树脂的合成

酚醛树脂的合成反应分为两步，首先是苯酚与甲醛的加成反应，然后是缩聚反应。

本实验是在酸性催化剂存在下，甲醛与过量苯酚缩聚得到热塑性酚醛树脂，反应式如下：

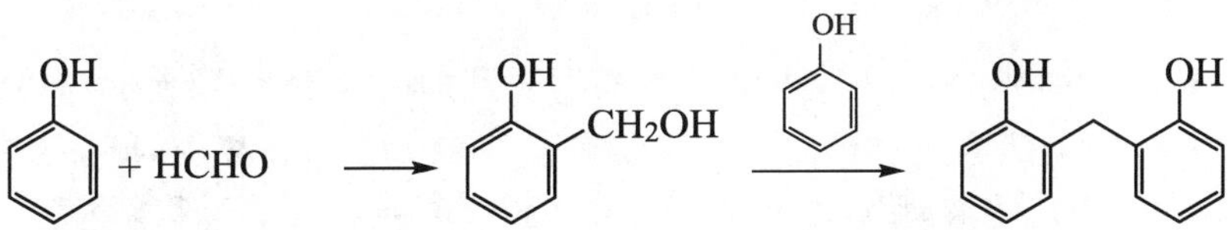

继续反应生成线形大分子：

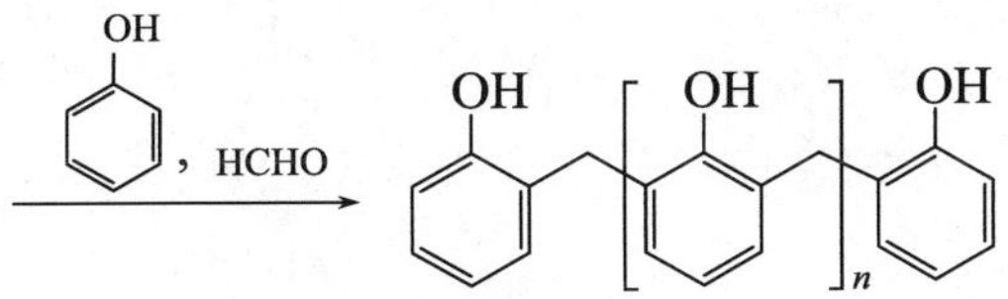

线形酚醛树脂的摩尔质量一般在 1000 g · mol^{-1}以下，聚合度为 4～10。

2. 甲醛含量的测定

参照中华人民共和国化工行业标准 HG/T 2622—1994《酚醛树脂中游离甲醛含量的测定》方法，即试样在水溶液或有机溶液中，甲醛与盐酸羟胺进行肟化，用氢氧化钠溶液通过电位滴定，回滴反应生成的盐酸，测定酚醛树脂中游离甲醛的含量。

三、试剂与仪器

1. 试剂

苯酚(分析纯)，甲醛(分析纯)，盐酸(分析纯)，氢氧化钠标准溶液(0.1 mol · L^{-1}或 1.0 mol · L^{-1})，盐酸羟胺溶液(10%)，甲醇(分析纯)，异丙醇(分析纯)。

2. 仪器

三颈烧瓶(250 mL)，温度计(100 ℃)，量筒(50 mL)，移液管(1 mL)，锥形瓶(250 mL)，球形冷凝管，蒸发皿，表面皿，烧杯(200 mL)，电动搅拌器，水浴锅，滴管，酸式滴定管，碱式滴定管，分析天平(0.1 mg)，pHS-3C 型酸度计。

四、实验内容

1. 酚醛树脂的合成

将 50 g 苯酚及 41 g 甲醛溶液在 250 mL 三颈烧瓶中混合，装好冷凝器及搅拌器、温度计，水浴加热，温度保持在(60±2)℃，加 1 mL 盐酸，反应即开始。反应 3 h 后，将反应瓶中的全部物料移至蒸发皿中，冷却后倾去上层水，下层缩合物用水洗涤数次至中性。然后用小火加热，由于有水存在，树脂在开始加热时起泡沫，当水蒸发完后，移去电热套(防止炭化)，倒在表面皿上冷却，称量。

2. 甲醛含量的测定

将 50 mL 甲醇，或 50 mL 异丙醇和水的混合溶剂($V_{异丙醇}$ ∶ $V_{水}$＝3 ∶ 1)加入盛有酚醛树脂(根据预计甲醛含量称取 1～5 g，准确至 0.1 mg)的烧杯中，搅拌使树脂溶解。将酸度计的电极插入溶液，用 0.1 mol · L^{-1}的盐酸溶液(针对中性树脂)或 1 mol · L^{-1}的盐酸溶液(针对强碱性树脂)调节 pH 至 3.5。取约 25 mL 盐酸羟胺溶液至试样溶液中，搅拌 10 min。用 1.0 mol · L^{-1}或 0.1 mol · L^{-1}的氢氧化钠标准溶液(甲醛含量低，氢氧化钠浓度小)滴定管迅速滴定到 pH 为 3.5。

空白实验：使用同样试剂，但不加试样，按照上述相同操作步骤，平行测定，进行空白实验。

预计甲醛含量/%(质量分数)	<2	2~4	>4
需称取试料质量/g	5.0±0.2	3.0±0.2	1~2

五、数据记录和处理

游离甲醛含量按下式求得，以质量分数(w%)表示：

$$w\% = \frac{3c(V_1 - V_0)}{m} \times 100\%$$

式中，c 为氢氧化钠标准滴定液的实际浓度，$mol \cdot L^{-1}$；V_0 为空白实验所消耗氢氧化钠标准滴定液的体积，mL；V_1 为测定实验所消耗氢氧化钠标准滴定液的体积，mL；m 为试样质量，g。

甲醛含量 w/%	c/($mol \cdot L^{-1}$)	V_0/mL	V_1/mL	m/g

实验六　乙酰苯胺的制备(6 学时)

一、实验目的

(1) 熟悉氨基酰化反应的原理及意义，掌握乙酰苯胺的制备方法。

(2) 熟练掌握分馏装置的安装与操作。

(3) 巩固固体有机物提纯方法——重结晶，以及热过滤和减压过滤等操作技术。

二、实验原理

乙酰苯胺，白色有光泽片状结晶或白色结晶粉末，是合成磺胺类药物的重要中间体，较早被用作解热药和止痛药，俗称"退热冰"。此外，乙酰苯胺在工业上也可用作防腐剂和染料中间体。乙酰苯胺在空气中能够稳定存在，遇酸或碱性水溶液易分解成苯胺和乙酸。

有机合成中由于芳环上的氨基极易被氧化，因此为了保护氨基，往往先通过乙酰化反应将其转化为乙酰衍生物，然后再进行其他反应。例如，为降低活性芳胺对氧化剂的敏感性，经常将一级和二级芳胺(伯胺和仲胺)转化为其乙酰衍生物，就是一种保护氨基的必要措施；在某些情况下，酰化衍生物还能防止活性氨基与其他活性试剂(如RCOCl、SO_2Cl、HNO_3等)之间发生不必要的副反应。在有机合成反应中，利用乙酰基的定位效应，可选择性地生成对位取代产物，同时由于氨基被酰化为酰胺基，可有效降低母体的反应活性，使其由很强的第Ⅰ类定位基变成中等强度的第Ⅰ类定位基，在亲电取代反应中(特别是卤化反应)，可使反应由多元取代变为有用的一元取代。而作为氨基保护基的酰基可在酸或碱的催化下利用水解反应脱除。

实验室制备乙酰苯胺可选择苯胺与乙酰化试剂(如乙酰氯、乙酸酐或乙酸等)直接作用(反应活性:乙酰氯>乙酸酐>乙酸)。由于乙酰氯和乙酸酐具有强烈刺激性气味且价格较贵,因此实验室经常选用相对廉价的乙酸(俗称冰醋酸)作为乙酰化试剂,反应原理如下:

上述反应速率较慢,而且是可逆的,为了提高乙酰苯胺的产率,往往采用冰醋酸过量的方法,同时可利用分馏操作,将反应温度控制在 105～110 ℃,在此过程中源源不断除去生成的水,可有效促使平衡正向移动。此外,由于苯胺易氧化,还需加入少量锌粉,以防止反应过程中苯胺被氧化。

由于乙酰苯胺溶于热水、乙醇、乙醚、氯仿、丙酮等溶剂,而微溶于冷水,故粗产物可用热水进行重结晶。

三、试剂与仪器

1. 试剂

苯胺(分析纯),冰醋酸(分析纯),锌粉(分析纯),活性炭。

2. 仪器

圆底烧瓶(50 mL),烧杯(250 mL),量筒(10 mL),温度计(200 ℃),刺形分馏柱,直形冷凝管,真空尾接管,抽滤瓶,布氏漏斗,保温漏斗,电热套,滤纸。

四、实验装置

分馏装置和抽滤装置分别如图 6-4 和图 6-5 所示。

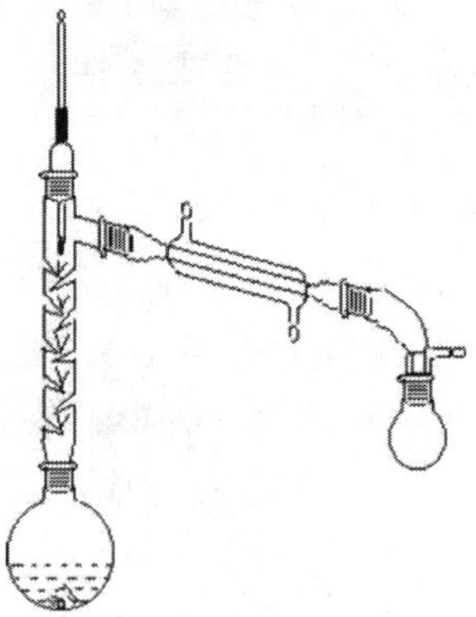

图 6-4 分馏装置

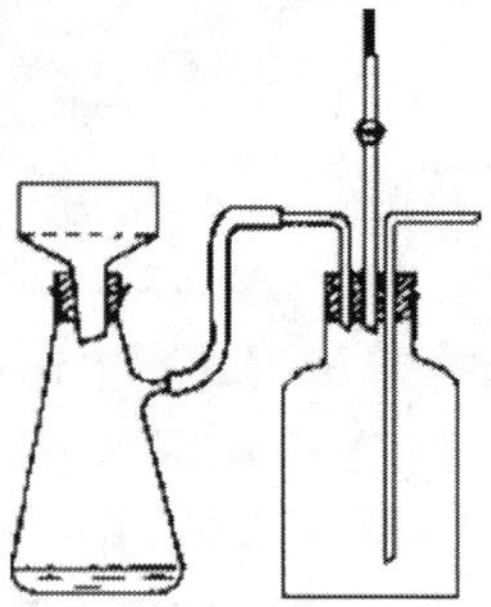

图 6-5 抽滤装置

五、实验内容

1. 酰化

在 50 mL 圆底烧瓶中，加入 5 mL 新蒸的苯胺、8.5 mL 冰醋酸和 0.1 g 锌粉，立即装上分馏柱、温度计、冷凝管及尾接装置，可用 10 mL 量筒代替接收瓶。

电热套缓慢加热至反应物微沸 20 min。调节电压，使反应溶液在微沸状态下回流，温度升至约 105 ℃时开始蒸馏。控制温度在 105～110 ℃，反应约 60 min，这时反应生成的水及少量乙酸被蒸出，当柱顶温度计的读数不断下降或烧瓶内出现白色雾状时，反应已基本完成，即可停止加热，记录馏出液体积。

2. 结晶抽滤

搅拌下，趁热将烧瓶中的反应混合物以细流状倒入盛有 100 mL 冷水的烧杯，此时有细粒状固体析出。剧烈搅拌，并冷却烧杯至室温，粗乙酰苯胺结晶析出。冷却后抽滤，将滤饼压干，并用少量冷水洗涤固体，得到白色或略带黄色的乙酰苯胺粗品。

3. 重结晶

将此粗乙酰苯胺滤饼放入盛有 100 mL 热水的烧杯中，搅拌下加热至沸腾。观察是否有未溶解的油状物，如有则补加热水，直到油珠消失为止。稍冷后加入 0.2 g 活性炭脱色。用保温漏斗或用预先加热好的布氏漏斗趁热过滤除去活性炭。滤液趁热移入烧杯，自然冷却至室温，再冰水冷却，待结晶完全析出后抽滤。少量冷水洗涤滤饼两次，压紧抽干。将结晶产品放在干净的表面皿中自然晾干后称量，计算产率，做 FTIR 谱图和 ^{1}H NMR 谱图，并与标准谱图对照。

六、主要试剂及产物的物理常数

名称	摩尔质量 /(g·mol^{-1})	性状	密度 /(g·mL^{-1})	熔点 /℃	沸点 /℃	溶解性		
						水	乙醇	乙醚
苯胺	93.13	无色油状液体	1.02	−6.2	184.4	微溶	溶	溶
乙酸	60.05	无色液体	1.05	16.6	117.9	溶	溶	溶
乙酰苯胺	135.17	白色结晶或粉末	1.22	114.3	304	微溶于冷水 溶于热水	溶	溶

七、数据记录和处理

产品性状	馏出液体积/mL	理论产量/g	实际产量/g	产率/%

八、注意事项

(1) 苯胺为无色或淡黄色透明油状液体,有毒,能经皮肤被人体吸收,使用时尽量避免与皮肤直接接触,防止吸入苯胺毒气。苯胺久置后会生成深褐色氧化物质,故实验前需蒸馏提纯。由于苯胺的沸点较高,最好采用减压蒸馏。

(2) 加锌粉的目的是防止苯胺在蒸馏时被氧化,通常只要少量即可。

(3) 反应时分馏温度不能太高,以免大量乙酸蒸出而降低产率,选择较短的分馏柱,可以避免反应温度过高。

(4) 本实验用水作重结晶的溶剂,其优点是价格便宜,操作简化,减少实验环境污染等,又将活性炭脱色与重结晶两个操作结合在一起,进一步简化了分离纯化操作过程,但是不可以用过量的水处理乙酰苯胺。

(5) 结晶时,让溶液静置,使其慢慢地生成完整的大晶体,若在冷却过程中不断搅拌则得较小的结晶。若冷却后仍无结晶析出,可用下列方法使晶体析出:用冰水或其他冷冻溶液冷却,如果不析出晶体而得油状物时,可将混合物加热到澄清后,让其自然冷却至开始有油状物析出时,立即用玻璃棒剧烈搅拌,使油状物分散在溶液中,搅拌至油状物消失为止,或加入少许晶种。

九、思考题

(1) 用乙酸酰化制备乙酰苯胺方法如何提高产率?

(2) 制备乙酰苯胺时,反应温度为什么要控制在 105 ℃左右?过高或过低对实验有什么影响?

(3) 制备乙酰苯胺时,锌粉起什么作用?加多少合适?

(4) 根据反应式计算,理论上能产生多少毫升水?为什么实际收集的液体量多于理论量?

(5) 用乙酸直接酰化和用乙酸酐进行酰化有什么优缺点?除此之外,还有哪些乙酰化试剂?

(6) 加热溶解乙酰苯胺的粗产物时,为何先加入比计算量少的溶剂,然后渐渐添加至刚好溶解,最后再多加少量溶剂?

(7) 重结晶乙酰苯胺时热的饱和溶液中出现的油珠是什么?它的存在对重结晶质量有何影响?应如何处理?

十、标准 FTIR 谱图和 ^{1}H NMR 谱图

乙酰苯胺的 FTIR 谱图和 ^{1}H NMR 谱图分别如图 6-6 和图 6-7 所示。

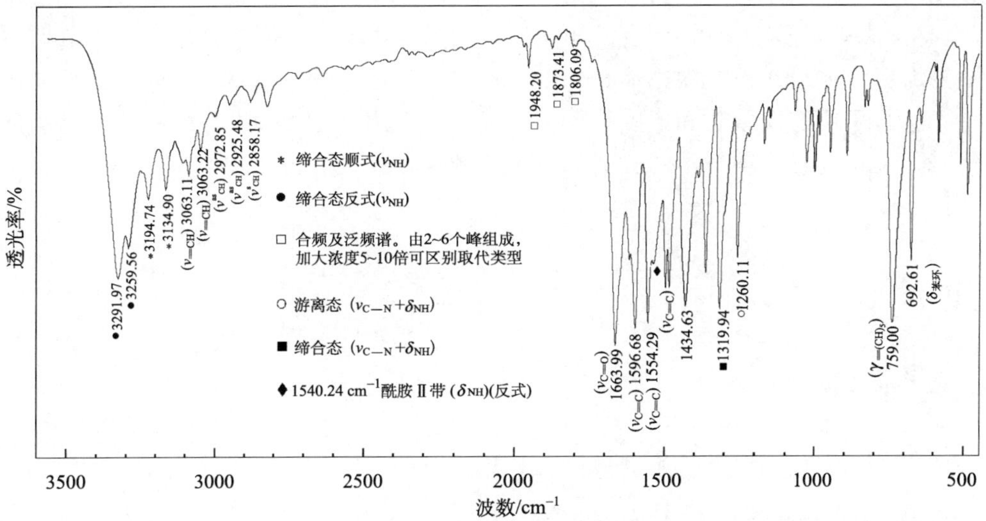

图 6-6　乙酰苯胺的 FTIR 谱图

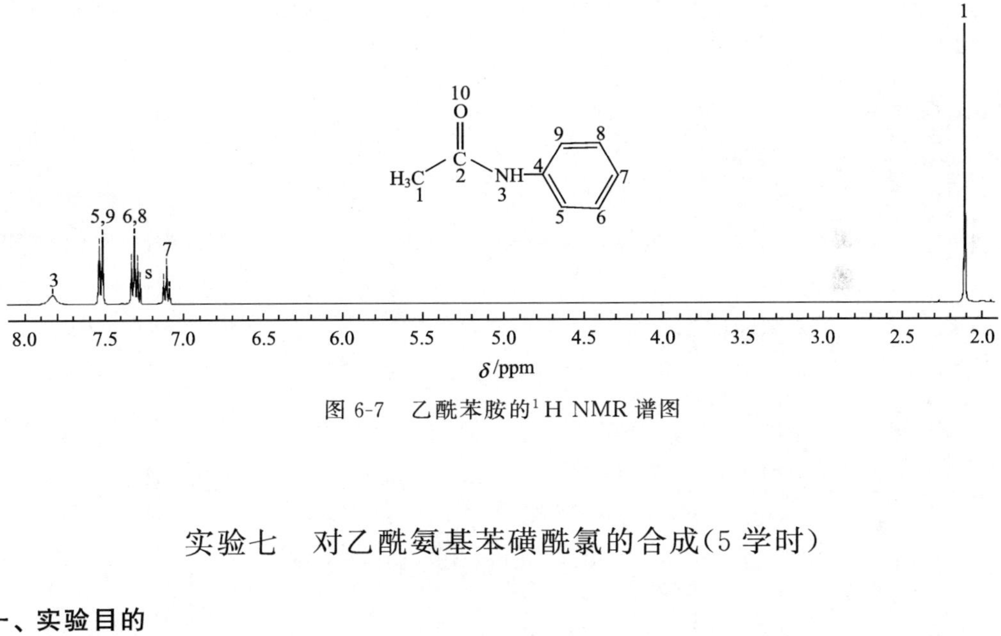

图 6-7　乙酰苯胺的^{1}H NMR 谱图

实验七　对乙酰氨基苯磺酰氯的合成(5 学时)

一、实验目的

（1）学习对乙酰氨基苯磺酰氯的制备方法，了解制备意义。

（2）熟悉使用气体捕集器和过滤操作。

二、实验原理

对乙酰氨基苯磺酰氯(ASC)是制备磺胺(对乙酰氨基苯磺酰胺)类杀菌抑霉药物，

如磺胺噻唑、磺胺异噁唑、磺胺甲基异噁唑、磺胺吡唑、磺胺素嘧啶等常用的有机中间体,也是合成染料的中间体,广泛应用于医药、涂料、塑料、农药等领域。对乙酰氨基苯磺酰氯为白色或浅灰色针状结晶,略有乙酸味道,在水中磺酰氯基团易水解。

本实验采用乙酰苯胺和氯磺酸反应生成乙酰氨基苯磺酰氯,乙酰氨基使新引入的取代基几乎全部进入其对位,这是芳香族亲电取代反应的一个典型实例。反应过程如下:

三、试剂与仪器

1. 试剂

乙酰苯胺(分析纯),氯磺酸(分析纯)。

2. 仪器

锥形瓶(100 mL),量筒(20 mL),烧杯(250 mL),温度计(100 ℃),抽滤瓶,布氏漏斗,电子天平,洗瓶,水浴锅,真空干燥箱。

四、实验装置

实验装置如图 6-8 所示。

图 6-8　对乙酰氨基苯磺酰氯的制备装置

五、实验内容

(1) 在 100 mL 干燥的锥形瓶中加入 5 g 干燥的乙酰苯胺,小火加热使其熔融,转动锥形瓶使乙酰苯胺在烧瓶底部形成薄膜。

(2) 用插有短玻璃管的橡皮塞将锥形瓶塞好,用一根橡皮管将锥形瓶与气体捕集器相连,导气管的末端要与吸收水面接近,但不能接触,以免倒吸。

(3) 将锥形瓶置于冰水浴中,用一干燥的量筒量取 13 mL 氯磺酸,然后将其迅速倒入锥形瓶中。

(4) 将锥形瓶与气体捕集器相连，轻轻振摇烧瓶，并保持水浴温度在 15 ℃以下(可不断加入冰块)。

(5) 当乙酰苯胺固体溶解时，将锥形瓶暖至室温，然后在热水浴(60～70 ℃)上加热 10～20 min。时常振摇反应瓶可加速反应，当不再有气体产生时，表明反应已经完成。

(6) 将反应混合物冷至室温，在一个 250 mL 烧杯中加入 75～100 g 碎冰，在通风橱中剧烈搅拌下将反应混合物慢慢倒入烧杯中，此时出现白色或粉红色固体，并放出大量烟雾，若出现大块固体，尽量搅碎。

(7) 立即抽滤，用少量冰水洗涤两三次，再尽量抽干。在真空干燥箱内减压干燥过夜，温度应控制不得超过 50 ℃，若无真空干燥箱，可将产品放置于通风处干燥。称量，计算产率，做 FTIR 谱图和 ^1H NMR 谱图，并与标准谱图对照。

六、主要试剂及产物的物理常数

名称	摩尔质量/(g · mol^{-1})	性状	密度/(g · mL^{-1})	熔点/℃	沸点/℃	溶解性		
						水	乙醇	乙醚
乙酰苯胺	135.2	白色结晶或粉末	1.22	114.3	304	溶于热水	溶	溶
氯磺酸	116.5	无色或淡黄色的液体	1.77	−80	151	禁配		
对乙酰氨基苯磺酰氯	233.7	白色至灰色针状晶体	1.47	149	426.8	不溶	溶	溶

七、数据记录和处理

产品性状	理论产量/g	实际产量/g	产率/%

八、注意事项

(1) 氯磺酸是有毒且腐蚀性很强的化学品，使用时需倍加小心，避免与皮肤或湿气接触。若不小心沾到皮肤上，应立即用大量冷水洗涤，再用稀的碳酸氢钠溶液清洗。洗涤盛装或曾接触过氯磺酸的仪器时需十分小心。

(2) 氯磺酸与水反应剧烈，乙酰苯胺需干燥，反应所需的仪器也需充分干燥。

(3) 乙酰苯胺与氯磺酸反应剧烈，必须先将盛乙酰苯胺的锥形瓶在冷水中冷却，使其凝结成块状后再反应，这样可使反应较为缓和。反应的温度应保持在 15 ℃以下，否则反应太剧烈会局部过热而发生副反应。

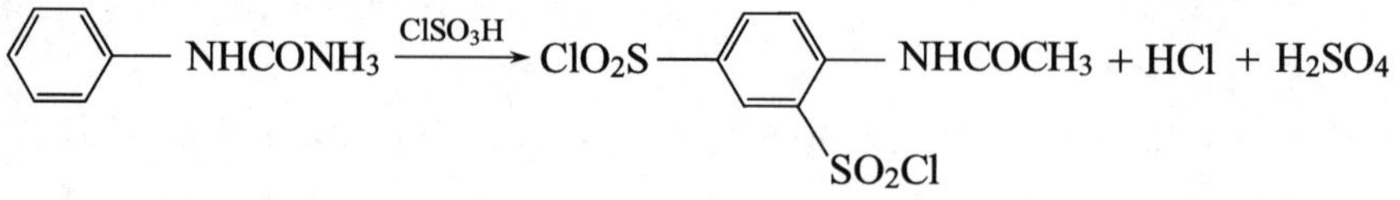

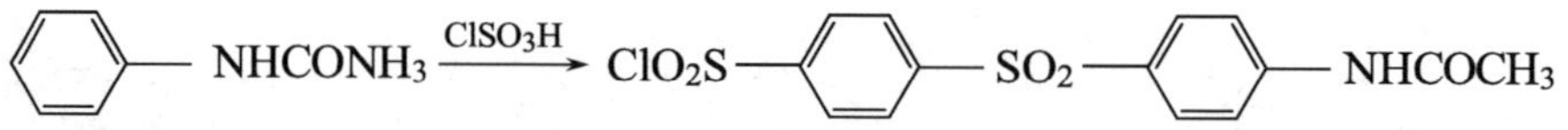

(4) 在反应副产物氯化氢废气的处理上,考虑到氯化氢释放得很剧烈,采用氢氧化钠溶液吸收更好。

(5) 反应完毕,将反应液慢慢地倒入碎冰中,防止局部过热而使对乙酰氨基苯磺酰氯水解。

(6) 产物会与水反应,所以只能用少量冰水洗涤,并尽可能抽干。

(7) 若要得到纯的产品,可用氯仿进行重结晶。

(8) 粗制的对乙酰氨基苯磺酰氯久置易分解失效,应立即转入下一步合成使用。

九、思考题

(1) 影响合成对乙酰氨基苯磺酰氯的因素有哪些?

(2) 试比较苯磺酰氯与苯甲酰氯水解反应的难易。

十、标准 FTIR 谱图和¹H NMR 谱图

对乙酰氨基苯磺酰氯的 FTIR 谱图和¹H NMR 谱图分别如图 6-9 和图 6-10 所示。

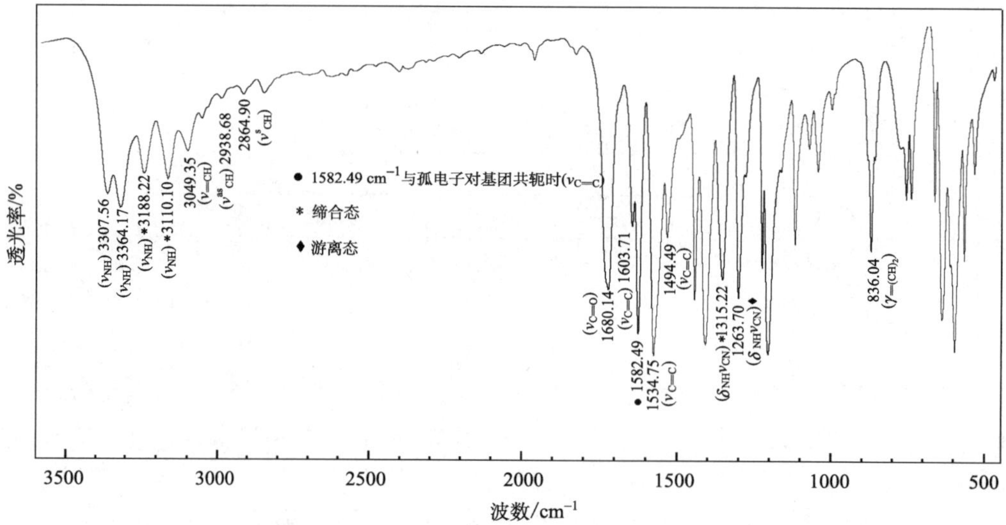

图 6-9　对乙酰氨基苯磺酰氯的 FTIR 谱图

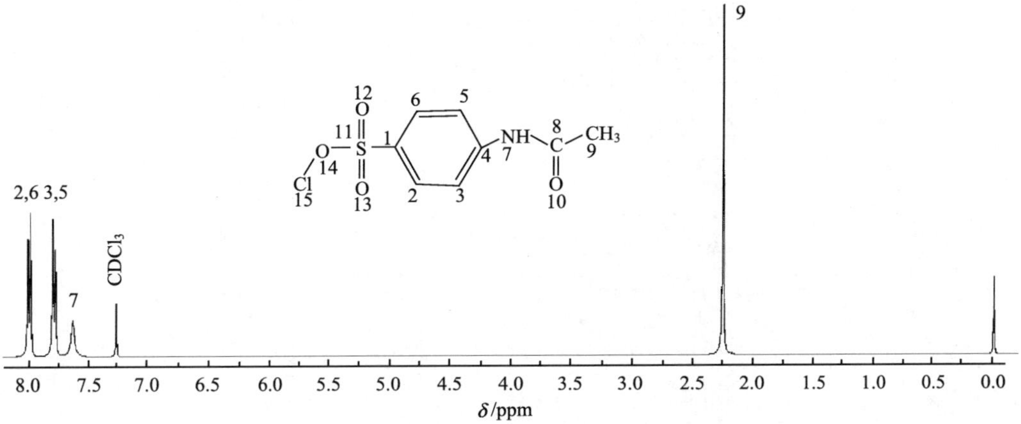

图 6-10　对乙酰氨基苯磺酰氯的 ^{1}H NMR 谱图

实验八　2-硝基-1,3-苯二酚的制备(7 学时)

一、实验目的

(1) 学习并巩固芳香烃亲电取代反应的定位规则和活性位置的保护。

(2) 掌握磺化、硝化的原理和实验方法。

(3) 了解水蒸气蒸馏原理,掌握水蒸气蒸馏装置的安装与操作。

二、实验原理

2-硝基-1,3-苯二酚不能由间苯二酚直接硝化来制备,因为酚羟基是较强的邻、对位定位基,也是较强的活性基团。如果让间苯二酚直接硝化,反应太剧烈,不易控制,空间效应会使硝基优先进入 4、6 位,很难进入 2 位。

本实验利用磺酸基的强吸电子性和磺化反应的可逆性,将间苯二酚先磺化,在 4、6 位引入磺酸基,既降低了芳环的活性,又占据了活性位置,生成 4,6-二羟基-1,3-苯二磺酸。4,6-二羟基-1,3-苯二磺酸再硝化时,受定位规律的支配,硝基只能进入 2 位,最后进行水蒸气蒸馏,可以将硝化后的产物水解脱掉磺酸基,又同时把产物随水一起蒸出来。反应中磺酸基同时起了占位、定位和钝化的多重作用。2-硝基-1,3-苯二酚的制备是一个巧妙利用定位规律的例子。反应式如下:

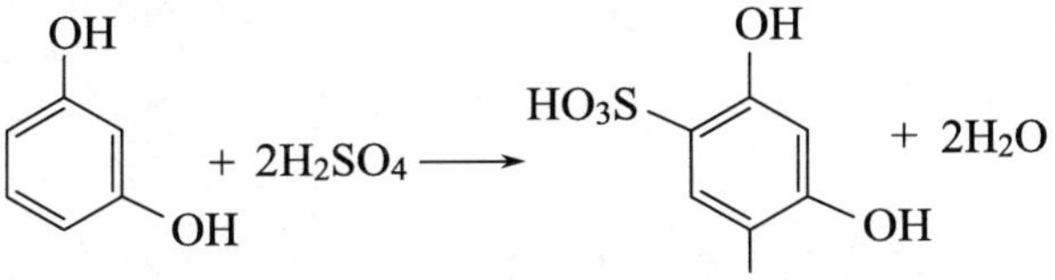

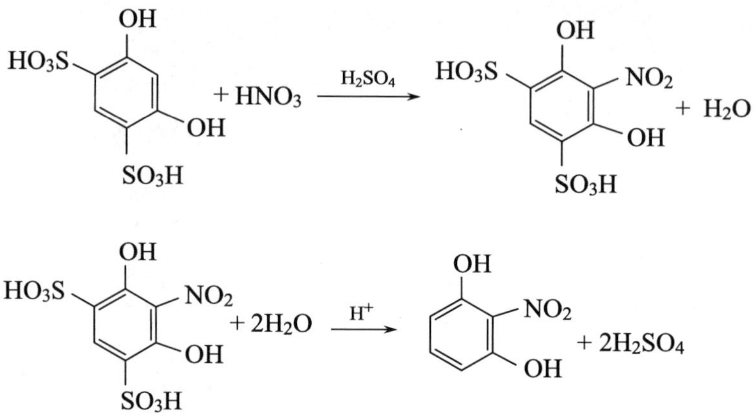

1. 水蒸气蒸馏原理

参见《基础化学实验(上册)》2.1.11。

2. 水蒸气蒸馏装置及操作

水蒸气蒸馏装置如图 6-11 所示。它由水蒸气发生器、导气管、圆底烧瓶和长的直形冷凝管组成。水蒸气发生器中加入 1/2～3/4 容积的水,不宜太满,否则沸腾时水易冲至烧瓶。导气管末端应接近烧瓶底部,以便水蒸气能与被蒸馏物质充分接触并有搅动作用。用长的直形冷凝管可以使馏出液充分冷却,由于水的蒸发热较大,所以冷却水的流速也应稍大一些。发生器的蒸气出口与导气管通过 T 形管连接,在 T 形管的支管上套一段橡皮管,用螺旋夹旋紧,可以除去水蒸气中冷凝下来的水分。在操作中,如果发生不正常现象,应立刻打开螺旋夹,与大气相通。

把要蒸馏的物质倒入烧瓶 4 中,其量约为烧瓶容积的 1/3。操作前,应仔细检查装置是否漏气。开始蒸馏时,先将 T 形管上的夹子打开,加热发生器里的水至沸腾。当有水蒸气从 T 形管的支管冲出时,再旋紧夹子,让水蒸气通入烧瓶中,这时可以看到瓶中的混合物翻腾不息,不久在冷凝管中就出现有机物质和水的混合物。调节火焰,使瓶内的混合物不致飞溅得太厉害,并控制馏出液的速率为每秒 2～3 滴。为了使水蒸气不致在烧瓶 4 内过多地冷凝,在蒸馏时通常也可用小火将烧瓶 4 加热。在操作时,要随时注意导气管中的水柱是否发生不正常的上升现象,以及烧瓶中液体是否发生倒吸现象。一旦发生这种现象,应立刻打开螺旋夹,移去热源,找出发生故障的原因,排除故障,继续蒸馏。当馏出液澄清透明不再含有有机物的油滴时,可停止蒸馏,打开螺旋夹,移去热源。

三、试剂与仪器

1. 试剂

间苯二酚(分析纯),浓硫酸(分析纯),浓硝酸(分析纯),尿素(分析纯),乙醇(50%)。

2. 仪器

圆底烧瓶(250 mL),烧杯(250 mL),锥形瓶(50 mL),量筒(10 mL、25 mL),温度计(100 ℃),抽滤瓶,布氏漏斗,水蒸气蒸馏装置。

四、实验装置

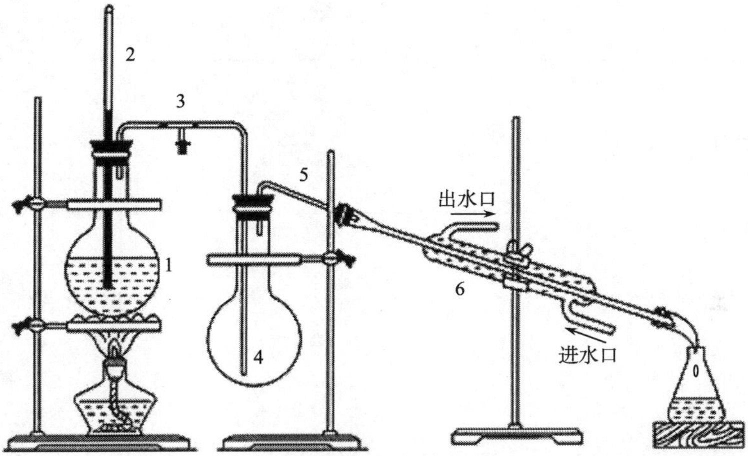

图 6-11　水蒸气蒸馏装置

1. 水蒸气发生器;2. 导气管;3. T 形管;4. 圆底烧瓶;5. 馏出液导管;6. 冷凝管

五、实验内容

(1) 磺化。将 5.5 g 粉状间苯二酚放入 250 mL 干燥的烧杯中,在充分搅拌下小心地加入 25 mL 浓硫酸,此时反应放热,立即生成白色的磺化产物,在常温放置 15 min,然后在冰水浴中冷却至 0～10 ℃。

(2) 硝化。干燥的 50 mL 锥形瓶中加入 4 mL 浓硝酸,振荡下加入 5.6 mL 浓硫酸,配制成混合酸并置于冰水浴中冷却备用。用滴管将冷却好的混合酸慢慢滴加到上述磺化产物中,边滴加边搅拌,控制温度不超过 30 ℃,此时反应物呈黄色黏稠状(不应为棕色或紫色)。滴加完毕后,在此温度下继续搅拌 15 min,然后小心加入 15 mL 冰水稀释,保持反应温度不超过 50 ℃。

(3) 粗产品处理。将反应物转入 250 mL 圆底烧瓶,加入约 0.1 g 尿素,进行水蒸气蒸馏,冷凝管壁上立即有橘红色固体出现,调节冷凝水流速,避免固体堵塞冷凝管。蒸馏至冷凝管壁上无橘红色油状物时,即可停止。将馏出液在冰水浴中冷却,减压抽滤,粗产品用 50%乙醇溶液重结晶,得橘色片状结晶。

(4) 将产品放置通风干燥处风干。称量,计算产率,做 FTIR 谱图和 ^{1}H NMR 谱图,并与标准谱图对照。

六、主要试剂及产物的物理常数

名称	摩尔质量/(g·mol^{-1})	性状	密度/(g·mL^{-1})	熔点/℃	沸点/℃	溶解性		
						水	乙醇	乙醚
间苯二酚	110.11	无色或类白色的针状结晶	1.28	110.7	276.5	溶	溶	溶
2-硝基-1,3-苯二酚	155.11	橘红色片状晶体	0.7983	84.85	234	微溶	—	—

七、数据记录和处理

产品性状	理论产量/g	实际产量/g	产率/%

八、注意事项

(1) 本实验一定注意先磺化,后硝化。否则会剧烈反应,甚至发生事故。

(2) 间苯二酚需在研钵中研成粉状,否则磺化不完全。间苯二酚有腐蚀性,请勿接触皮肤。

(3) 磺化时先充分搅拌,完全溶解成透明溶液,再搅拌即有乳白色物质生成。

(4) 硝化反应比较快,硝化前磺化混合物要先在冰水浴中冷却,混合酸也要冷却至10 ℃以下;硝化时也要在冷却下边搅拌边慢慢滴加混酸,否则反应物易被氧化而变成灰色或黑色。

(5) 稀释加冰水不可过量,否则将导致长时间的水蒸气蒸馏而得不到产品。如发现上述情况,可将水蒸气蒸馏装置改为普通蒸馏装置,先蒸去一部分水,当冷凝管出现红色油状物时,再改为水蒸气蒸馏。水蒸气蒸馏时,冷凝水要控制得很小,否则产物凝结于冷凝管壁的上端,会造成堵塞。

(6) 加入尿素的目的是使多余的硝酸与其反应而生成 $CO(NH_2)_2 \cdot HNO_3$,从而减少 NO_2气体的污染。

九、思考题

(1) 2-硝基-1,3-苯二酚能否用间苯二酚直接硝化来制备?为什么?

(2) 本实验硝化反应的温度为什么要控制在 30 ℃以下?温度偏高有什么不好?

(3) 进行水蒸气蒸馏前为什么要加冰水稀释?

十、标准 FTIR 谱图和^{1}H NMR 谱图

2-硝基-1,3-苯二酚的 FTIR 谱图和^{1}H NMR 谱图分别如图 6-12 和图 6-13 所示。

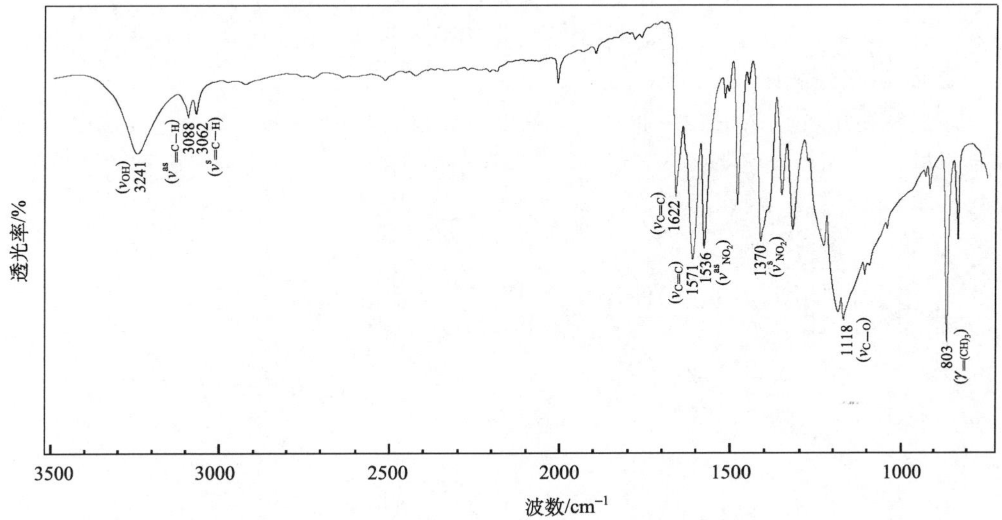

图 6-12　2-硝基-1,3-苯二酚的 FTIR 谱图

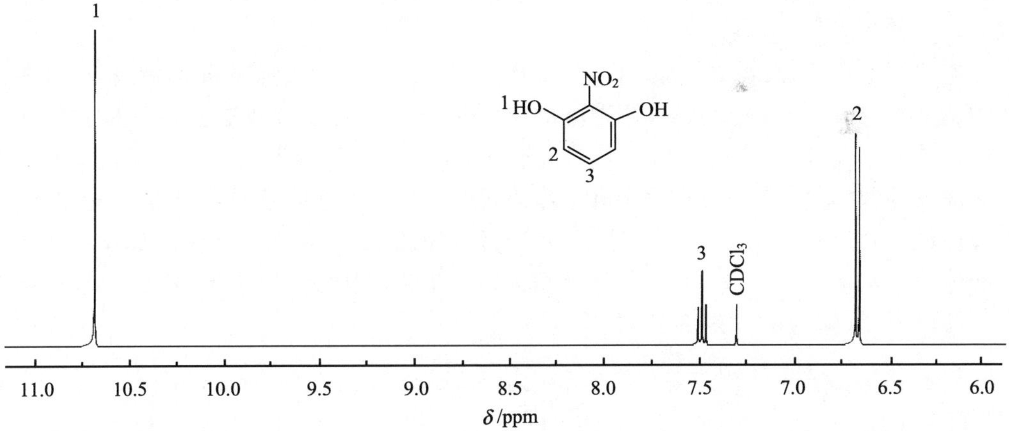

图 6-13　2-硝基-1,3-苯二酚的^{1}H NMR 谱图

实验九　香豆素-3-羧酸的制备(6 学时)

一、实验目的

(1) 掌握珀金(Perkin)反应和诺文葛尔(Knoevenagel)反应的原理、特点及应用。

(2) 学习通过羟醛缩合反应制备苯并吡喃酮类杂环化合物的原理和方法。

二、实验原理

香豆素又名香豆精、1,2-苯并吡喃酮,为顺式邻羟基肉桂酸的内酯,白色结晶固体。天然香豆素存在于黑香豆、香蛇鞭菊、野香荚兰、兰花中,具有新鲜干草香和香豆香,是重要的香料,一般不作食用,常作为定香剂用于配制香水、花露水等,也用于一些橡胶和塑料制品,其衍生物还可以用作农药。

天然植物中香豆素的含量很少,大多数是通过合成获得的。1868 年,珀金用邻羟基苯甲醛(水杨醛)与乙酸酐、乙酸钾一起加热制得了香豆素,该方法被称为珀金合成法。

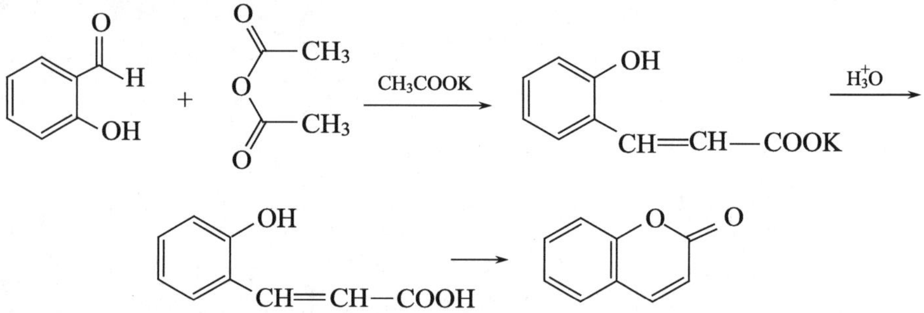

水杨醛和乙酸酐首先在碱性条件下缩合,经酸化生成邻羟基肉桂酸,接着在酸性条件下闭环成香豆素。珀金合成法具有反应时间长、反应温度高、产率有时不太好等缺点。

本实验采用改进的方法进行合成,用水杨醛和丙二酸酯在有机碱的催化下,可在较低的温度合成香豆素的衍生物,这种合成方法称为诺文葛尔合成法。该法是对珀金反应的一种改进,将酸酐改为活泼亚甲基化合物,需要一个或两个吸电子基团增加亚甲基的活泼性,同时采用碱性较弱的有机碱作为反应介质,避免了醛的自身缩合,扩大了缩合反应的原料使用范围。本实验让水杨醛与丙二酸二乙酯在六氢吡啶的催化下缩合成中间体香豆素-3-甲酸乙酯,后者加碱水解,此时酯基和内酯均被水解,然后经酸化再次闭环形成内酯,即为香豆素-3-羧酸。

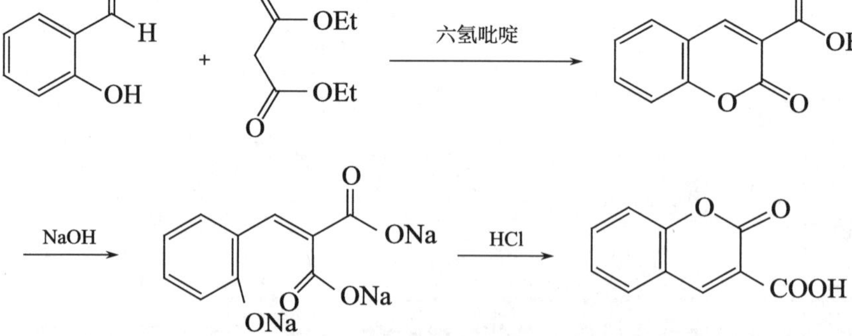

三、试剂与仪器

1. 试剂

水杨醛(分析纯),丙二酸二乙酯(分析纯),无水乙醇(分析纯),六氢吡啶(分析纯),冰醋酸(分析纯),乙醇(50%),氢氧化钠(分析纯),盐酸(36%),无水氯化钙(分析纯)。

2. 仪器

圆底烧瓶(100 mL),烧杯(200 mL),量筒(10mL、50 mL),移液管(1 mL),抽滤瓶,布氏漏斗,滤纸,球形干燥管,回流装置。

四、实验装置

实验装置如图 6-14 所示。

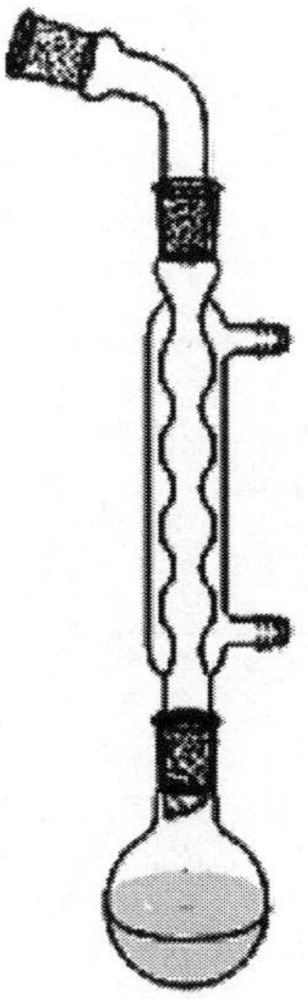

图 6-14　带干燥管的回流装置

五、实验内容

1. 香豆素-3-甲酸乙酯的制备

在干燥的 100 mL 圆底烧瓶中依次加入 4.2 mL 水杨醛、6.8 mL 丙二酸乙二酯、25 mL无水乙醇、0.5 mL 六氢吡啶、2 滴冰醋酸和几粒沸石,装上配有无水氯化钙干燥管的球形冷凝管后,在水浴上加热回流 2 h。待反应液稍冷后转移到烧杯中,加入 30 mL 水,置于冰水浴中冷却,有结晶析出。待晶体析出完全后,抽滤。晶体用 2~3 mL 冰过的 50%乙醇洗涤两三次,得到的白色晶体为香豆素-3-甲酸乙酯的粗产物。

2. 香豆素-3-羧酸的制备

在 100 mL 的圆底烧瓶中加入 4 g 香豆素-3-甲酸乙酯、3 g NaOH、20 mL 95%乙醇和 10 mL 水，加入几粒沸石，装上冷凝管，水浴加热使酯溶解，然后继续加热回流 15 min。稍冷后，在搅拌下将反应混合物趁热倒入盛有 10 mL 浓盐酸和 50 mL 水的烧杯中，立即有白色结晶析出。用冰水浴冷却烧杯使结晶完全。抽滤晶体，用少量冰水洗涤、压紧、抽干、称量。粗产物可以用水重结晶，做 FTIR 谱图和 ^1H NMR 谱图，并与标准谱图对照。

六、主要试剂及产物的物理常数

名称	摩尔质量/$(g \cdot mol^{-1})$	性状	密度/$(g \cdot mL^{-1})$	熔点/℃	沸点/℃	溶解性		
						水	乙醇	乙醚
水杨醛	122.12	无色油状液体	1.17	1～2	197	微溶	溶	溶
丙二酸二乙酯	160.17	无色有苹果味透明液体	1.06	−49.8	198.9	难溶	溶	溶
香豆素-3-甲酸乙酯	218.21	白色晶体	1.29	92～94	378	微溶	溶	溶
香豆素-3-羧酸	190.15	白色晶体	—	191～193	—	微溶	—	—

七、数据记录和处理

产品性状	理论产量/g	实际产量/g	产率/%

八、注意事项

(1) 实验中除加六氢吡啶外，还加入少量冰醋酸，反应很可能是水杨醛先与六氢吡啶在酸催化下形成亚胺化合物，然后再与丙二酸二乙酯的负离子反应。

(2) 用冷却过的 50%乙醇洗涤可以减少酯在乙醇中的溶解。

九、思考题

(1) 试写出利用诺文葛尔反应制备香豆素-3-羧酸的反应机理。反应加入乙酸的目的是什么?

(2) 羧酸盐在酸化得羧酸沉淀析出的操作中应如何避免酸的损失，提高酸的产量?

(3) 如何利用香豆素-3-羧酸制备香豆素?

十、标准 FTIR 谱图和¹H NMR 谱图

香豆素-3-羧酸的 FTIR 谱图和¹H NMR 谱图分别如图 6-15 和图 6-16 所示。

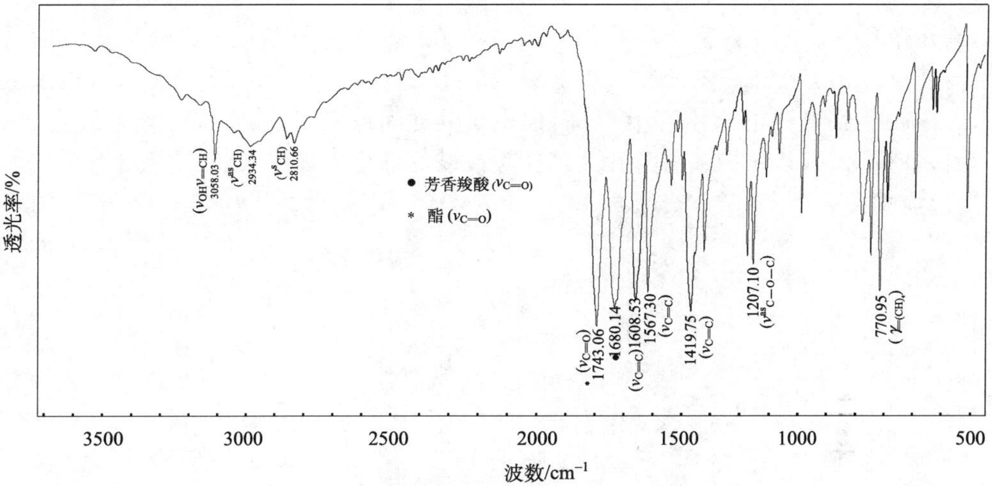

图 6-15　香豆素-3-羧酸的 FTIR 谱图

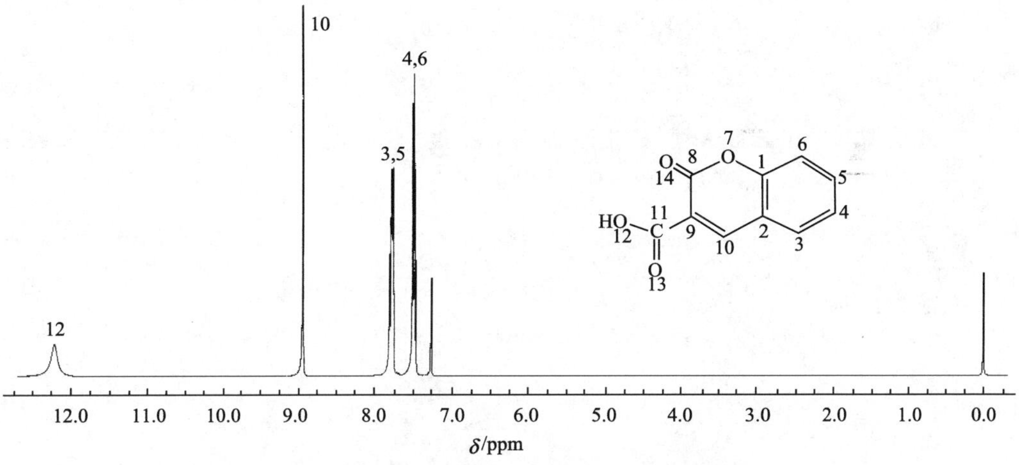

图 6-16　香豆素-3-羧酸的¹H NMR 谱图

实验十　4-溴乙酰苯胺的制备(5 学时)

一、实验目的

(1) 学习芳烃卤化反应理论，掌握芳烃溴化的方法。

(2) 熟悉溴的物理化学性质及其使用方法。

二、实验原理

4-溴乙酰苯胺为浅黄色晶体或粉末状晶体,是重要的有机合成中间体。4-溴乙酰苯胺水解后可得 4-溴苯胺,氨基又可以通过重氮盐的途径转变为其他基团,如卤素、羟基,甚至苯环等。不直接由苯胺溴化制取 4-溴苯胺是因为氨基对苯环有较强的活化作用,与溴反应迅速生成三溴苯胺。当氨基被酰化为酰胺基时,可有效降低母体的反应活性,乙酰胺基虽然是邻、对位取代基团,但由于其空间位阻大,可选择性地生成对位取代产物,同时作为氨基保护基的酰基又可在酸或碱的催化下利用水解反应脱除。

反应式:

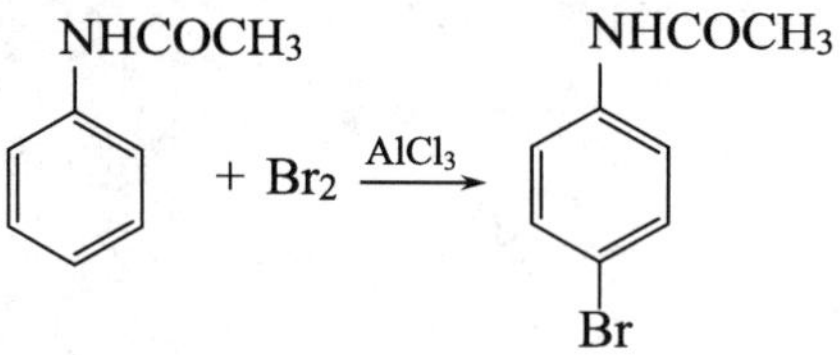

三、试剂与仪器

1. 试剂

乙酰苯胺(分析纯),溴(分析纯),冰醋酸(分析纯),亚硫酸氢钠(饱和),95%乙醇(分析纯)。

2. 仪器

三颈烧瓶(250 mL),恒压滴液漏斗,温度计(100 ℃),量筒(20 mL),烧杯(200 mL),玻璃漏斗,抽滤瓶,布氏漏斗,回流装置。

四、实验装置

实验装置如图 6-17 所示。

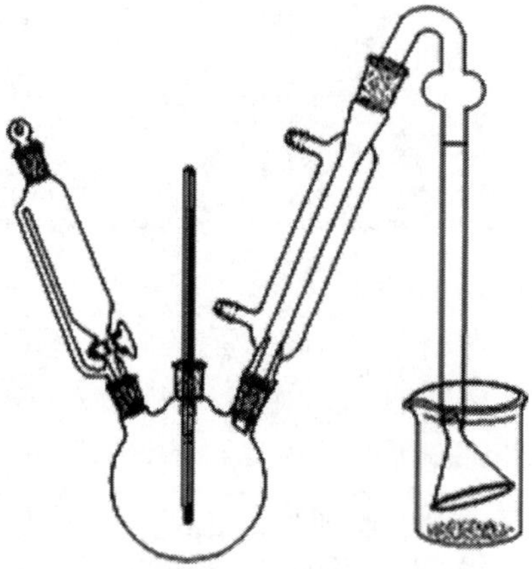

图 6-17　4-溴乙酰苯胺的制备装置

五、实验内容

1. 溴-冰醋酸试剂的配制

将 8 g 溴和 3 mL 冰醋酸混合均匀。

2. 4-溴乙酰苯胺的合成

在装有温度计、恒压滴液漏斗和冷凝管(冷凝管上连接气体吸收装置,以吸收反应中产生的溴化氢)的 250 mL 三颈烧瓶中,加入 6.75 g 乙酰苯胺和 15 mL 乙醇,搅拌下水浴加热使乙酰苯胺溶解,控制温度在 45 ℃条件下,边搅拌边慢慢地将溴-冰醋酸溶液从恒压滴液漏斗中滴加到乙酰苯胺的醇溶液中,滴加速率以棕红色的溴色较快褪去为宜。滴加完毕,在 45 ℃浴温下,继续搅拌反应 1 h,再将浴温提高至 60 ℃搅拌一段时间,直到反应混合物液面不再有红棕色蒸气逸出。

3. 产物分离与提纯

在搅拌下将反应物慢慢加入 100 mL 冷水中,此时即有固体析出。若产物带有红棕色,可加入饱和的亚硫酸氢钠水溶液至红棕色恰好褪去,以除去未反应的溴。搅拌 10 min,放在冰水浴中彻底冷却后,抽滤,并用冷水洗涤滤饼 3 次,抽干,自然干燥,用 95%乙醇重结晶,干燥、称量。计算产率,做 FTIR 谱图和 ^{1}H NMR 谱图,并与标准谱图对照。

六、主要试剂及产物的物理常数

名称	摩尔质量/(g · mol⁻¹)	性状	密度/(g · mL⁻¹)	熔点/℃	沸点/℃	溶解性	
						水	乙醇
乙酰苯胺	135.17	白色有光泽片状结晶	1.219	114.3	304	微溶(冷水)	溶
液溴	159.81	红棕色发烟液体	3.119	−7.2	58.76	微溶	溶
4-溴乙酰苯胺	214.06	浅黄色晶体	1.543	167～169	353.4	微溶于热水 不溶于冷水	略溶

七、数据记录和处理

产品性状	理论产量/g	实际产量/g	产率/%

八、注意事项

溴有很强的刺激性,操作时应戴手套,并在通风橱中进行。

九、思考题

(1) 乙酰苯胺的一溴代产物为什么以对位取代为主?

(2) 本实验的主要副产物是什么?

十、标准 FTIR 谱图和^{1}H NMR 谱图

4-溴乙酰苯胺的 FTIR 谱图和^{1}H NMR 谱图分别如图 6-18 和图 6-19 所示。

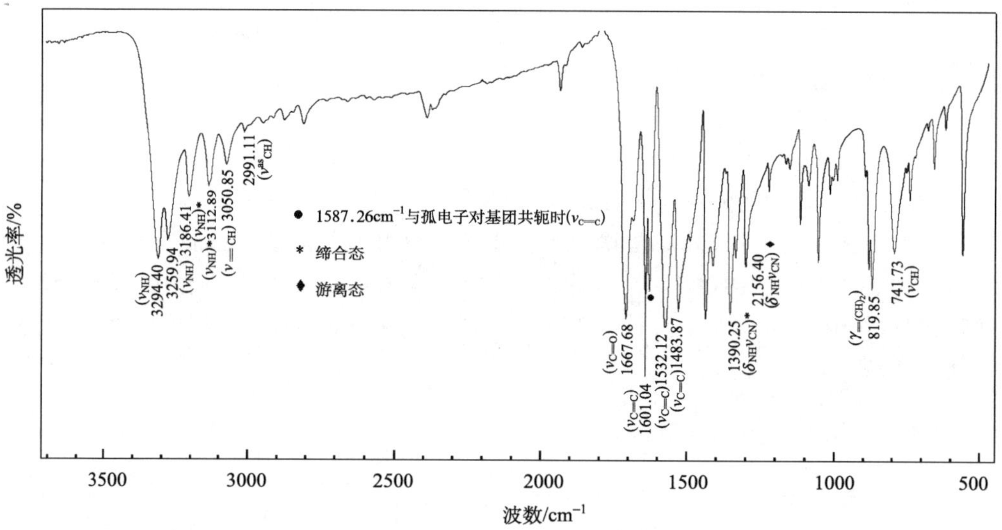

图 6-18　4-溴乙酰苯胺的 FTIR 谱图

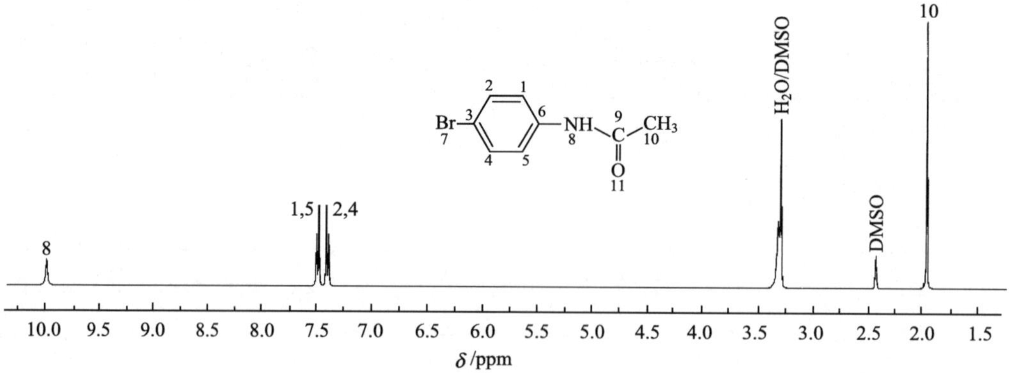

图 6-19　4-溴乙酰苯胺的^{1}H NMR 谱图

实验十一　己二酸的制备(8 学时)

一、实验目的

（1）了解由醇氧化制备羧酸的常用方法，学习用环己醇氧化制备己二酸的基本原理和方法。

（2）巩固电动搅拌(或磁力搅拌)、浓缩、洗涤、减压过滤及重结晶等操作技能。

（3）掌握熔点的测定技术。

二、实验原理

己二酸又称肥酸，常温下为白色晶体，是一种重要的有机二元酸，主要用于合成纤维(尼龙-66，大约占己二酸总量的 70%)，其在制备聚氨酯、合成树脂、合成革、聚酯泡沫塑料、塑料增塑剂、润滑剂、食品添加剂、黏合剂、杀虫剂、染料、香料、医药等领域都得到广泛的应用。

制备羧酸最常用的方法是烯、醇、醛等的氧化。常用的氧化剂有硝酸、重铬酸钾(钠)的硫酸溶液、高锰酸钾、过氧化氢及过氧乙酸等。但其中用硝酸为氧化剂反应非常剧烈，伴有大量二氧化氮毒气放出，既危险又污染环境。因此，本实验采用环己醇在高锰酸钾的碱性条件下发生氧化反应，然后酸化得到己二酸。

反应式：

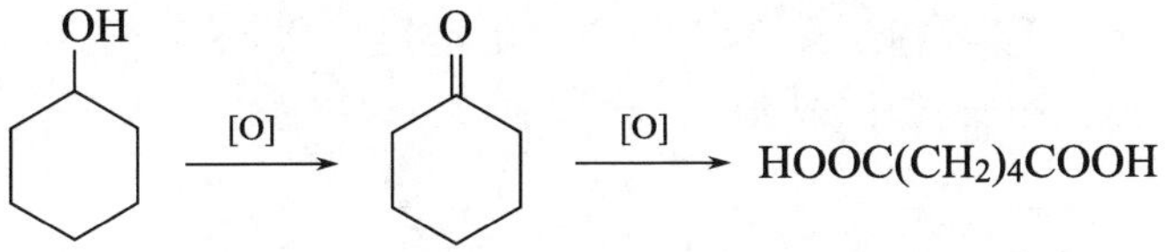

叔醇一般不易被氧化，仲醇氧化得到酮，酮不能被弱氧化剂氧化，但遇强氧化剂 $KMnO_4$、HNO_3等时可以被氧化，碳链断裂生成多种碳原子数较少的羧酸混合物。环己酮是环状结构，控制反应温度，氧化断裂后得到单一产物——己二酸。

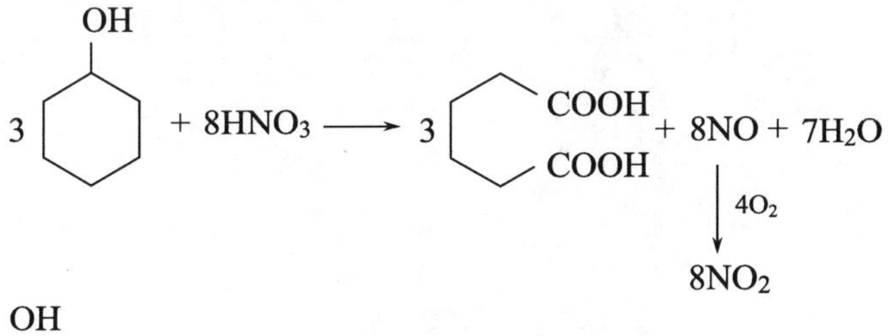

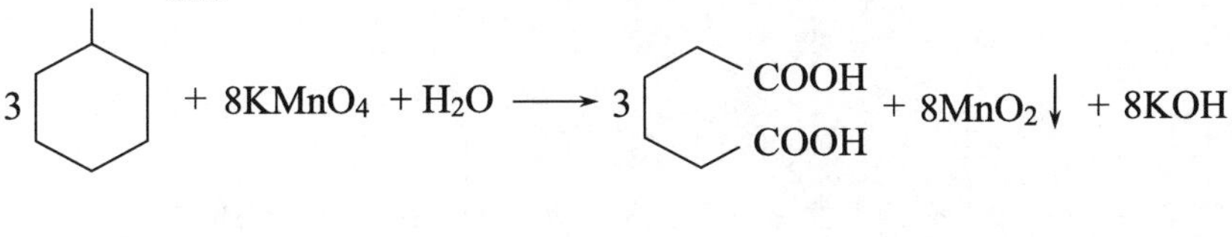

反应机理：

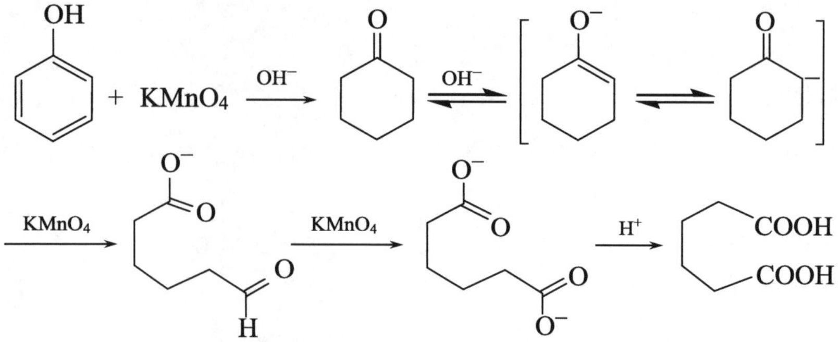

环己酮是对称酮，在碱作用下只能得到一种烯醇负离子，氧化生成单一化合物，若为不对称酮，就会产生两种烯醇负离子，每一种烯醇负离子氧化得到的产物不同，合成意义不大。

三、试剂与仪器

1. 试剂

环己醇(分析纯)，高锰酸钾(分析纯)，碳酸钠水溶液(10%)，盐酸(36%)，亚硫酸氢钠(分析纯)。

2. 仪器

三颈烧瓶(250 mL)，量筒(5mL、10 mL)，电动搅拌器，水浴锅，温度计(100 ℃)，恒压滴液漏斗，抽滤瓶，布氏漏斗，球形冷凝管，锥形瓶(100 mL)，水泵。

四、实验装置

实验装置如图 6-20 所示。

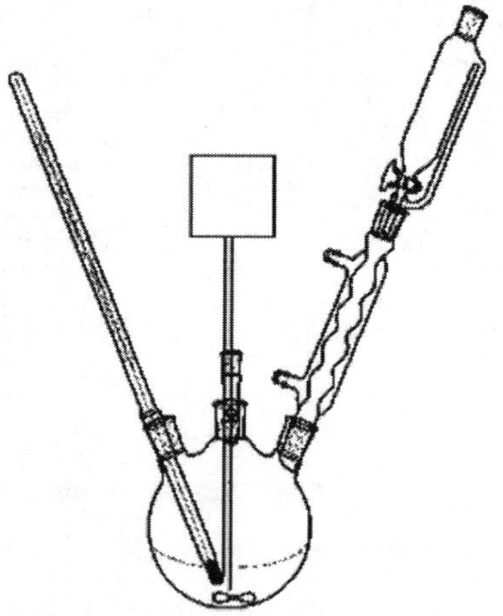

图 6-20 带温度计、恒压滴液漏斗及电动搅拌的回流反应装置

五、实验内容

(1) 按图 6-20 所示安装反应装置。电动搅拌器的轴与搅拌棒在同一直线上，搅拌桨位于液面以下，以离烧瓶底部 3～5 mm 为宜，温度计的水银球浸入液面以下。

(2) 在三颈烧瓶中加入 12 g 高锰酸钾固体和 40 mL 10%碳酸钠溶液，温水加热使反应物的温度为 40 ℃，并不断搅拌，使固体几乎全部溶解，得到紫红色的溶液。

(3) 移去水浴，搅拌下滴加 2.6 mL(2.5 g，0.027 mol)环己醇。先从恒压漏斗中滴入 4～5 滴环己醇，反应开始，然后慢慢滴入剩余的环己醇，控制滴加速率(每秒 1～2 滴)，使反应温度维持在 43～47 ℃。

(4) 环己醇滴加完毕后，继续搅拌 10 min，然后在 60～70 ℃ 的水浴中加热约 20 min，直到高锰酸钾溶液颜色完全褪去，同时有大量的褐色二氧化锰生成。然后在沸水浴中将混合物加热 3～5 min 使二氧化锰凝聚。

(5) 待反应结束后，用玻璃棒蘸一滴反应混合物点到平整的滤纸上做点滴实验。如果观察到在棕色二氧化锰点的周围出现紫色的环，可加入少量固体亚硫酸氢钠除去过量的高锰酸钾。

(6) 趁热抽滤，用少量热水洗涤滤渣二氧化锰，挤压除去滤渣中的水分。滤液倒入锥形烧瓶中，用小火加热蒸发使溶液浓缩至原来体积的一半，冷却后再用浓盐酸酸化至 pH 为 2。冷却析出结晶，抽滤后得粗产物。若产物有颜色，需重新溶在沸水中加入活性炭脱色。

(7) 将粗产物用水进行重结晶提纯。然后在烘箱中烘干，得到己二酸白色晶体，称量。计算产率，做 FTIR 谱图和 ^{1}H NMR 谱图，并与标准谱图对照。

(8) 测量产物的熔点。

六、主要试剂及产物的物理常数

1. 物理常数

名称	摩尔质量/(g·mol^{-1})	性状	密度/(g·mL^{-1})	熔点/℃	沸点/℃	溶解性		
						水	乙醇	乙醚
环己醇	100.16	无色液体或白色晶体	0.96	25.93	161	微溶	溶	溶
己二酸	146.14	白色晶体	1.36	152	330.5(分解)	见下表	溶	溶

2. 不同温度下己二酸在水中的溶解度

温度/℃	15	25	34	50	70	84	100
溶解度/[g·(100 mL)$^{-1}$]	1.44	2.3	3.08	8.46	34.1	91.8	160

七、数据记录和处理

产品性状	理论产量/g	实际产量/g	产率/%

熔点测量:

	$T_{始熔}$	$T_{全熔}$
1		
2		
3		
平均值		

八、注意事项

(1) $KMnO_4$要研细,以利于充分反应。

(2) 环己醇要逐滴加入,滴加速率不宜过快(每秒 1~2 滴)。否则,因反应剧烈放热,温度急剧升高而引起爆炸。

(3) 环己醇常温下为黏稠液体,可加入适量水搅拌,以便于滴加,同时可避免反应过于剧烈。

(4) 严格控制反应温度,稳定在 43~47 ℃。若反应温度过高会有其他副产物生成(碳键断裂,形成羧酸);温度太低,反应速率太慢。

(5) 反应终点的判断:

① 反应温度降至 43 ℃以下。

② 用玻璃棒蘸一滴混合物点在平铺的滤纸上,若观察到棕色 MnO_2点的周围无紫色环存在表明已没有 $KMnO_4$。

(6) 浓缩蒸发时,加热不要过猛,以防液体外溅。

(7) 用浓盐酸充分酸化,酸化至 pH 为 2,而且要慢慢滴加,使己二酸完全析出。

(8) 反应过程中要不断搅拌,否则极易暴沸冲出容器。

(9) 洗涤滤饼时最好是将滤饼移于烧杯中,经搅拌后再抽滤。

(10) 为了提高产率,最好用冰水冷却溶液以降低己二酸在水中的溶解度。

九、思考题

(1) 制备己二酸实验的操作关键是什么?请说明原因。

(2) 本实验在加入环己醇之前为什么应预先加热反应液?实验开始时加料速率较慢,待反应开始后为什么反而可适当加快加料速率?

(3) 制备己二酸时,应如何控制反应温度?

(4) 量过环己醇的量筒为何要加少量温水洗涤?且要将此洗液倒入加料用的滴液漏斗中?

(5) 用 $KMnO_4$ 法制备己二酸,怎样判断反应是否完全?若 $KMnO_4$ 过量将如何处理?写出其反应方程。

(6) 如用环戊醇作反应物,产物是什么?

十、标准 FTIR 谱图和¹H NMR 谱图

己二酸的 FTIR 谱图和¹H NMR 谱图分别如图 6-21 和图 6-22 所示。

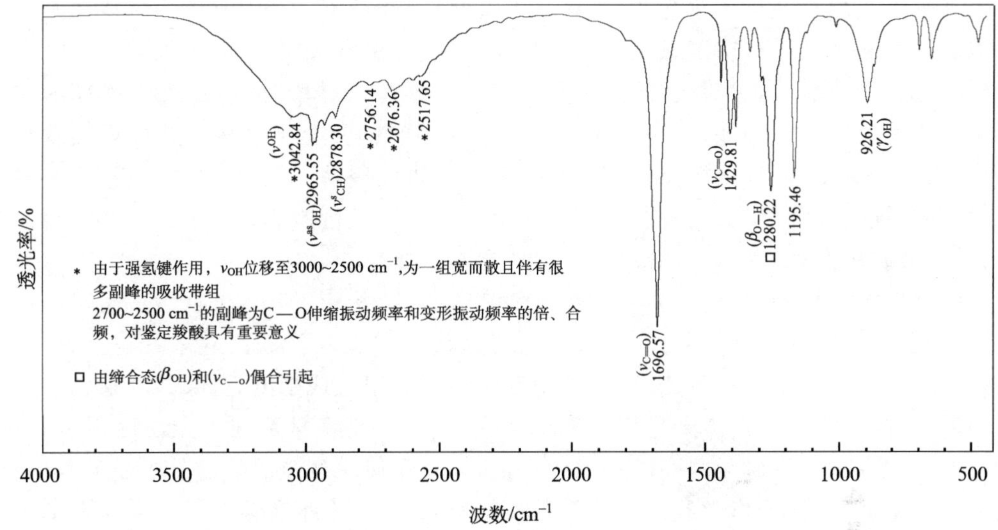

图 6-21　己二酸的 FTIR 谱图

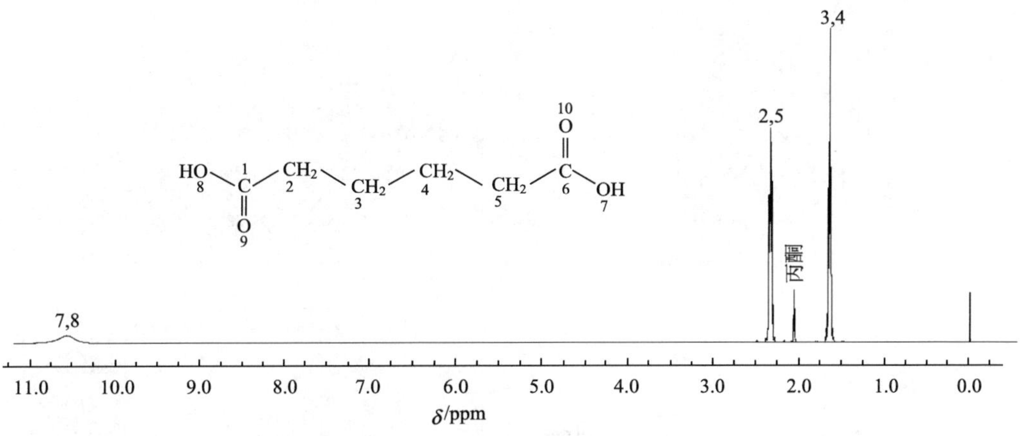

图 6-22　己二酸的¹H NMR 谱图

实验十二　苯甲酸和苯甲酸乙酯的制备(9学时)

一、实验目的

(1) 学习从苯甲醇、高锰酸钾和盐酸制备苯甲酸的原理。

(2) 掌握酯化反应原理及苯甲酸乙酯的制备方法。

(3) 复习分水器的使用及液体有机化合物的精制方法。

二、实验原理

苯甲酸乙酯是一种无色透明、具有水果气味(类似于依兰油香味)的液体。主要用于配制香水、香精、人造精油以及用作食品添加剂、有机合成中间体、溶剂等。

直接利用羧酸催化酯化反应是工业和实验室制备羧酸酯的经典方法,而原料羧酸常用氧化反应制备。例如,芳香族羧酸通常用芳香烃的氧化来制备。芳香烃的苯环比较稳定,难于氧化,而环上的支链(存在 α-H)被氧化成羧基。氧化反应一般都是放热剧烈的反应,从安全角度来看,控制反应在一定的温度下进行是非常必要的。如果反应失控,不仅会破坏产物,导致产率降低,有时还会发生爆炸。

酸催化的直接酯化反应,需用的催化剂有硫酸、盐酸和甲基苯磺酸等。也可采用酰氯、酸酐和腈的醇解,有时还可利用羧酸盐与卤代烷或硫酸酯的反应来代替。此外,羧酸催化的直接酯化反应是可逆的,为了使反应向有利于生成酯的方向移动,通常加入过量的羧酸或醇,或者将反应中生成的酯或水除去,由于平衡常数在一定温度下为定值,故增加羧酸和醇的用量无疑会增加酯的产量,但究竟使用过量的酸还是过量的醇,则取决于原料是否易得、价格及过量的原料与产物容易分离与否等因素。本实验为了提高酯的转化率,使用过量乙醇的同时将反应生成的水从反应体系中除去,使平衡向生成酯的方向移动,从而提高转化率。

主反应:

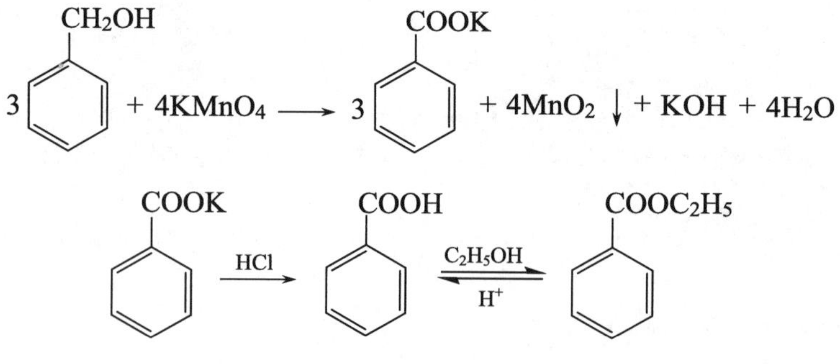

副反应:

$$2C_2H_5OH \xrightleftharpoons{\text{浓}H_2SO_4} C_2H_5OC_2H_5 + H_2O$$

三、试剂与仪器

1. 试剂

苯甲醇(分析纯),高锰酸钾(分析纯),无水乙醇(分析纯),碳酸钠(分析纯),苯(分析纯),乙醚(分析纯),浓硫酸(分析纯),碳酸钠水溶液(10%),盐酸(36%),无水硫酸钠(分析纯)。

2. 仪器

圆底烧瓶(50 mL、100 mL),量筒(5 mL、10 mL、50 mL),布氏漏斗,抽滤瓶,烧杯(400 mL),分液漏斗,普通回流装置,带分水器的回流装置,普通蒸馏装置,减压蒸馏装置。

四、实验装置

实验装置如图 6-23 所示。

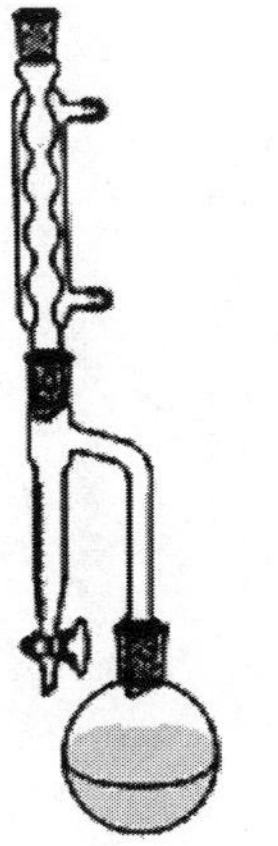

图 6-23　带分水器的回流装置

五、实验内容

1. 苯甲酸的制备

在 100 mL 圆底烧瓶中加入 2.1 mL 苯甲醇和 30 mL 水,然后加入 4.0 g 高锰酸钾和 2.0 g 碳酸钠,加入沸石,回流,过程中需间歇摇动烧瓶,至回流液不再出现油珠时(约 1 h)停止加热。将反应混合物趁热抽滤,用少量热水洗涤滤渣二氧化锰,洗涤时用玻璃棒小心搅动(不要使滤纸松动)使滤渣润湿,静置一会儿再抽气。合并滤液于 400 mL 烧杯中,烧杯放在冷水浴中冷却,然后用浓盐酸酸化,直到苯甲酸全部析出为止。抽滤,得白色结晶状固体。

2. 苯甲酸乙酯的制备

在 50 mL 圆底烧瓶中依次加入 4 g 苯甲酸、10 mL 乙醇、7 mL 苯和 1.5 mL 浓硫酸，摇匀后加入沸石，装上分水器及回流装置(图 6-23)。小火加热，缓慢沸腾 30 min，尽可能不要把乙醇蒸出。然后升高温度，加热回流。反应初期回流速率一定要适当慢一些。随着反应的进行，分水器中逐渐出现上、中、下三层液体。在反应过程中应控制分水器中液面位置，上层液体始终是薄薄的一层，中层液面不流回到反应瓶中即可。回流 1 h 后停止加热，待烧瓶冷却后，将反应混合物倒入盛有 25 mL 水的烧杯中，分批加入碳酸钠粉末至无二氧化碳气体产生(用 pH 试纸检验呈中性)。用分液漏斗分出有机层，水层用乙醚萃取两次(每次 10 mL)。合并有机层，用无水氯化钙干燥。将干燥后的有机层移入 50 mL 圆底烧瓶，常压下先小火蒸出乙醚(注意低沸点液体的蒸馏装置)，再蒸出苯和残留乙醇，然后改用减压蒸馏，根据苯甲酸乙酯的沸点与压力的关系表收集产物，做 FTIR 谱图和^{1}H NMR 谱图，并与标准谱图对照。

六、主要试剂及产物的物理常数

1. 物理常数

名称	摩尔质量/(g·mol^{-1})	性状	密度/(g·mL^{-1})	熔点/℃	沸点/℃	溶解性		
						水	乙醇	乙醚
苯甲醇	108.1	无色液体	1.04	−15.3	205.7	微溶	溶	溶
苯甲酸	112.1	针状结晶	1.27	122.13	249	微溶	溶	溶
苯甲酸乙酯	150.17	无色液体	1.05	−34.6	212.6	微溶(热水)	溶	溶

2. 苯甲酸乙酯的沸点与压力的关系表

压力/mmHg	1	10	20	30	40	50	60
沸点/℃	44.0	86.0	102.5	111.3	118.2	123.7	128.5
压力/mmHg	70	80	90	100	400	760	
沸点/℃	132.5	136.2	139.5	143.2	188.4	212.4	

七、数据记录和处理

产品性状	理论产量/g	实际产量/g	产率/%

八、注意事项

(1) 高锰酸钾要分批加入,小心操作不能使其沾在管壁上。

(2) 控制氧化反应速率,防止发生暴沸冲出现象。

(3) 酸化时滴加浓盐酸要慢,不可过量太多,但酸化要彻底,使苯甲酸充分结晶析出(酸化不彻底最后蒸馏时 100 ℃以上会有白烟产生,为苯甲酸升华所致)。

(4) 制备苯甲酸时,减压过滤的滤液如呈紫色,可加入亚硫酸氢钠使紫色褪去后重新减压过滤。

(5) 制备苯甲酸乙酯时,随着反应的进行,一定要控制分水器液面位置,使最上层液体始终为薄薄的一层,放水不要太多,回流过程中温度不要太高(反应初期小火加热),否则反应瓶中颜色很深,甚至炭化。

(6) 蒸馏乙醚时要绝对禁止明火加热;接收瓶需要冷却;尾接管支管需连一橡皮管并通入下水道,靠水流将未完全冷凝的乙醚蒸气带走。

九、思考题

(1) 制备苯甲酸时,若反应结束时颜色较深如何处理?

(2) 为什么要用苯除去反应体系中的水?

(3) 本实验采用什么原理和措施可提高酯化反应的产率?

十、标准 FTIR 谱图和^{1}H NMR 谱图

苯甲酸乙酯的 FTIR 谱图和^{1}H NMR 谱图分别如图 6-24 和图 6-25 所示。

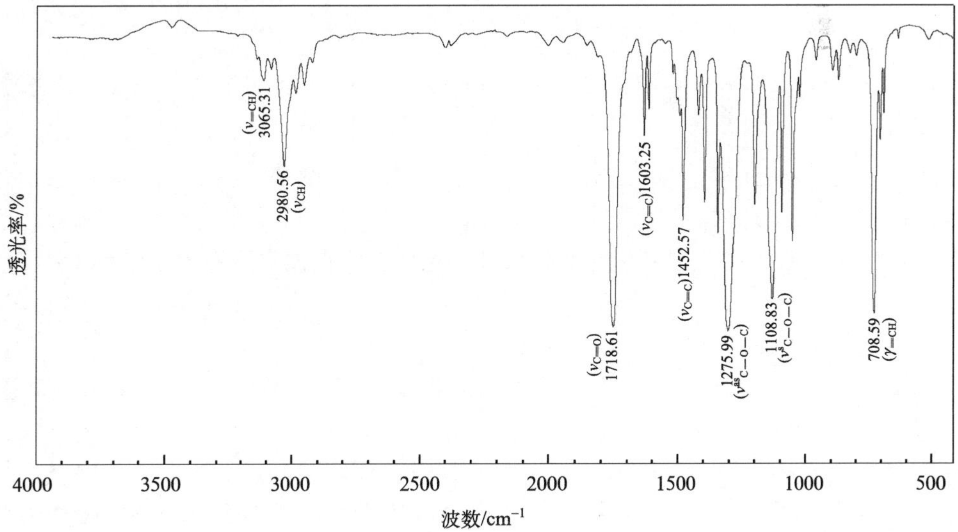

图 6-24　苯甲酸乙酯的 FTIR 谱图

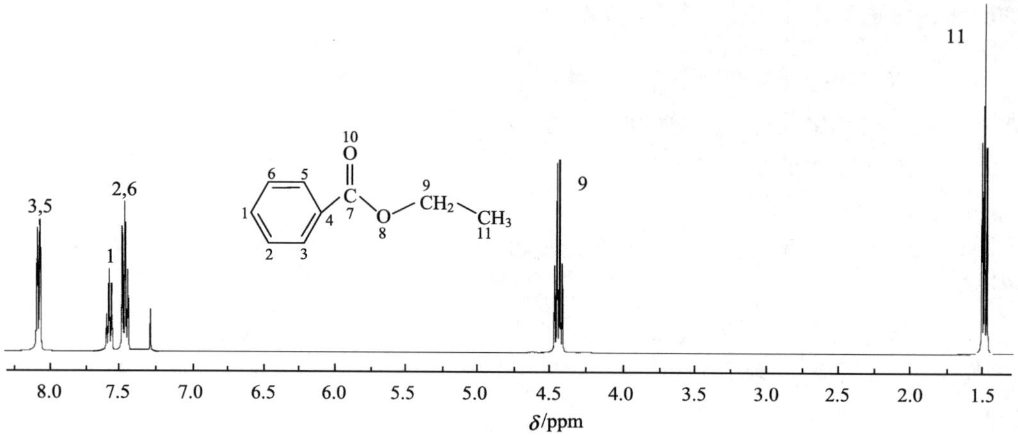

图 6-25　苯甲酸乙酯的 ^{1}H NMR 谱图

实验十三　三苯甲醇的制备(8 学时)

一、实验目的

(1) 了解格氏试剂的制备。

(2) 掌握格氏试剂与羰基化合物的反应原理和操作。

(3) 熟练掌握回流、萃取、蒸馏等基本操作。

(4) 巩固水蒸气蒸馏装置的安装、使用及注意事项。

二、实验原理

1. 格氏试剂的制备

格氏试剂(有机镁化合物)是有机合成上非常重要的试剂。格氏试剂是由法国化学家格利雅(Grignard)首先发现的,并且成功地将其用于有机合成。格氏试剂打开了有机金属在各种官能团合成的新领域,使人们大量地制造自然界不存在的、性质更加优异的各类化合物,因此该试剂在有机化学中占有很重要的地位。格利雅因其卓越贡献,于 1912 年获得诺贝尔化学奖。

到目前为止,格氏试剂的准确结构尚无法确证,我们经常用 RMgX 简单表示其结构。RMgX 能与醛、酮、酯、二氧化碳、环氧乙烷等反应,生成醇、酸等一系列化合物。RMgX 遇水分解,易同氧气、二氧化碳反应,因此制备和反应需要在无水无氧条件下进行,所用仪器和试剂均需事先干燥,如果存在微量水分会抑制反应的引发,而且会使形成的格氏试剂分解,影响产率。

实验室制备格氏试剂一般采用卤代烃在低沸点的醚(如无水乙醚或甲基叔丁基醚)

中反应制得：

低沸点醚具有高的蒸气压，可以排除反应容器中的大部分空气，避免了格氏试剂与二氧化碳、氧、水的反应。另外，必须注意的是，格氏反应是放热反应，因此制备时要严格控制反应温度、溴苯的滴加速率，充分搅拌降低溶液浓度，反应开始后不要急于加热，甚至有时需采用冷水浴降低反应速率。如果反应较长时间没开始，可以加入少量碘单质，并用手温热或直接略微加热，开始反应鼓泡后就停止加热，溴苯滴加速率不能太快，否则副产物较多。

2. 格氏试剂反应合成三苯甲醇

实验室中利用格氏试剂和苯甲酸乙酯在干醚存在下发生格氏反应，再经水解就可得到三苯甲醇。但反应时必须先用无水乙醚将反应物在恒压滴液漏斗中混合，尽量溶解完，然后在冰水浴条件下滴加，这一步也是放热反应，要控制滴加速率，此外还可加入氯化铵饱和溶液水解，相当于酸性水解，且不至于酸度太大使乙醚水解。

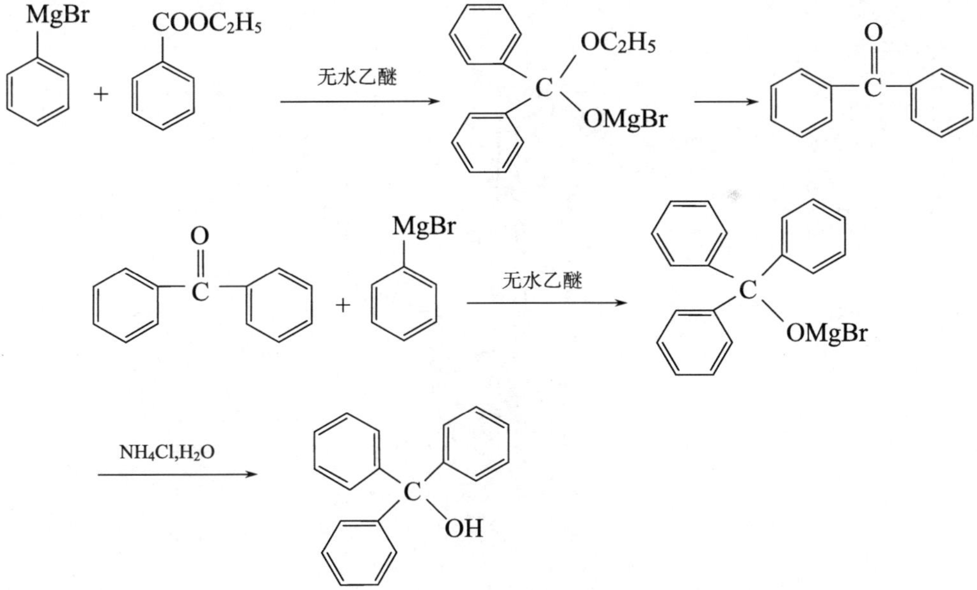

3. 副反应

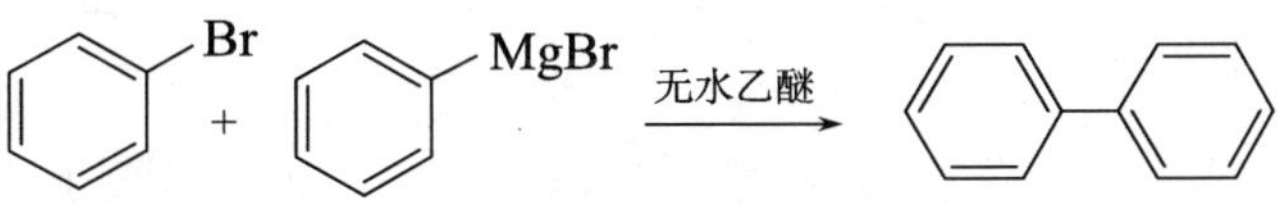

格氏试剂易与二氧化碳、氧、卤代烃等偶合,其中以卤代烃的偶合为主要副反应,产物以联苯为主。

4. 提纯

先用水浴的方式除去多余的乙醚,然后用水蒸气蒸馏的方式除去联苯、溴苯等副产物。

三、试剂与仪器

1. 试剂

镁屑(分析纯),溴苯(分析纯,新蒸),碘(分析纯),苯甲酸乙酯(分析纯),无水乙醚(分析纯,需金属钠丝干燥过夜),氯化铵(饱和),乙醇(分析纯)。

2. 仪器

三颈烧瓶(100 mL),球形冷凝管,恒压滴液漏斗,球形干燥管,空心塞,抽滤瓶,布氏漏斗,滤纸,蒸馏装置,水蒸气蒸馏装置。

四、实验装置

实验装置如图 6-26 所示。

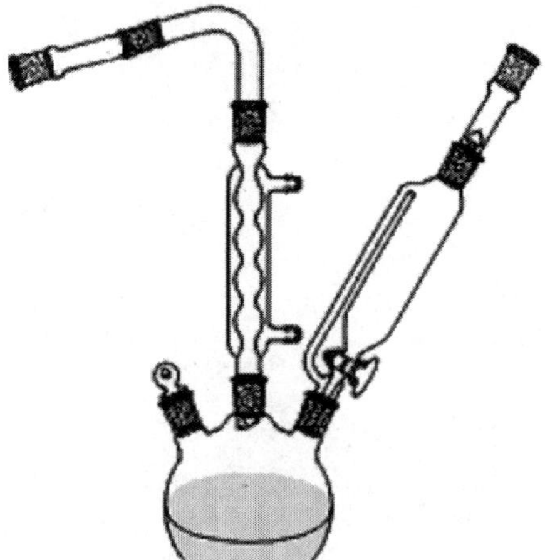

图 6-26 带干燥管及恒压滴液漏斗的回流反应装置

五、实验内容

1. 苯基溴化镁的制备

用冷水冷却 100 mL 三颈烧瓶,按图 6-26 安装实验装置,加入 1.5 g 镁屑或除去氧化膜的镁条、一小粒碘和搅拌磁子,烧瓶上安装冷凝管和恒压滴液漏斗,在冷凝管及滴液漏斗的上口装氯化钙干燥器。将 10 g 溴苯及 25 mL 乙醚在恒压滴液漏斗中混匀后，将 1/3 体积溴苯醚溶液由恒压滴液漏斗缓慢滴加到反应瓶中，用手温热反应瓶，搅拌，看是否鼓泡，并轻微浑浊。若碘颜色开始消失，仍不鼓泡反应，可将烧瓶略微加热，待反应开始(鼓泡)，停止加热，开始缓缓滴入剩余的溴苯醚溶液，滴加速率以反应液平稳沸腾为宜，如果发现反应液黏稠，则补加适量乙醚。滴完后，40 ℃水浴上保持微沸回流，使镁屑几乎完全溶解(约 1 h)。

2. 三苯甲醇的制备

搅拌下将 3.8 mL 苯甲酸乙酯与 5 mL 无水乙醚的混合液由恒压滴液漏斗加入反应瓶中(在冰水浴条件下)，不要加太快。滴加完毕后，将反应混合物水浴回流约 1 h，使反应完全。将反应物改为冰水浴冷却至室温，可得黏稠淡黄色液体。反应物冷却后向其中慢慢滴加 15 mL 饱和氯化铵溶液，滴加完后继续搅拌数分钟，以分解加成产物。将反应混合物移入分液漏斗，分出有机层，水层用乙醚萃取两次(每次 15 mL)，合并有机层，干燥后移入干净、干燥的三颈烧瓶，水浴加热蒸馏回收乙醚。待乙醚回收完全后在三颈烧瓶中加入适量水，然后改装成水蒸气蒸馏装置，直到瓶中固体呈松散淡黄色固体颗粒和馏出液澄清为止。瓶中剩余物三苯甲醇冷凝为淡黄色蜡状固体。抽滤，用少量冷水洗涤滤饼，粗产物干燥后称量。

3. 三苯甲醇的精制

粗产物用 70%乙醇水溶液重结晶，加适量活性炭脱色，可得到纯度较高的产物，做 FTIR 谱图和 ^{1}H NMR 谱图，并与标准谱图对照。

六、主要试剂及产物的物理常数

名称	摩尔质量 /(g · mol^{-1})	性状	密度 /(g · mL^{-1})	熔点 /℃	沸点 /℃	溶解性		
						水	乙醇	乙醚
溴苯	157.02	无色油状液体	1.50	−30.7	156.2	不溶	溶	溶
苯甲酸乙酯	150.17	无色液体	1.05	−34.6	212.6	微溶(热水)	溶	溶
三苯甲醇	260.33	白色晶体	1.199	164.2	380	不溶	溶	溶

七、数据记录和处理

产品性状	理论产量/g	实际产量/g	产率/%

八、注意事项

(1) 格氏试剂的制备成功关键在于反应体系是否无水，因此所有的反应试剂与仪器必须事先充分干燥，有时甚至要求通入干燥氮气保护，乙醚必须用金属钠丝干燥过夜后才能使用。

(2) 若无镁屑,可用镁条代替,先用砂纸打磨发亮,彻底除去表面氧化膜,然后剪成碎屑状。

(3) 反应所用溶剂是乙醚,易燃、易爆、易挥发,所以整个实验过程严禁使用明火,反应不可过于剧烈,否则乙醚会从冷凝管上口冲出。

(4) 二苯甲酮和苯基溴化镁反应时,反应液会出现淡红色,并且整个反应液有可能固化,这是正常现象。

(5) 加入氯化铵的目的是使水解生成的氢氧化镁沉淀转变成可溶性的氯化镁。若反应中仍有絮状物存在,可加入少量稀盐酸使其溶解。

(6) 为使未反应的溴苯和副产物联苯一起除去,采用水蒸气蒸馏,直到瓶中固体呈松散淡黄色固体颗粒和馏出液澄清为止。若发现在水蒸气蒸馏过程中有大块固体黏结,需搅碎后再蒸馏。

(7) 水蒸气蒸馏时调节火焰,控制蒸馏速率每秒 2～3 滴,并时刻注意安全管内水平面位置。

九、思考题

(1) 本实验在将格氏试剂加成物水解前的各步中,为什么使用的药品仪器均要绝对干燥? 应采取什么措施?

(2) 本实验中溴苯加入太快或一次加入,有什么不好?

(3) 如果苯甲酸乙酯和乙醚中含有乙醇,对反应有何影响?

(4) 在三苯甲醇的制备过程中为什么要用饱和的氯化铵溶液分解?

十、标准 FTIR 谱图和¹H NMR 谱图

三苯甲醇的 FTIR 谱图和¹H NMR 谱图分别如图 6-27 和图 6-28 所示。

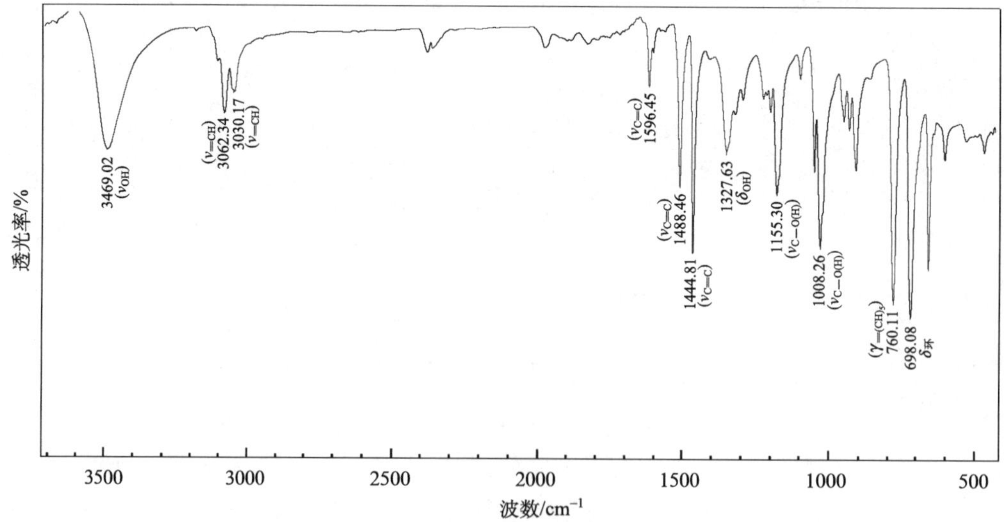

图 6-27 三苯甲醇的 FTIR 谱图

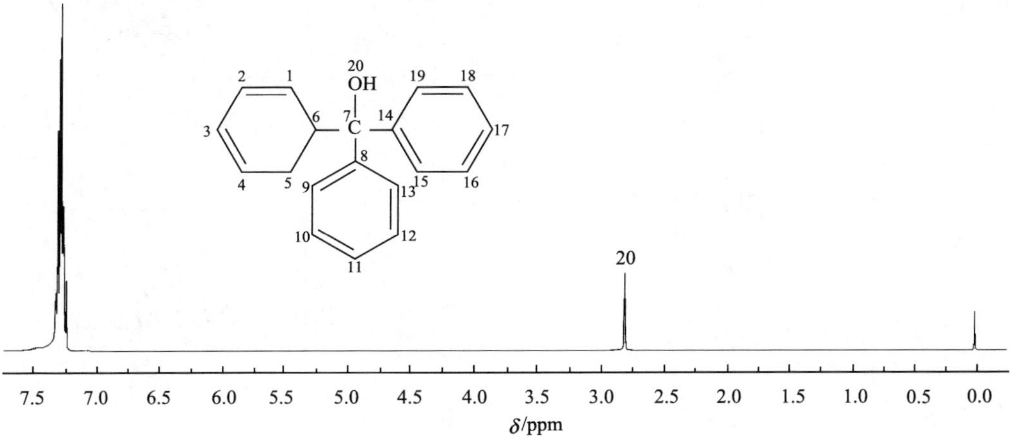

图 6-28　三苯甲醇的^{1}H NMR 谱图

实验十四　苯乙酮的制备(5 学时)

一、实验目的

(1) 学习利用傅-克酰基化反应制备芳酮的原理和方法。

(2) 了解无水实验操作要点及分液漏斗的使用和萃取操作。

(3) 学习安装尾气吸收装置和使用空气冷凝管的实验操作。

二、实验原理

苯乙酮在室温下为无色至淡黄色液体或无色晶体,具有香豆素和扁桃的气味,具有强的吸湿性。在褐煤焦油的重油馏分中常含有少量苯乙酮。自然界中存在于 Stirlingia latifolia 的精油中,可以从其中分馏结晶得到;也存在于岩蔷薇、大荨麻、香薰草及其他植物体中,还存在于海狸香精油中。

1877 年,法国化学家傅瑞德(Friedel)和美国化学家克来福特(Crafts)发现了制备烷基苯和芳酮的反应,简称傅-克反应。制备烷基苯的反应称为傅-克烷基化反应,制备芳酮的反应称为傅-克酰基化反应。傅-克酰基化反应是制备芳酮最重要和最常用的方法,经常利用路易斯(Lewis)酸作为反应的催化剂。路易斯酸是一种非质子酸,在反应中是电子对的接受者,形成碳正离子,便于向苯环进攻。此外,酸酐是常用的酰化试剂,这是因为酰卤味难闻,而酸酐原料易得,纯度高,操作方便,无明显的副反应或有害气体放出,反应平稳且产率高,生成的芳酮容易提纯。

傅-克反应是放热反应,通常是将酰基化试剂配成溶液后慢慢滴加到盛有芳香族化合物溶液的反应瓶中,并需密切注意反应温度的变化。

由于芳酮可与 $AlCl_3$ 形成配合物,故与烷基化反应相比,酰基化反应的催化剂用量大得多。对烷基化反应,$AlCl_3/RX$(物质的量比)=0.1,酰基化反应 $AlCl_3/RCOCl=1.1$,由于芳烃与酸酐反应产生的有机酸会与 $AlCl_3$ 反应,所以 $AlCl_3/Ac_2O=2.2$。

傅-克酰基化反应常用过量的液体芳烃、二硫化碳、硝基苯、二氯甲烷等作为反应的溶剂。

本实验采用傅-克酰基化反应制苯乙酮,反应式如下:

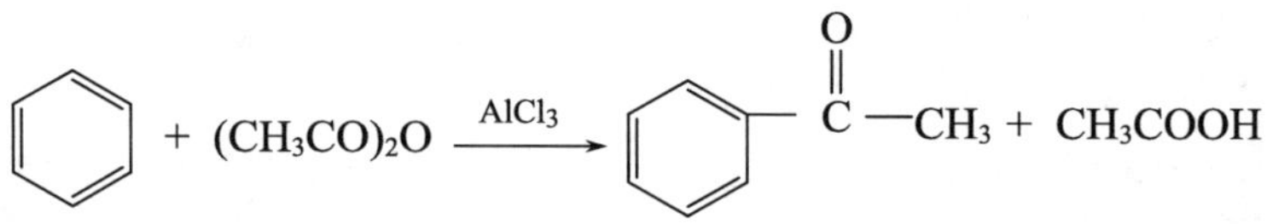

三、试剂与仪器

1. 试剂

无水苯(分析纯),乙酸酐(分析纯),无水三氯化铝(分析纯),盐酸(36%),无水硫酸镁(分析纯),95%乙醇(分析纯),氢氧化钠(10%、5%)。

2. 仪器

三颈烧瓶(100 mL),圆底烧瓶(50 mL),直形冷凝管,空气冷凝管,恒压滴液漏斗,分液漏斗,球形干燥管,尾气吸收装置,普通蒸馏装置。

四、实验装置

实验装置如图 6-29 所示。

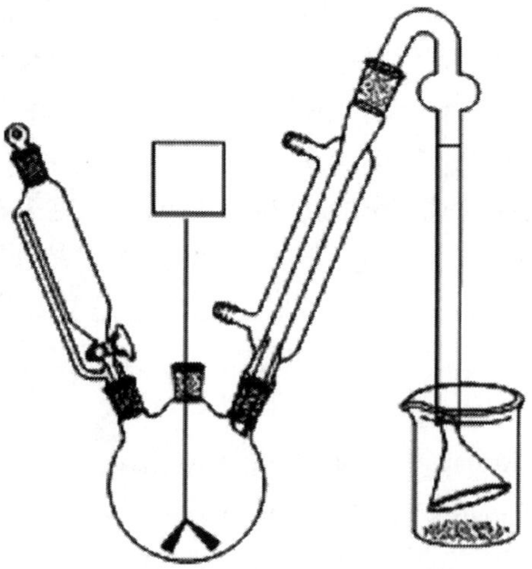

图 6-29 苯乙酮的制备装置

五、实验内容

（1）按图 6-29 所示安装恒压滴液漏斗、机械搅拌装置和回流冷凝管（上端通过一个氯化钙干燥管与氯化氢气体吸收装置相连），在烧杯中加入 5% 氢氧化钠溶液作为吸收剂，吸收反应产生的氯化氢气体。迅速称取 13 g 无水三氯化铝和 16 mL 无水苯，加入 100 mL 三颈烧瓶。将约 4 mL 乙酸酐自恒压滴液漏斗慢慢滴入三颈烧瓶，控制乙酸酐的滴加速率（先加几滴，待反应发生后再继续滴加），边加边摇，以使三颈烧瓶稍热为宜，约 15 min 加完。沸水浴上回流 20 min，直至无氯化氢气体放出。

（2）将反应混合物冷到室温，在搅拌下加入盛有 18 mL 浓盐酸和 35 g 碎冰的烧杯中（在通风橱中进行），若仍有固体不溶物，可补加适量浓盐酸使之完全溶解。将混合物移入分液漏斗，分出有机层，水层用苯萃取两次（每次 8 mL），合并有机层，用 10%氢氧化钠溶液洗涤至中性，分液；再用 9 mL 水洗涤，分液。上层有机相用无水硫酸镁干燥。

（3）干燥后的产物加入 50 mL 圆底烧瓶中，先在水浴上蒸馏回收苯，然后改用电热套加热蒸去残余的苯，当温度超过 140 ℃时，改用空气冷凝管继续蒸馏，收集 194～202 ℃的馏分，称量。计算产率，做 FTIR 谱图和 ^{1}H NMR 谱图，并与标准谱图对照。

六、主要试剂及产物的物理常数

名称	摩尔质量/(g·mol⁻¹)	性状	密度/(g·mL⁻¹)	熔点/℃	沸点/℃	溶解性		
						水	乙醇	乙醚
乙酸酐	102.09	无色液体	1.08	−73	138.6	溶于水形成乙酸	—	溶
苯	78.11	无色液体	0.88	5.5	80.1	难溶	溶	溶
苯乙酮	120.14	无色或淡黄色油状液体	1.03	19.7	202	难溶	溶	溶

七、数据记录和处理

产品性状	理论产量/g	实际产量/g	产率/%

八、注意事项

（1）本实验所用的仪器和试剂均需充分干燥。无水三氯化铝在空气中容易吸潮分解，对实验的影响很大，研细、称量、投料动作要快；可用带塞的锥形瓶称量三氯化铝，投料时将纸卷成筒状插入瓶颈，再倒入烧瓶中，然后将烧瓶和药品瓶盖子及时盖好。

（2）本实验中苯的用量是过量的，因为苯不但作为反应试剂，而且也作为溶剂，所以乙酸酐才是产率的基准试剂。

(3) 乙酸酐在用前应重新蒸馏,收集 137～140 ℃的馏分备用。

(4) 反应温度不宜过高,一般控制反应液温度在 60 ℃左右为宜,反应时间长些,可以提高产率。反应完毕后用冰和稀盐酸终止催化反应,且在通风橱中进行。如果催化剂过量,可以再滴加盐酸溶解。

(5) 碱洗有机相时,应轻轻摇动较长时间,静置分液较长时间,以防止乳化和分离不佳。

(6) 当苯已经除尽,温度计的示数会快速上升,超过 140 ℃时,暂时停止加热。稍冷,换上空气冷凝管,继续加热。当温度再次急剧上升超过 140 ℃,换下接收苯的锥形瓶,换上一个洁净、干燥的接收瓶收集苯乙酮。

九、思考题

(1) 傅-克酰基化反应与傅-克烷基化反应各有何特点?在两反应中,三氯化铝和芳烃的用量有何不同?为什么?

(2) 反应完成后为什么加入浓盐酸和冰水的混合物来分解产物?

(3) 为什么硝基苯可作为反应的溶剂?芳环上有—OH、—NH_2等基团存在时对傅-克烷基化反应会产生什么影响?

(4) 在苯乙酮的制备中,水和潮气对本实验有何影响?在仪器装置和操作中应注意哪些事项?

十、标准 FTIR 谱图和 ^{1}H NMR 谱图

苯乙酮的 FTIR 谱图和 ^{1}H NMR 谱图分别如图 6-30 和图 6-31 所示。

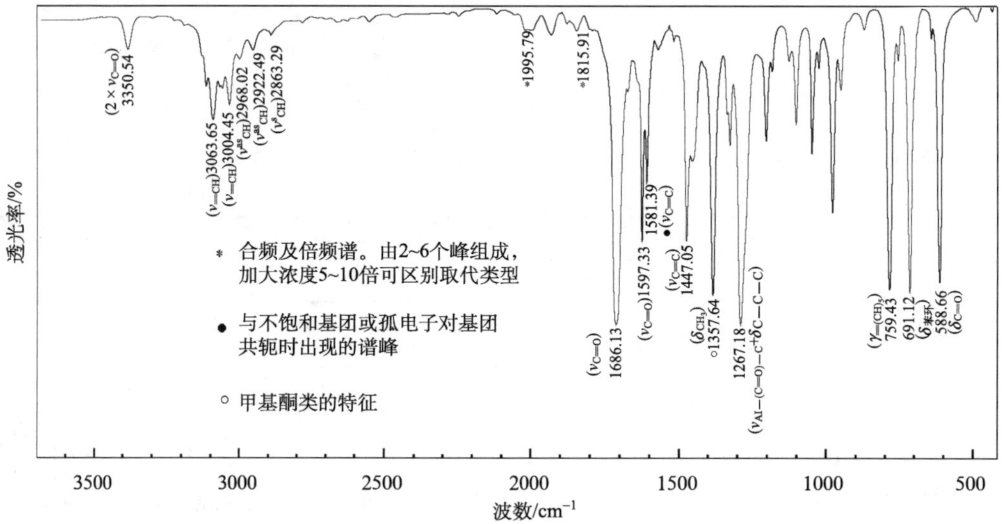

图 6-30　苯乙酮的 FTIR 谱图

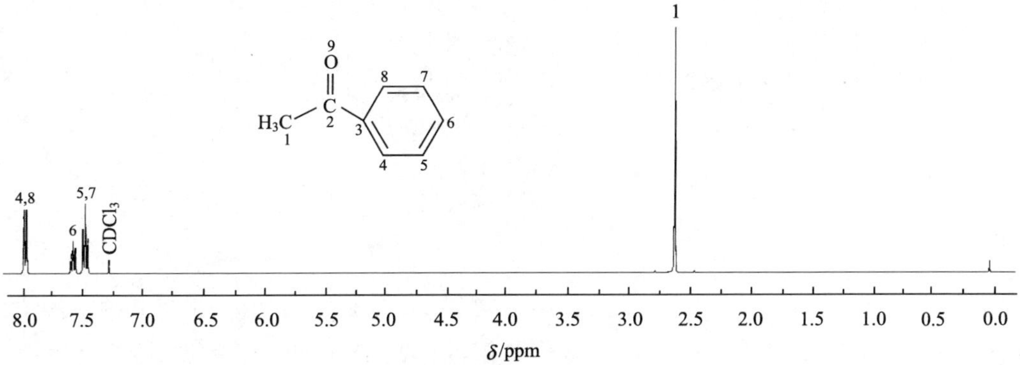

图 6-31　苯乙酮的 ^{1}H NMR 谱图

实验十五　环己酮的制备(9 学时)

一、实验目的

(1) 学习铬酸氧化法、次氯酸氧化法制备环己酮的原理和方法。

(2) 进一步了解醇与酮之间的联系与区别。

二、实验原理

环己酮是重要的化工原料,是制造尼龙、己内酰胺和己二酸的主要中间体,被广泛用作溶剂,尤其因对许多高聚物(如树脂、橡胶、涂料)的溶解性能优异而得到广泛的应用。在皮革工业中还用作脱脂剂和洗涤剂,也是重要的工业溶剂,如用于油漆,特别适用于一些含有硝化纤维、氯乙烯聚合物及其共聚物或甲基丙烯酸酯聚合物油漆等。

醇的氧化是制备醛、酮的重要方法之一,六价铬是将伯、仲醇氧化成相应的醛、酮的重要和常用的试剂,氧化反应可在酸性、碱性或中性条件下进行。

在酸性条件下进行氧化,可用水、丙酮、乙酸、二甲基亚砜(DMSO)、二甲基甲酰胺(DMF)等作溶剂,或由它们组成的混合溶剂。

铬酸长期存放不稳定,因此需要时可将重铬酸钠或重铬酸钾或三氧化铬与过量的酸(如硫酸或乙酸)反应制得。铬酸与硫酸的水溶液称为琼斯(Jones)试剂。

用铬酸氧化伯醇,得到的醛容易进一步氧化成酸和酯。若将铬酸加到伯醇中(作用是避免氧化剂过量)或将反应生成的醛通过分馏柱及时从反应体系中分出来,则产率将提高。酮虽比醛稳定,可以留在反应混合物中,但必须严格控制反应条件,勿使氧化反应进行得过于剧烈,否则产物将进一步被氧化而发生碳链断裂。

本实验分别用铬酸和次氯酸钠作氧化剂,将环己醇氧化成环己酮。

铬酸和它的盐价格较贵,且会污染环境,用次氯酸钠或漂白粉精[有效成分是 $Ca(ClO)_2$]氧化醇可避免这些缺点,产率也有所提高。

三、试剂与仪器

1. 试剂

重铬酸钠(分析纯),乙醚(分析纯),浓硫酸(分析纯),碳酸钠(分析纯),碳酸钠水溶液(5%),无水硫酸钠(分析纯),次氯酸钠水溶液(约 1.8 mol · L^{-1}),亚硫酸钠水溶液(饱和),氯化钠,草酸(分析纯)或甲醇(分析纯)。

2. 仪器

三颈烧瓶(100 mL、250 mL),烧杯(100 mL),量筒(10 mL、50 mL),烧杯(100 mL),温度计(100 ℃),恒压滴液漏斗,分液漏斗,淀粉-碘化钾试纸,回流装置。

四、实验装置

实验装置如图 6-32 所示。

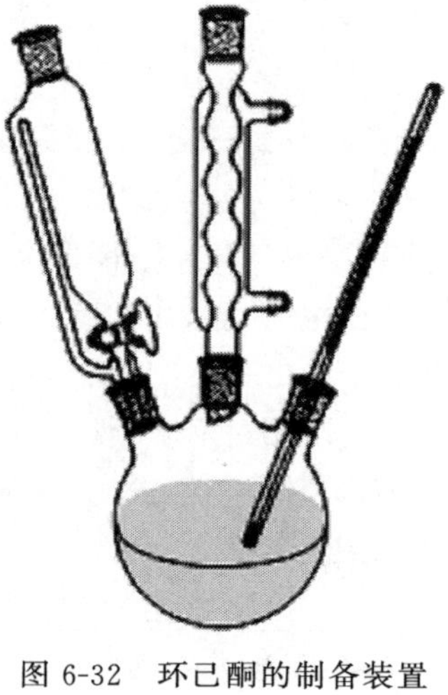

图 6-32　环己酮的制备装置

五、实验内容

1. 用铬酸作氧化剂

(1) 铬酸溶液的配制:在 100 mL 烧杯中加入 30 mL 水和 5.5 g 重铬酸钠,搅拌使其全部溶解,然后在搅拌下慢慢加入 4.5 mL 浓硫酸,将所得橙红色溶液冷却至 30 ℃以下备用。

(2) 将 5.3 mL 环己醇加入装有恒压滴液漏斗、回流冷凝管、温度计的 100 mL 三颈烧瓶,取冷却好的铬酸溶液在剧烈搅拌下分批由恒压滴液漏斗加入三颈烧瓶中,此时可观察到反应温度上升和反应液由橙红色变为墨绿色,表明氧化反应已经发生。继续向圆底烧瓶中滴加剩余的铬酸溶液,注意控制滴加速率,同时不断振摇烧瓶,保持烧瓶内反应液温度为 55～60 ℃。若超过此温度时立即在冰水浴中冷却。大约 0.5 h,当温度开始下降时移去水浴,室温下继续剧烈搅拌 20 min,最后反应液呈墨绿色。如果反应液不能完全变成墨绿色,则应加入少量草酸(0.5～1.0 g)或甲醇 1 mL 以还原过量的氧化剂。

在反应瓶中加入 30 mL 水,改为蒸馏装置将环己酮和水一起蒸出来,馏出液不再浑浊时再多蒸 8～10 mL,收集馏出液约 25 mL。这一步蒸馏操作实际上是一种简化了的水蒸气蒸馏,环己酮与水可形成沸点为 95 ℃的恒沸混合物(含环己酮 38.4%)。应注意馏出液的量不能太多,否则盐析后,仍不免有少量的环己酮因溶于水而损失掉。

把馏出液用精盐饱和,并将馏出液移至分液漏斗中,静置,分出有机相。水层用乙醚萃取两次(每次 15 mL),合并醚层,用无水硫酸钠干燥,水浴蒸馏回收乙醚,蒸馏收集 152～155 ℃的馏分(用什么冷凝管?)。

2. 用次氯酸钠作氧化剂

将 5.3 mL 环己醇和 25 mL 冰醋酸加入装有恒压滴液漏斗、回流冷凝管、温度计的 250 mL 三颈烧瓶,摇匀。冷水浴下将 38 mL 次氯酸钠溶液由恒压滴液漏斗加入三颈烧瓶中,注意控制反应温度为 30～35 ℃,加完后搅拌 5 min,用淀粉-碘化钾试纸检验应呈蓝色,否则应再补加 5 mL 次氯酸钠溶液以确保加入的次氯酸钠溶液是过量的。在室温下继续搅拌 30 min,加入饱和亚硫酸钠溶液至反应液对淀粉-碘化钾试纸检验不显蓝色为止。

反应瓶中加入 30 mL 水、几粒沸石,改为蒸馏装置进行蒸馏,因馏出液中含有乙酸,沸程为 94～100 ℃。

搅拌下向馏出液中分批加入无水碳酸钠至中性,然后加入氯化钠使其饱和,将混合液移至分液漏斗中,分出有机相,水层用乙醚萃取两次(15 mL/次),合并有机层,用无水硫酸钠干燥,水浴蒸馏回收乙醚,蒸馏收集 152～155 ℃的馏分,做 FTIR 谱图和 ^{1}H NMR谱图,并与标准谱图对照。

六、主要试剂及产物的物理常数

名称	摩尔质量/(g·mol^{-1})	性状	密度/(g·mL^{-1})	熔点/℃	沸点/℃	溶解性		
						水	乙醇	乙醚
环己醇	100.16	无色液体	0.9624	25.93	160.84	微溶	溶	溶
乙醚	74.12	无色液体	0.7134	−116.3	34.6	微溶	溶	—
冰醋酸	60.05	无色液体	1.050	16.6	117.9	溶	溶	溶
环己酮	98.14	无色或黄色透明液体	0.9478	−16.4	155.6	微溶	溶	溶

七、数据记录和处理

产品性状	理论产量/g	实际产量/g	产率/%

八、注意事项

(1) 铬酸现用现配,废酸不要触及皮肤,以防腐蚀。

(2) 本实验是放热反应,必须严格控制反应温度,温度过低反应困难,温度过高副反应增多。

(3) 铬酸的氧化性比较强,如果一次加入过量,会将环己醇氧化为环己酮,再继续氧化开环生成己二酸,所以加入铬酸溶液时要分批加入,防止过度氧化。待反应物的橙红色完全消失后,方能加入下一批铬酸溶液。

(4) 蒸馏环己醇与水形成的恒沸物时,应注意馏出液的量不能太多,否则盐析后,仍不免有少量的环己酮因溶于水而损失掉,环己酮在水中的溶解度在 31 ℃时为 2.4 g。

(5) 用次氯酸钠作氧化剂时,加次氯酸钠溶液需逐滴加入,且反应容器外应用冰水浴冷却,保持温度在 30～35 ℃,原因同(2)。

九、思考题

(1) 环己醇用铬酸氧化成环己酮,用高锰酸钾氧化成己二酸,为什么?

(2) 利用伯醇氧化制备醛时,为什么要将铬酸溶液加入醇中而不是反之?

(3) 实验中使用氯化钠饱和有何作用?

十、标准 FTIR 谱图和^{1}H NMR 谱图

环己酮的 FTIR 谱图和^{1}H NMR 谱图分别如图 6-33 和图 6-34 所示。

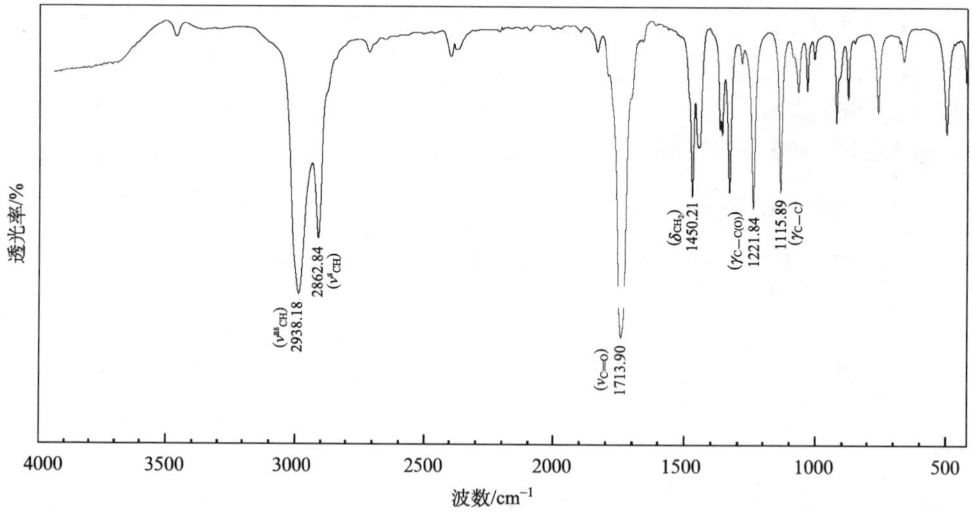

图 6-33 环己酮的 FTIR 谱图

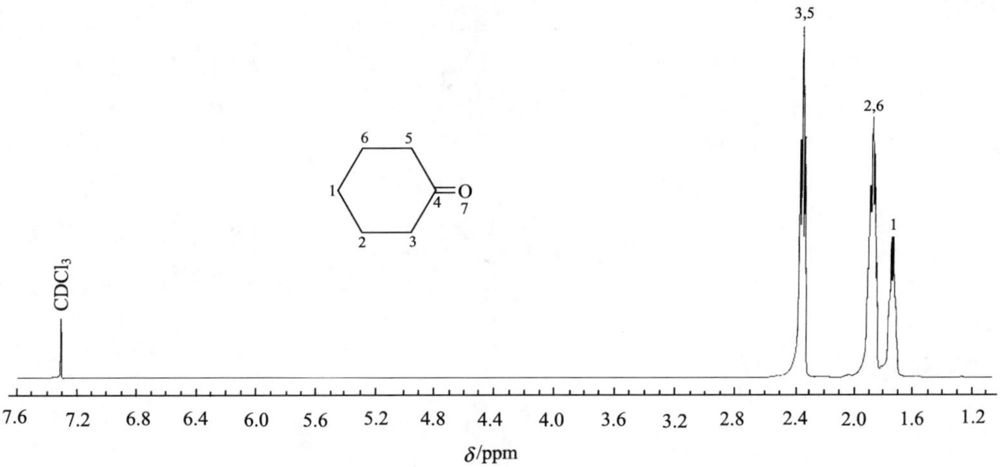

图 6-34　环己酮的 ^{1}H NMR 谱图

实验十六　邻苯二甲酸二丁酯的制备(4 学时)

一、实验目的

(1) 学习邻苯二甲酸二丁酯的制备原理和方法。

(2) 掌握回馏、水蒸气蒸馏和重结晶等基本操作。

(3) 复习分水器的使用方法,掌握减压蒸馏等操作。

二、实验原理

邻苯二甲酸二丁酯又名增塑剂(DBP),也称钛酸二丁酯,具有弱的芳香气味,挥发性小,有较好的稳定性和绝缘性、无毒性、抗湿性和不燃性等性能。常在工业上作为增塑剂大量使用,它能与塑料或合成树脂兼溶,而且可以使塑料变软并降低脆性,使所制备的塑料具有某些特殊性质。此外还可在染料、涂料、印刷油墨、黏结剂等中使用。

制备邻苯二甲酸二丁酯通常选用邻苯二甲酸酐(苯酐)和正丁醇为原料,以无机酸为催化剂。该反应需要经过两步才能完成:第一步反应是苯酐醇解得到邻苯二甲酸单丁酯,该步比较容易进行,稍稍加热,待苯酐固体全熔后,反应基本结束;第二步反应是生成的邻苯二甲酸单丁酯与正丁醇继续酯化后得到目标产物邻苯二甲酸二丁酯,此为可逆反应,反应较难进行,需要强酸催化并在高温条件下进行,且反应时间较长。为使反应能够进行得较彻底,并使邻苯二甲酸二丁酯的产率提高,常使用过量的醇以及利用分水器将反应过程中生成的水从反应体系中除去。加热回流时,正丁醇能够和水形成二元恒沸混合物(沸点 92.7 ℃,含醇 57.5%),恒沸物冷凝进入分水器后分为上下两层,上层为有机层(约含水 20.1%),下层为水层(约含 7.7% 正丁醇),上层的正丁醇可通过分水器支管连续流回到反应烧瓶中。

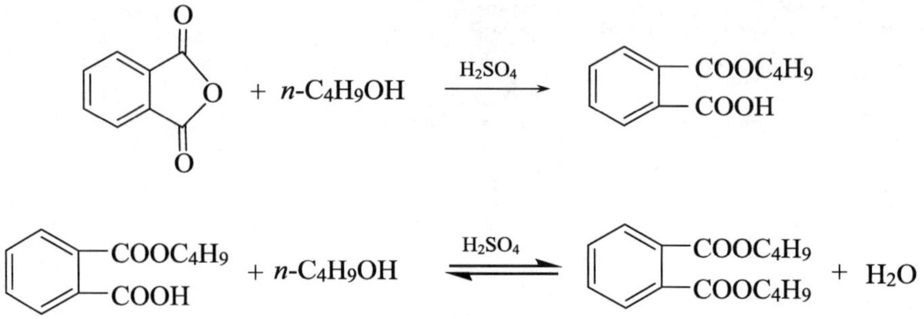

三、试剂与仪器

1. 试剂

邻苯二甲酸酐(分析纯),正丁醇(分析纯),浓硫酸(分析纯),碳酸钠水溶液(5%),氯化钠水溶液(饱和),无水硫酸镁(分析纯)。

2. 仪器

三颈烧瓶(100 mL),圆底烧瓶(100 mL),量筒(20 mL),温度计(200 ℃),分液漏斗,抽滤瓶,布氏漏斗,滤纸,pH 试纸,普通蒸馏装置,减压蒸馏装置。

四、实验装置

参见实验十二图 6-23。

五、实验内容

1. 回流反应并分水

取一个干燥洁净的 100 mL 三颈烧瓶,依次加入 7.4 g 邻苯二甲酸酐、12.5 mL 正丁醇,再补加几粒沸石后不断振摇烧瓶,缓慢滴加 0.5 mL 浓硫酸。在分水器中加入正丁醇至液面与支管平齐,以便冷凝下来的恒沸物中的原料能及时流回三颈烧瓶。分水器上端连接回流装置。另一口插入一支 200 ℃温度计(水银球应位于离烧瓶底 0.5～0.8 cm 处)。开动电动搅拌器,小火加热烧瓶,使反应物保持微沸状态。待烧瓶内邻苯二甲酸酐固体完全消失后(约需 20 min),升温至沸腾,可以观察到有正丁醇和水的恒沸物蒸出,经过冷凝在分水器的底部出现水珠。随着反应的持续进行,可以观察到分出的水层逐渐增多,当分水器中水层不再升高,反应温度升到 150 ℃时停止加热,从分水器中放出水层并记录体积(含少量正丁醇)及反应时间(为 1.5～2 h)。

2. 分液和蒸馏

将反应液冷却到 70 ℃后拆除装置,移入分液漏斗,用 5%碳酸钠溶液中和,将有机层用等体积温热的饱和氯化钠溶液洗涤至中性，分离出油状粗产物，加入无水硫酸镁干燥，静置片刻至液体澄清。将有机层移入 100 mL 圆底烧瓶，蒸馏回收过量的正丁醇，再减压蒸馏收集 180～190 ℃/1.33 kPa(10 mmHg)的馏分。称量，计算产率，做 FTIR 谱图和 ^{1}H NMR 谱图，并与标准谱图对照。

六、主要试剂及产物的物理常数

1. 物理常数

名称	摩尔质量/(g·mol^{-1})	性状	密度/(g·mL^{-1})	熔点/℃	沸点/℃	溶解性		
						水	乙醇	乙醚
邻苯二甲酸酐	148.11	白色固体	1.53	130.8	284	难溶于冷水，易溶于热水	溶	溶
正丁醇	74.12	无色液体	0.8098	−88.9	117.25	微溶	溶	溶
邻苯二甲酸二丁酯	278.35	无色或淡黄色油状液体	1.044	−35	339	难溶	溶	溶

2. 邻苯二甲酸二丁酯的沸点与压力之间的关系

压力/mmHg	760	20	10	5	2
沸点/℃	340	200～210	180～190	175～180	165～170

七、数据记录和处理

产品性状	理论产量/g	实际产量/g	产率/%

八、注意事项

(1) 反应装置均需事先干燥，防止水分带入。

(2) 开始反应时加热速率要慢，避免苯酐遇高温升华附着在瓶壁，使部分原料不能参与反应。第一步反应结束后必须提高反应温度，使反应处于回流状态，防止酯化速率过慢，影响实验进度。若加热至 140 ℃后温度上升较慢，可补加少量浓硫酸。

(3) 用碱中和产物时，温度不宜超过 70 ℃，碱浓度也不能过高，否则将会使产物水解。而温度太低，易使产物形成乳浊液，后续处理较难。

(4) 利用饱和氯化钠溶液彻底洗涤粗酯至中性，防止最后减压蒸馏时因温度很高使产物分解，在冷凝管内形成针状邻苯二甲酸酐固体结晶。

九、思考题

(1) 酯化反应有什么特点？为什么要及时分出生成的水分？

(2) 为什么要用饱和氯化钠溶液洗涤粗产品?

(3) 粗产物邻苯二甲酸二丁酯中可能含有哪些杂质?

(4) 用饱和氯化钠溶液洗涤后,不经干燥是否就可进行蒸馏,除去正丁醇?

(5) 本实验中正丁醇与浓硫酸在高温条件下是否会有副反应? 如果硫酸过量会产生什么影响?

十、标准 FTIR 谱图和^{1}H NMR 谱图

邻苯二甲酸二丁酯的 FTIR 谱图和^{1}H NMR 谱图分别如图 6-35 和图 6-36 所示。

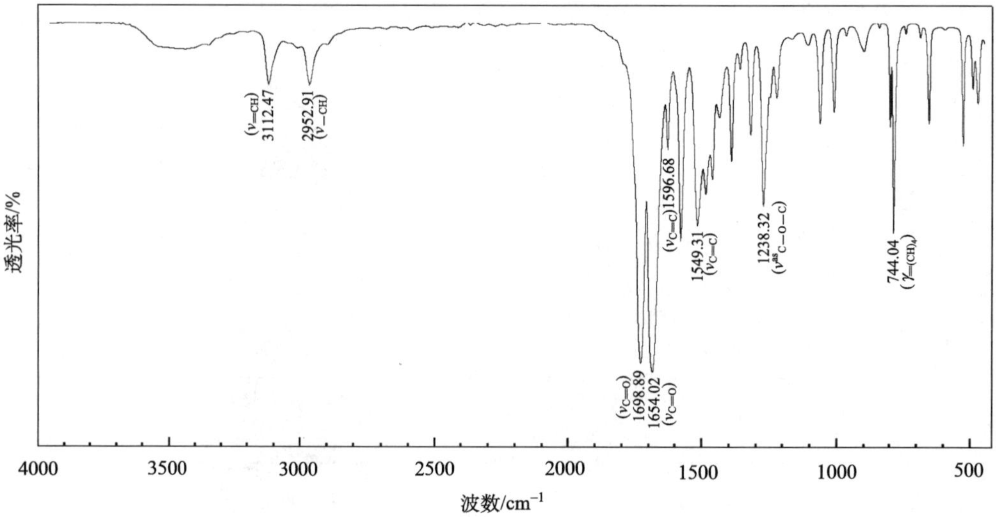

图 6-35 邻苯二甲酸二丁酯的 FTIR 谱图

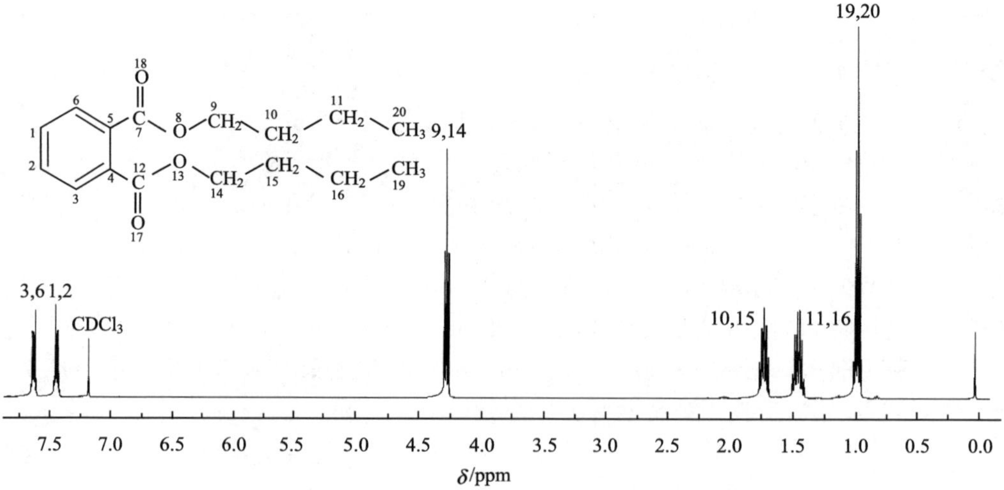

图 6-36 邻苯二甲酸二丁酯的^{1}H NMR 谱图

参考文献

甘文君，张书华，王继虎. 2012. 高分子化学实验原理和技术. 上海：上海交通大学出版社.

关烨第，李翠娟，葛树丰. 2002. 有机化学实验. 2 版. 北京：北京大学出版社.

何卫东，金邦坤，郭丽萍. 2012. 高分子化学实验. 2 版. 合肥：中国科学技术大学出版社.

焦家俊. 2000. 有机化学实验. 上海：上海交通大学出版社.

李工安，刘锦贵，李娟. 2007. 有机染料中间体对乙酰氨基苯磺酰氯的合成工艺改进. 河南师范大学学报(自然科学版)，35(4)：182-184.

李兆陇，阴金香，林天舒. 2001. 有机化学实验. 北京：清华大学出版社.

刘秀娟，历连斌，王歌云. 2007. 香豆素-3-羧酸及其酯的合成研究. 化学试剂，29(1)：43-45.

王清廉，李瀛，高坤，等. 2010. 有机化学实验. 3 版. 北京：高等教育出版社.

韦长梅. 2004. 2-硝基间苯二酚制备工艺的优化. 淮阴师范学院学报(自然科学版)，3(2)：135-138.

武汉大学化学与分子科学学院实验中心. 2014. 基础有机化学实验. 武汉：武汉大学出版社.

徐翔宇. 2011. 高锰酸钾氧化制备己二酸的实验改进. 实验技术与管理，28(7)：263-264.

曾昭琼. 2000. 有机化学实验. 3 版. 北京：高等教育出版社.

赵建庄，符史良. 2003. 有机化学实验. 2 版. 北京：高等教育出版社.

第 7 章　物质性质测定

实验十七　凝固点降低法测定摩尔质量(5 学时)

一、实验目的

(1) 用凝固点降低法测定尿素的摩尔质量,掌握稀溶液凝固点的测定技术。

(2) 通过本实验加深对稀溶液依数性的理解。

二、实验原理

稀溶液具有依数性,凝固点降低是依数性的一种表现。稀溶液的凝固点降低与溶液成分关系的公式为

$$\Delta T_f = \frac{R\ (T_f^*)^2}{\Delta_f H_m(A)} \times M_A \times m_B = K_f m_B$$

式中,ΔT_f 为凝固点降低值;T_f^* 为纯溶剂的凝固点;$\Delta_f H_m(A)$为纯溶剂的摩尔熔化焓;M_A 为溶剂的摩尔质量;m_B 为溶质的质量摩尔浓度;K_f 即称为质量摩尔凝固点降低常数,其数值只与溶剂的性质有关,当以纯水作为溶剂时,其 K_f 的值为 1.86 K·kg·mol^{-1}。

如果已知溶剂的质量摩尔凝固点降低常数 K_f 以及溶剂和溶质的质量 m_A 和 m_B,并测得此溶液的凝固点降低值 ΔT_f,则溶质 B 的摩尔质量由下式求得:

$$M_B = K_f \frac{m_B}{\Delta T_f m_A}$$

注意:如果溶质在溶液中有解离、缔合、溶剂化和配合物形成等情况时,不能简单应用此公式计算溶质的摩尔质量。

纯溶剂的凝固点是其液-固共存的平衡温度。将纯溶剂逐步冷却时,在未凝固之前温度将随时间均匀下降,开始凝固后由于放出凝固热而补偿了热损失,体系将保持液-固两相共存的平衡温度不变,直到全部凝固,再继续均匀下降[图 7-1(a)]。但在实际过程中经常发生过冷现象,其冷却曲线如图 7-1(b)所示。溶液的凝固点是溶液与溶剂的固相共存时的平衡温度,其冷却曲线与纯溶剂不同。当有溶剂凝固析出时,剩下溶液的浓度逐渐增大,因而溶液的凝固点也逐渐下降[图 7-1(c)],如果溶液的过冷程度不大,析出固体溶剂的量对溶液浓度影响不大,则以过冷回升的温度作凝固点,对测定结果影响不大[图 7-1(d)]。如果过冷太甚,凝固的溶剂过多,溶液的浓度变化过大,则出现图 7-1(e)的情况,这样就会使凝固点的测定结果偏低。因此,在测量过程中应该设法控制适当的过冷程度,一般可通过控制寒剂的温度、搅拌速率等方法来实现。

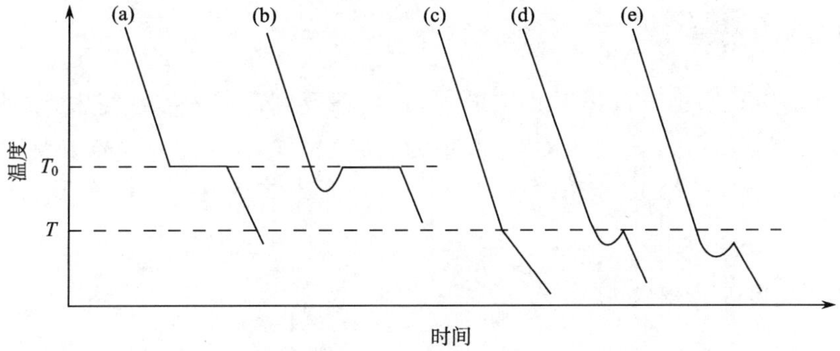

图 7-1 步冷曲线

三、试剂与仪器

1. 试剂

粗盐，尿素（分析纯），碎冰。

2. 仪器

温度计（100 ℃），移液管（25 mL），凝固点测定仪，压片机，烧杯（250 mL），搅拌器，数字式温差测量仪，测量管和玻璃套管，洗耳球。

四、实验内容

1. 仪器安装

按图 7-2 安装凝固点测定仪。凝固点管、数字式温差测量仪探头及搅拌棒均需清洁和干燥，防止搅拌时搅拌棒与管壁或温度计摩擦。

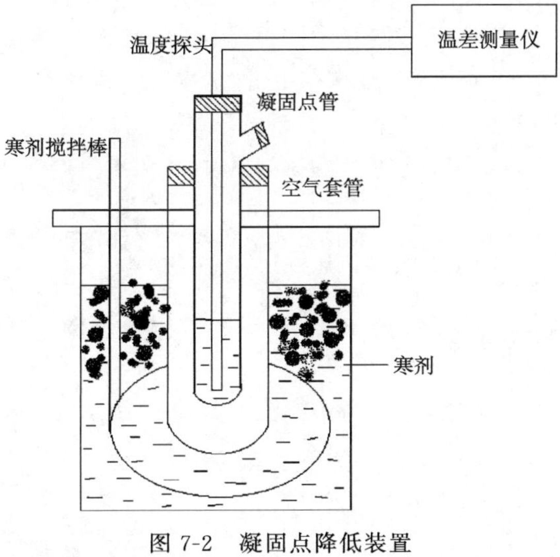

图 7-2 凝固点降低装置

2. 调节寒剂的温度

冰水浴槽中放入 2/3 的冰和 1/3 的水，将酒精温度计插入冰水浴中，取适量粗盐与冰水混合，使冰水浴温度达到 −3～−2 ℃(寒剂的温度以不低于所测溶液凝固点 3 ℃为宜)。实验过程中寒剂应坚持搅拌并间断地补充少量的碎冰，使寒剂温度基本保持不变。

3. 溶剂凝固点的测定

用移液管准确吸取 25.00 mL 纯水，加入干净、干燥的凝固点管中，注意不要将纯水溅在管壁上。记录溶剂温度。

粗测：先将盛有纯水的凝固点管直接插入寒剂，在凝固点管中插入洁净的搅拌棒和温度探头，不断搅拌，使溶剂逐步冷却，观察温度的变化，同时认真观察现象。当有固体析出时，马上从寒剂中取出凝固点管，将管外冰水擦干，插入空气套管中，缓慢而均匀地搅拌(约每秒一次)。观察数字式温度计的变化，直至温度稳定，此温度即为纯溶剂的近似凝固点。

精测：取出凝固点管，用手捂住管壁片刻，同时不断搅拌，使管中固体全部熔化，将凝固点管直接插入寒剂中使其冷却至比近似凝固点略高 0.5 ℃时迅速取出凝固点管，擦干后放在空气套管中，缓慢搅拌(每秒一次)，使温度均匀地逐渐降低，当温度降至比近似凝固点低 0.2～0.3 ℃时，快速搅拌(防止过冷超过 0.5 ℃)，促使固体析出，当固体析出时，温度回升后再改为缓慢搅拌。直至温度回升到稳定为止，记录此时温度，此即为溶剂的凝固点 T_f^*。重复测定 3 次，以 3 次平均值作为纯水的凝固点。要求溶剂凝固点的绝对平均误差小于± 0.003 ℃。

4. 溶液凝固点的测定

取出凝固点管，用手捂住管壁使管中固体熔化，小心地从凝固点支管加入事先用分析天平称量的 0.25～0.35 g 尿素，搅拌使其全部溶解。同上法，先测定溶液的近似凝固点，再准确测量精确凝固点。注意：与纯溶剂不同，温度的取值是回升的最高温度，且最高点出现的时间很短，需仔细观察。测定过程中冷度不得超过 0.5 ℃，要求溶液凝固点的绝对平均误差小于± 0.003 ℃。

五、数据处理

(1) 将实验数据列入下表中。

室温：____ ℃；大气压：____ Pa

<table>
<tr><th>待测物质</th><th>粗测凝固点
/℃</th><th colspan="2">精测凝固点
/℃</th><th>凝固点的平均值
/℃</th><th>凝固点降低值
/℃</th><th>尿素的摩尔质量
/(g · mol^{−1})</th></tr>
<tr><td rowspan="3">蒸馏水</td><td rowspan="3"></td><td>1</td><td></td><td rowspan="3"></td><td rowspan="6"></td><td rowspan="6"></td></tr>
<tr><td>2</td><td></td></tr>
<tr><td>3</td><td></td></tr>
<tr><td rowspan="3">尿素</td><td rowspan="3"></td><td>1</td><td></td><td rowspan="3"></td></tr>
<tr><td>2</td><td></td></tr>
<tr><td>3</td><td></td></tr>
</table>

(2) 由测定的纯溶剂、溶液凝固点 T_f^*、T_f，计算尿素的摩尔质量，并和理论值进行比较。计算相对误差，并分析误差原因。

六、注意事项

(1) 寒剂的温度不能过低，否则易造成冷却吸收热量的速度大于凝固放出热量的速度，使体系温度继续下降，过冷现象严重，且凝固的溶剂过多，溶液的浓度变化过大，测得的凝固点偏低，从而影响溶质摩尔质量的测定结果。

(2) 带有电阻温度计的搅拌器一旦插入装有溶液(剂)的内管后，最好不要从内管中完全拿出，防止溶剂挥发或滴漏，造成溶液浓度发生变化。

(3) 加入尿素时，必须将尿素直接放入溶剂中，注意不要使尿素附着在内管壁上，造成溶液浓度的误差。

(4) 在测量过程中，析出的固体越少越好，以减少溶液浓度的变化，这样才能准确测定溶液的凝固点。若过冷太甚，溶剂凝固越多，溶液的浓度变化太大，则测量值偏低。在过程中可通过加速搅拌、控制过冷温度、加入晶种等控制过冷。

七、思考题

(1) 什么是稀溶液的依数性？

(2) 什么是过冷现象？如何控制溶液的过冷程度？

(3) 在精确测定凝固点时为什么要急速搅拌？

(4) 在测定时如何确定所加入的溶质质量？

实验十八　纯液体饱和蒸气压的测定(5 学时)

一、实验目的

(1) 理解纯液体饱和蒸气压的定义和气、液两相平衡的概念，了解克劳修斯-克拉贝龙方程。

(2) 用数字式低真空测压仪测定不同温度下环己烷的饱和蒸气压。掌握低真空实验技术。

(3) 学会用图解法测定液体的饱和蒸气压并求平均摩尔气化热与正常沸点。

二、实验原理

饱和蒸气压是指在一定温度下纯液体处于平衡状态时的蒸气压力。液体分子从表面逃逸而成蒸气,蒸气分子又会因碰撞而凝结成液相,当两者达到平衡时,气相中该分子具有的压力就称为饱和蒸气压。当液体处于沸腾状态时,其上方的压力即为其饱和蒸气压。

温度不同,分子从液体逃逸的速率不同,因此饱和蒸气压不同。饱和蒸气压与温度的关系可用克劳修斯-克拉贝龙方程(简称克-克方程)表示:

$$\frac{\mathrm{d}\ln p^*}{\mathrm{d}T}=\frac{\Delta_{\mathrm{vap}}H_{\mathrm{m}}}{RT^2}$$

式中,p^* 为饱和蒸气压;$\Delta_{\mathrm{vap}}H_{\mathrm{m}}$ 为液体的摩尔蒸发焓。对该式进行不定积分,可得

$$\ln p^* = \frac{-\Delta_{\mathrm{vap}}H_{\mathrm{m}}}{RT}+C$$

上式表示在一定温度范围内,液体饱和蒸气压的自然对数值与温度的倒数成正比。如果测定出液体在各温度下的饱和蒸气压,在坐标系中以 $\ln p^*$ 对 $\frac{1}{T}$ 作图,可得一条直线,根据直线斜率可求出液体的摩尔气化热。将该直线外推到压力为 101.325 kPa 时的温度,即为液体的正常沸点。

测定液体饱和蒸气压的方法有三种,分别为动态法、静态法和饱和气流法。

(1) 动态法:在连续改变体系压力的同时测定随之改变的沸点。

(2) 静态法:在密闭体系中改变温度而直接测定液体上方气相的压力,此法一般适用于蒸气压较大的液体,有升温法和降温法。

(3) 饱和气流法:在一定的液体温度下,采用惰性气体流过液体,使气体被液体饱和,测定流出的气体所带的液体物质的量而求出其饱和蒸气压。

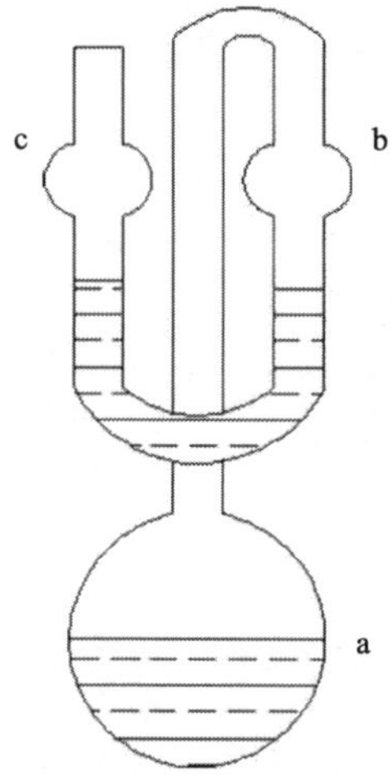

图 7-3 平衡管

本实验采用静态法以平衡管在不同温度下测定环己烷的饱和蒸气压。其原理如图 7-3所示,平衡管下面小球 a 中盛被测样品环己烷,U 形管中用样品本身作封闭液。

在一定温度下,平衡管小球 a 液面上方仅有被测物质的蒸气,则 U 形管右支管 b 液面上所受压力就是蒸气压。当这个压力与 U 形管 c 液面上空气压力相平衡时(U 形管两臂液面齐平),就可从平衡管相连的低真空测压仪中测出此温度下的饱和蒸气压。

三、试剂与仪器

1. 试剂

环己烷(分析纯)。

2. 仪器

饱和蒸气压测定装置，真空泵，缓冲瓶，稳压包，干燥塔，玻璃恒温水浴，冷阱，等压计，数字式低真空测压仪。

四、实验内容

1. 装样

先将干净的平衡管盛样球 a 加热，赶出一部分空气，从平衡管上口用滴管加入待测液体，平衡管自冷却时即可将样品液体吸入。重复以上操作使样品装至 a 球管约 2/3 体积，b 球和 c 球的 1/2 体积处，保证与 b、c 球相连的 U 形管部分有液体。

2. 连接系统

按图 7-4 安装各部分(各个接头处用短而厚的橡皮管连接，密封良好)。

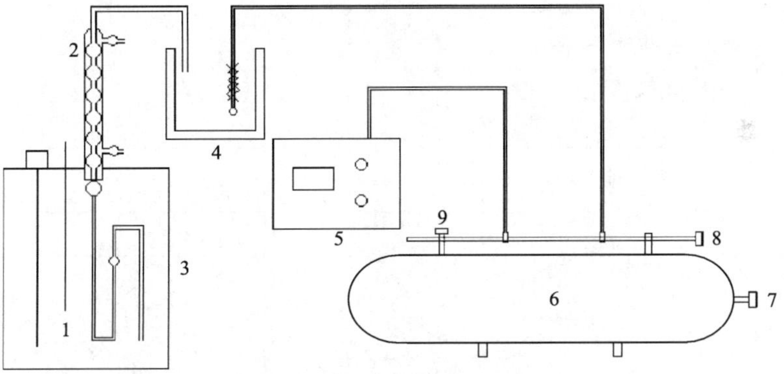

图 7-4　测定液体蒸气压装置

1. 温度计；2. 冷凝管；3. 恒温水槽；4. 冷阱；5. 低真空测压仪；6. 稳压包；7. 进气阀；8. 平衡阀 1；9. 平衡阀 2

3. 压力计置零

关闭稳压包的平衡阀 1，打开平衡阀 2，此时数字式低真空测压仪所测压力即为当前大气压，按下测压仪面板上的置零键，显示值将为 00.00 数值(大气压被视为零)。

4. 系统检漏

旋转三通活塞使系统与真空泵连通,开动真空泵,打开进气阀和平衡阀 1,关闭平衡阀 2,抽气减压至测压仪显示一定负压值时,关闭三通活塞,使系统与真空泵、大气均不相通。观察测压仪的示数,如果测压仪的示数能在 3～5 min 内维持不变,或数字下降值每秒小于 0.01 kPa,则表明系统不漏气,否则应逐段检查,消除漏气原因。

5. 排除球管上方空间内的空气

开启搅拌器匀速搅拌,其目的是使平衡管内外温度平衡,抽气减压气泡逸出的速率以一个一个地逸出为宜,不能成串成串地冲出至液体轻微沸腾,此时弯管内的空气不断随蒸气经 c 管逸出,如此沸腾 3～5 min,可认为空气被排除干净。

6. 饱和蒸气压的测定

当空气被排除干净,且体系温度恒定后,旋转三通活塞缓缓放入空气,直至 b、c 管中液面平齐,关闭三通活塞,迅速记录此时系统温度与压力。然后,将玻璃恒温水浴温度升高 3 ℃,当待测液体再次沸腾,体系温度恒定后,放入空气使 b、c 管液面再次平齐,记录温度和压力的数值。以温度间隔为 3 ℃,依次测定,共测 15 个值。

五、数据处理

(1) 将实验数据列入下表中。

室温:____℃;大气压:____Pa

T/℃	$p_{测}$/kPa	p^*/kPa	$\ln p^*$	$\frac{1}{T}$/K^{-1}

(2) 以蒸气压 p^* 对 T 作图。

(3) 从 p^*-T 曲线上均匀读取 10 个点,列出相应的数据表,然后绘出 $\ln p^*$ 对 $1/T$ 的直线图,根据直线斜率可求出液体的平均摩尔蒸发焓。

(4) 由曲线求出样品的正常沸点,并与文献值比较,讨论其误差来源。

六、注意事项

(1) 整个实验过程中,应保持平衡管样品球液面上空的空气排净。

(2) 抽气的速率要合适。必须防止平衡管内液体沸腾过剧，致使 U 形管内液封被抽尽。

(3) 蒸气压与温度有关，所以测定过程中恒温槽的温度波动需控制在±0.1 ℃。

(4) 实验过程中需防止 U 形管内液体倒灌入样品球内，带入空气，使实验数据偏大。

(5) 实验结束时，必须将体系放空，使系统内保持常压，关掉缓冲罐上抽真空开关及所有电源开关和冷却水。

七、思考题

(1) 实验要想得到准确的实验结果，其关键操作是哪一步？

(2) 怎样判断球管液面上空的空气被排净？若未被驱除干净，对实验结果有何影响？

(3) 试分析引起本实验误差的因素有哪些。

(4) 为什么弯管中的空气要排干净？怎样操作？怎样防止空气倒灌？

实验十九　分解反应平衡常数的测定(4 学时)

一、实验目的

(1) 用静态法测定一定温度下氨基甲酸铵的分解压力，求算该反应的平衡常数。

(2) 了解温度对化学反应平衡常数的影响，计算各温度下 K_p 及有关的热力学函数。

(3) 进一步掌握真空实验技术和恒温槽的使用。

二、实验原理

氨基甲酸铵为白色固体，很不稳定，其分解反应式为

$$NH_2COONH_4(s) \rightleftharpoons 2NH_3(g) + CO_2(g)$$

该反应为复相反应，在封闭体系中很容易达到平衡，在常压下其平衡常数可近似表示为

$$K_p^\ominus = \left(\frac{p_{NH_3}}{p^\ominus}\right)^2 \left(\frac{p_{CO_2}}{p^\ominus}\right) \tag{7-1}$$

式中，p_{NH_3} 和 p_{CO_2} 分别表示 NH_3 和 CO_2 平衡时的分压，Pa。

设平衡时总压为 p，由于 1 mol NH_2COONH_4(s)分解能生成 2 mol NH_3(g)和 1 mol CO_2(g)，又因为固体氨基甲酸铵的蒸气压很小，所以体系的平衡总压就可以看作 p_{NH_3} 与 p_{CO_2} 之和，即

$$p_{NH_3} = 2p_{CO_2}, p_{NH_3} = \frac{2}{3}p, \ p_{CO_2} = \frac{1}{3}p \tag{7-2}$$

将式(7-2)代入式(7-1)得

$$K_p^\ominus=\left(\frac{2p}{3p^\ominus}\right)^2\left(\frac{p}{3p^\ominus}\right)=\frac{4}{27}\left(\frac{p}{p^\ominus}\right)^3 \tag{7-3}$$

因此,当体系达平衡后,测量其总压 p,即可计算平衡常数。

温度对平衡常数的影响可用式(7-4)表示:

$$\frac{\mathrm{dln}K_p^\ominus}{\mathrm{d}T}=\frac{\Delta_r H_m^\ominus}{RT^2} \tag{7-4}$$

式中,T 为热力学温度;$\Delta_r H_m^\ominus$ 为标准反应热效应。

当温度在不大的范围内变化时,$\Delta_r H_m$ 可视为常数,由式(7-4)不定积分得

$$\mathrm{dln}K_p^\ominus=-\frac{\Delta_r H_m^\ominus}{RT}+C' \tag{7-5}$$

式中,C'为积分常数。

若以 $\ln K_p^\ominus$ 对$\frac{1}{T}$作图,得一直线,其斜率为$-\frac{\Delta_r H_m^\ominus}{R}$,由此可求出 $\Delta_r H_m^\ominus$。

氨基甲酸铵分解反应为吸热反应,反应热效应很大,25 ℃时固体氨基甲酸铵分解的等压反应热 $\Delta_r H_m^\ominus$ 为 $159\times10^3\ \mathrm{J\cdot mol^{-1}}$,所以温度对平衡常数的影响很大,实验中必须严格控制恒温槽的温度,使温度变化小于± 0.1 ℃。

由实验求得某温度下的平衡常数 $K_p^\ominus$ 后,可按式(7-6)计算该温度下反应的标准吉布斯自由能变化 $\Delta_r G_m^\ominus$:

$$\Delta_r G_m^\ominus=-RT\ln K_p^\ominus \tag{7-6}$$

利用实验温度范围内反应的平均等压热效应 $\Delta_r H_m^\ominus$ 和某温度下的标准吉布斯自由能变化 $\Delta_r G_m^\ominus$,可近似计算该温度下的熵变 $\Delta_r S_m^\ominus$:

$$\Delta_r S_m^\ominus=\frac{\Delta_r H_m^\ominus-\Delta_r G_m^\ominus}{T} \tag{7-7}$$

因此,通过测定一定温度范围内氨基甲酸铵的分解压(平衡总压),就可以利用上述公式分别求出 $K_p^\ominus$、$\Delta_r H_m^\ominus$、$\Delta_r G_m^\ominus(T)$、$\Delta_r S_m^\ominus(T)$。

三、试剂与仪器

1. 试剂

氨基甲酸铵(新制),硅油。

2. 仪器

真空泵,缓冲瓶,干燥塔,恒温槽,冷阱,U 形等压计,低真空测压仪。

四、实验内容

1. 仪器安装

按图 7-5 所示安装仪器,检查装置气密性。

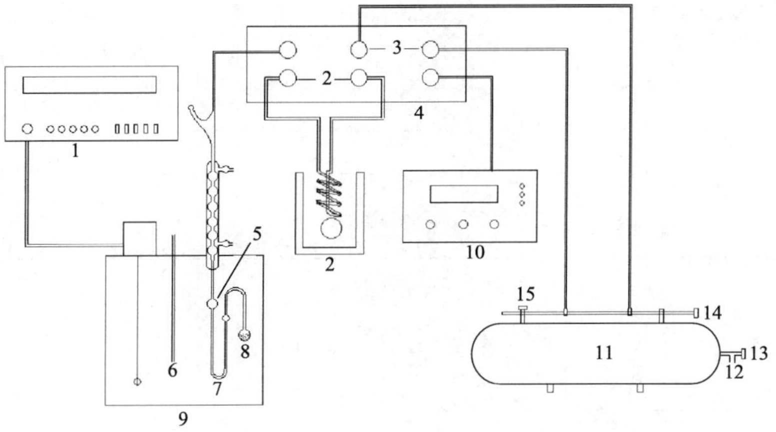

图 7-5　氨基甲酸铵分解平衡常数测定实验装置

1. 恒温控制仪；2. 冷阱；3. 调压包；4. 低真空侧压仪；5. 缓冲球；6. 温度计；7. U 形等压计；8. 试样球；9. 恒温水槽；10. 数字压力表；11. 缓冲储气罐；12. 真空泵；13. 进气阀；14. 平衡阀 1；15. 平衡阀 2

2. 装样

将氨基甲酸铵粉末装入试样球中，用橡皮筋与 U 形管固定。U 形管中加适量硅油作密封液。

3. 测量

(1) 调节恒温水浴温度为 25 ℃，开动真空泵对系统抽气(10 min)直至排净系统内的空气，停泵。

(2) 旋转稳压包活塞，放气，至 U 形等压计两臂的硅油面平齐，观察油面，直至 U 形管两侧液面等高，立即关闭旋塞，观察液体石蜡面，反复多次地重复放气操作，直至石蜡液面齐平，保持 3 min 不变，读取此时的 T 值及 p，并记录。

(3) 升高温度分别为 30 ℃、35 ℃、40 ℃、45 ℃和 50 ℃，按(2)测定温度和总压，计算 K_p。

(4) 测完后，开动真空泵抽去残余气体(10 min)，停泵。

五、数据处理

(1) 将低真空测压仪读数、系统平衡总压、$K^{\ominus}$、$\ln K^{\ominus}$等数据列成下表。

室温：____ ℃；大气压：____ Pa

T/℃	低真空测压仪读数/kPa	系统平衡总压/kPa	$K^{\ominus}$	$\ln K^{\ominus}$	$\frac{1}{T}$/K^{-1}
25					
30					
35					
40					
45					

(2) 根据实验数据 $\ln K^{\ominus}$ 对 $\frac{1}{T}$ 作图,并计算此反应的 $\Delta_r H_m^{\ominus}$。

(3) 计算 25 ℃时氨基甲酸铵的 $\Delta_r G_m^{\ominus}$、$\Delta_r S_m^{\ominus}$。

六、注意事项

(1) 体系必须达平衡后,才能读取 U 形压力计的压力差。

(2) 恒温槽温度控制到±0.1 ℃。

(3) U 形等压计中的封闭液一定要选用黏度小、密度小、蒸气压低,并且与反应体系不发生作用的液体。

(4) 打开放空阀时一定要缓慢进行,小心操作。若放空气速率太快或放气量太多,易使空气倒流,即空气将进入氨基甲酸铵分解的反应瓶中,此时实验需重做。

(5) 用真空泵对系统抽气,因为氨气有腐蚀性,同时当氨与二氧化碳一起吸入泵内会产生凝结物,损坏泵,因此在真空泵前加吸收塔,用来吸收氨。

七、思考题

(1) 如何检查系统是否漏气?为什么一定要排净小球中的空气?

(2) 如何判断氨基甲酸铵分解已达平衡?U 形压力计的读数差是否是体系的压力?是分解压吗?

(3) 在实验装置中安装缓冲瓶的作用是什么?硅油的作用是什么?

实验二十　双液系的气-液平衡相图(5 学时)

一、实验目的

(1) 绘制常压下环己烷-乙醇双液系的气-液平衡相图。

(2) 了解沸点的测定方法及沸点测定仪的使用方法。

(3) 掌握阿贝折光仪的测量原理及使用方法。

二、实验原理

1. 气-液相图

两种液态物质混合而成的二组分体系称为双液系，两个组分若能按任意比例混合，称为完全互溶双液系。根据相律，对于双液系，当压力恒定时，在气-液平衡共存区域内，(条件)自由度为 1($f^* = c - \Phi + 1 = 2 - 2 + 1 = 1$)，即温度一定，气、液两相的(相对)组成也就确定；反之，当溶液的两相(相对)组成一定时，气-液平衡时的系统温度是确定的。从双液系的相图[沸点-组成(t-x)图，图 7-6]中可以清楚地看到系统在达到沸腾时的温度，以及达到气-液平衡时气、液两相的(相对)组成，对于了解系统的行为和分馏过程具有很大实用价值。

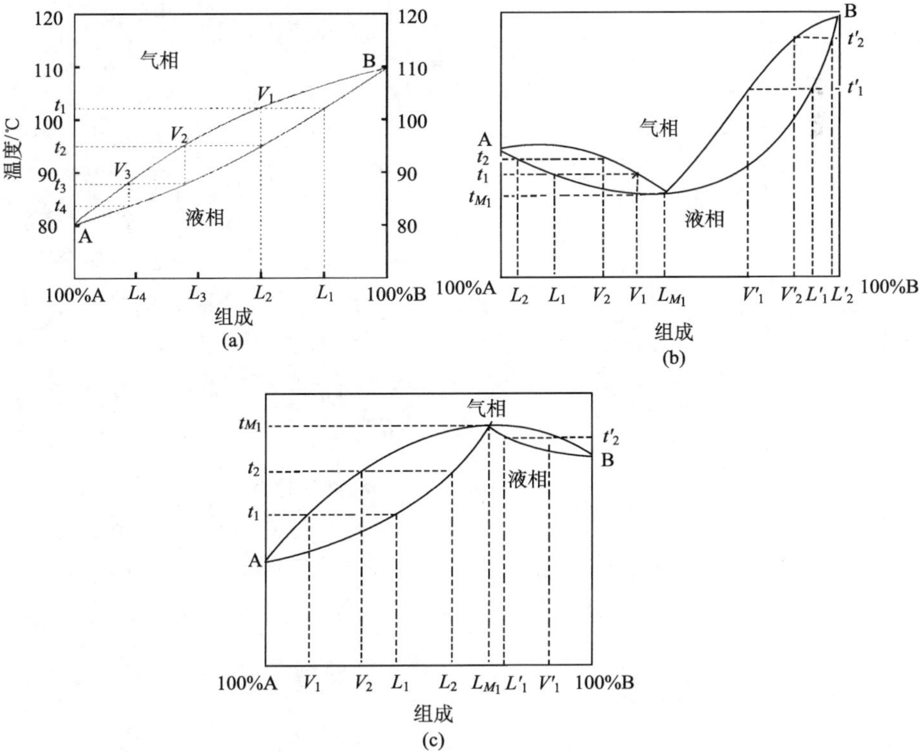

图 7-6　二元双液系 t-x 图

将组成为 x 的系统加热至沸腾，气、液两相达平衡，测定其沸点，同时测定达到平衡时的气相组成和液相组成。如图 7-6(a)中与沸点 t_1 对应的液相组成是液相线上的 L_1，气相组成是气相线上的 V_1。收集气相冷凝液，再次沸腾，与沸点 t_2 对应的液相组成是液相线上的 L_2，气相组成是气相线上的 V_2。每次均把气相冷凝液沸腾，都会得到与之沸点对应的液相组成和气相组成，把气相组成点连接，得到气相线；把液相组成点连接，则是液相线。两线所夹的区域就是系统气、液两相的平衡区,且两相的数量按杠杆原理分配。

理想的双液系在全部组成范围内符合拉乌尔定律,有少数系统能近似符合理想溶液的行为,但大多数系统在 t-x 图中有正或负的偏差。在一定压力下完全互溶双液系的沸点与组成的相图有下列三种情况。

(1) 理想或偏差不大的双液系:溶液沸点介于两纯组分的沸点之间,如苯-甲苯、正丙醇-乙醇等,如图 7-6(a)所示。

(2) 具有很大正偏差的双液系:溶液具有最低恒沸点,如苯-乙醇、乙醇-水、乙醇-乙酸乙酯,如图 7-6(b)所示。

(3) 具有很大负偏差的双液系:溶液具有最高恒沸点,如氯化氢-水、硝酸-水,如图 7-6(c)所示。

本实验采用的系统是对拉乌尔定律产生较大正偏差的无水乙醇-环己烷系统。

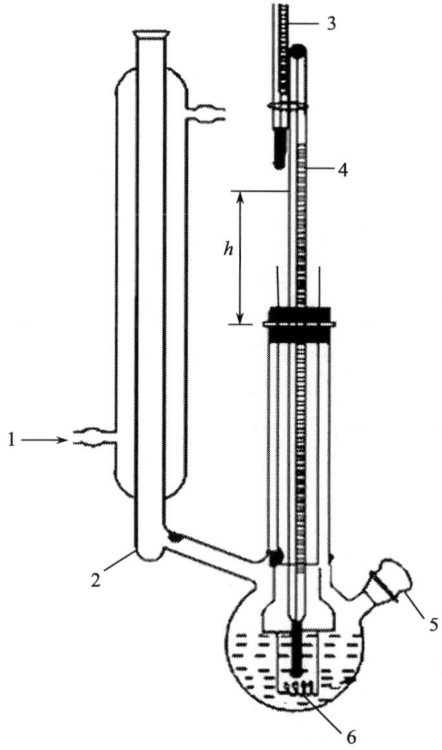

图 7-7 沸点测定仪

1. 冷却水;2. 气相冷凝槽;3. 环境温度计;4. 测量温度计;5. 液相取液口;6. 电热丝

2. 沸点测定仪

仪器装置如图 7-7 所示;整个装置分为加热部分与冷凝部分,加热部分由电热丝和电源组成(220 V 电压变至0～15 V,视需要而定)。蒸气在支管中冷凝。冷凝液一部分回流入沸点仪,一部分存于小槽中,温度计浸入液面。液体样品从“液相取液口”取出,气相冷凝液从“气相冷凝槽”吸出。达到平衡的两相(相对)组成采用折光率法分析。

三、试剂与仪器

1. 试剂

环己烷(分析纯),无水乙醇(分析纯),环己烷-乙醇系列溶液。

2. 仪器

沸点测定仪,调压变压器,阿贝折光仪(恒温),水银温度计(100 ℃,分度值 0.1 ℃、1 ℃)。

四、实验内容

(1) 绘制工作曲线。

准确配制组成 x_B 为 0.10～0.90 的乙醇(A)-环己烷(B)系列标准溶液,分别测定溶液及无水乙醇、环已烷的折光率,绘制折光率-组成工作曲线。

(2) 按照图 7-7 安装干燥的沸点仪。

(3) 测定无水乙醇及环已烷的沸点。

a. 将沸点仪干燥后加入无水乙醇 20 mL 左右,盖好瓶塞,使电热丝浸入液体中,温度计水银球与液面接触。

b. 开冷凝水,按合适电压(10～25 V)接通电热丝至沸腾温度,使蒸气在冷凝管中回流的高度保持在 1.5 cm 左右。测温温度计的读数稳定后应再维持 3～5 min 以使系统达到平衡。在这一过程中,不时将小球中的液体倾入烧瓶。记录温度计的读数(t_A)、露茎温度(t_B)和露出体系外的水银柱长度(h),并记录大气压力。

c. 停止加热,用盛有冰水的 250 mL 烧杯套在沸点仪底部使体系冷却,将取样管自冷凝管上端插入冷凝液收集小槽中,取气相冷凝液样,迅速用阿贝折光仪测其折光率。

d. 同时,用另一支取样管取液相液样,用阿贝折光仪测其折光率。

e. 按上述操作测定环已烷的沸点。

(4) 环已烷-乙醇溶液的沸点及气、液两相相对组成的测定。

按(3)中所述步骤逐一分别测定各溶液的沸点及两相样品的折光率。注意将系列溶液的样品回收到相应的储液瓶;测定混合溶液时,沸点仪无需干燥。

(5) 根据标准溶液工作曲线,求出环已烷的相对组成,绘制相图。

(6) 阿贝折光仪的使用说明。

a. 阿贝折光仪的构造。

阿贝折光仪是根据光的全反射原理设计的仪器,利用全反射临界角的测定方法测定未知物质的折光率,其构造如图 7-8 所示。

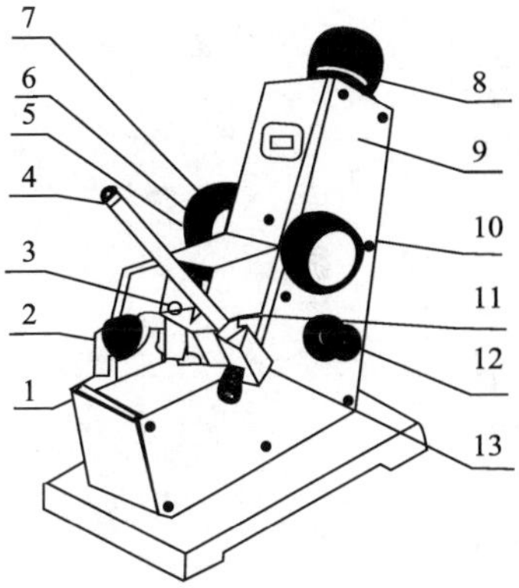

图 7-8　阿贝折光仪的结构

1. 反射镜;2. 转轴;3. 遮光板;4. 温度计;5. 进光棱镜座;6. 色散调节轮;7. 色散刻度圈;8. 目镜;9. 盖板;10. 手轮;11. 折射标棱镜座;12. 聚光镜;13. 温度计座

b. 阿贝折光仪的光学原理。

当光线穿过一种介质进入另一种介质时,在界面上发生折射,折射线的方向取决于两种介质的光学特性,对于给定的介质,在给定的条件下,入射角与折射角的正弦比为一常数。

$$\frac{\sin r}{\sin i}=\frac{n_2}{n_1}$$

式中,n_1和 n_2分别为介质 1 和介质 2 的折光率。

若介质 1 为光密介质,介质 2 为光疏介质,则 $n_1>n_2$,i 角必大于 r 角[图 7-9 (a)];当 $r=e$ 时,$i=90°$[图 7-9(b)],称为临界角;如果 $r>e$,则光线不能进入介质 2 而在界面上发生全反射[图 7-9(c)]。

在入射角为临界角时,$\frac{\sin e}{\sin 90°}=\frac{n_2}{n_1}$,$\sin 90°=1$,$n_2=n_1\sin e$。如果光线自光疏介质进入光密介质,当入射角为 90°,即沿平行界面射入时,折射角必为临界角 e。

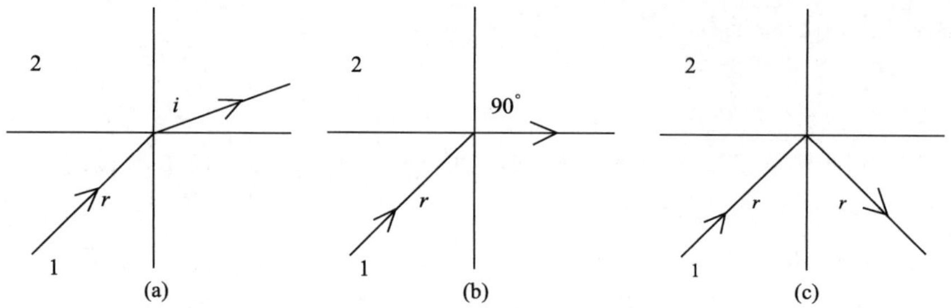

图 7-9 临界角测定原理

阿贝折光仪的测量原理如图 7-10 所示。

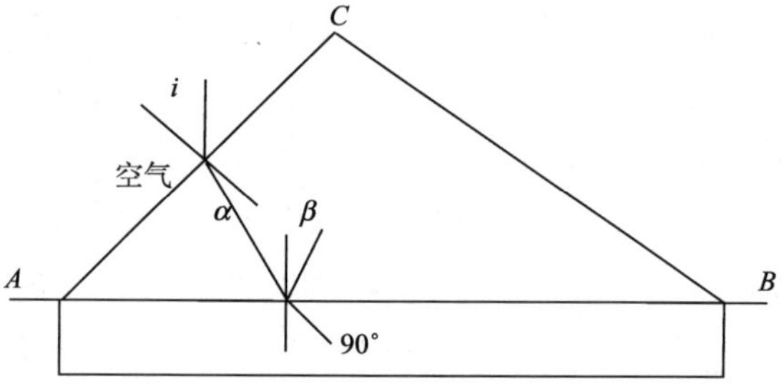

图 7-10 折射棱镜图

图 7-10 中 AB 面以下为被测物质(透明液、固体),其折光率用 N_1表示。由折射定律得

$$N_1\sin 90° = N_2\sin\alpha \qquad N_2\sin\beta = N_2\sin i$$

因为

$$\varphi = \alpha + \beta \qquad \alpha = \varphi - \beta$$

整理得

$$N_1 = N_2\sin(\alpha - \beta) = N_2(\sin\varphi\cos\beta - \cos\varphi\sin\beta)$$

$$N_2^2\sin\beta = \sin^2 i N_2(1-\cos^2\beta)\sin^2 i N_2^2 - N_2^2\cos^2\beta = \sin^2 i$$

所以有

$$\cos\beta = \sqrt{\frac{N_2^2 - \sin^2 i}{N_2}}$$

代入上式得

$$N_1 = \sqrt{N_2^2 - \sin^2 i} - \sin i\cos\alpha$$

α 角及 N_2为已知,当求得 i 角时,可以得到被测物质的折光率 N_1。当被测物质为液体时,用一磨砂面的进光棱镜,使液体放置在进光棱镜和折射棱镜中间,磨砂面主要产生漫反射,使液层内有各种不同角度的入射光。

c. 阿贝折光仪的使用方法。

① 用擦镜纸将镜面擦干,取样管垂直向下将样品滴加在镜面上,注意不要有气泡,

然后将上棱镜合上，关上旋钮。

② 打开遮光板，合上反射镜。

③ 轻轻旋转目镜，使视野最清晰。

④ 旋转刻度调节手轮(下手轮)，使目镜中出现明暗面(中间有色散面)。

⑤ 旋转色散调节手轮(上手轮)，使目镜中色散面消失，出现半明半暗面。

⑥ 再旋转刻度调节手轮(下手轮)，使分界线处在十字相交点，如图 7-11 所示。

⑦ 在标尺下方读取样品的折光率。

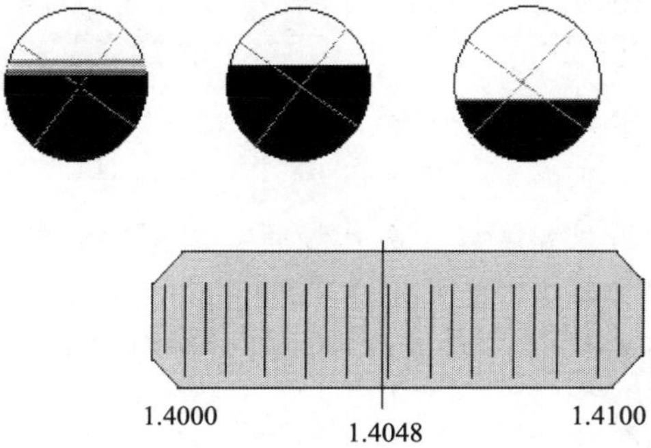

图 7-11　阿贝折光仪读数系统示意图

五、数据处理

(1) 将标准试液测得的折光率-组成数据列表，以折光率为纵坐标、组成为横坐标，绘制工作曲线。

组成($x_{环己烷}$)	0.1	0.2	0.3	0.4	0.5	0.6	0.7	0.8	0.9	1.0
折光率(n_D)										

(2) 按实验记录进行正常沸点的温度校正，将实验中所测得的沸点-折光率数据列表，并根据工作曲线将气相、液相的折光率查出组成，并填充下表。

试样编号		1	2	3	4	5	6	7	8	9	10
溶液的沸点/℃	t_A										
	t_B										
	h										
气相冷凝液	折光率(n_g)										
	组成($x_{烷}$)										
液相液	折光率(n_l)										
	组成($x_{烷}$)										

(3) 查出纯乙醇和纯环己烷的沸点(环己烷 80.7 ℃;乙醇 78.5 ℃),根据上表数据作沸点-组成相图,从图上求出最低恒沸点及相应的恒沸物组成。

(4) 文献值。

a. $\Delta t_{压}$ 的校正。

在 $p^{\ominus}$下测得的沸点称为正常沸点。通常外界压力并不恰好等于 101.325 kPa,因此应对实验测得值作压力校正。校正式是从特鲁顿(Trouton)规则及克-克方程推导而得。

$$\Delta t_{压}=\frac{(273.15+t_{A})}{10}\times\frac{(101325-p/\mathrm{Pa})}{101325}$$

式中,p 为沸点测量时的外界压力;t_A 为温度计的读数,℃。

b. 露茎温度的校正。

在做精密的温度测量时,需对温度计读数作校正。除温度计的零点和刻度误差等因素外,还应作露茎校正。露茎是指温度计未浸入被测体系的部分。由于其所处的环境温度的不同,所示值需要进行校正。根据玻璃与水银膨胀系数的差异,校正值计算式为

$$\Delta t_{露}=1.6\times10^{-4}h(t_{A}-t_{B})$$

式中,1.6×10^{-4}为水银对玻璃的相对膨胀系数;t_A 为测量温度计的读数;t_B 为附在测量温度计上的辅助温度计的读数;h 为测量温度计水银柱露在空气中部分的刻度长度,一般用温度计差值 h 来代替。

c. 经校正后的体系正常沸点应为

$$t_{沸}=t_{A}+\Delta t_{压}+\Delta t_{露}$$

六、注意事项

(1) 在整个实验中,取样管必须是干燥的。在测定纯液体样品时,沸点仪必须是干燥的。

(2) 本实验中超级恒温槽的温度必须调至 25 ℃(因为本实验中环己烷-乙醇标准溶液的折光率是在 25 ℃测定的)。

(3) 在使用阿贝折光仪测量数据时,一定要用擦镜纸将镜面擦干。

(4) 注意线路的连接,加热时,应缓慢将变压器调至电压 25 V(最大),保持溶液缓慢沸腾 4~5 min,同时将冷凝液不断倾入圆底烧瓶,使两相相对组成更稳定。

七、思考题

(1) 在本实验中气、液两相是否达到真正的平衡?气相冷凝槽如果体积太大对测量有何影响?

(2) 测定无水乙醇及环己烷的沸点时为什么要吹干沸点仪,而测定混合液的两相相对组成及沸点时不必将沸点仪吹干?

(3) 工业上为什么只能生产 95%乙醇？用精馏含水乙醇的方法是否可能获得无水乙醇？

实验二十一　电势-pH 曲线的测定(5 学时)

一、实验目的

(1) 学会通过测定 Fe^{3+}-Fe^{2+}-EDTA 在不同 pH 下的电极电势绘制电势-pH 曲线。

(2) 了解 pH 对氧化还原反应的影响,掌握电势-pH 图在化学反应中的应用。

(3) 掌握电极电势、电池电动势及 pH 的测定原理和方法。

二、实验原理

许多氧化还原反应不仅与溶液的浓度和离子强度有关,还与溶液的 pH 有关,即电极电势与浓度和酸度呈函数关系。若指定溶液的浓度,则电极电势只与溶液的 pH 有关。在改变溶液的 pH 时测定溶液的电极电势,然后以电极电势对 pH 作图,这样就可以画出等温、等浓度的电势-pH 曲线。本实验讨论 Fe^{3+}-Fe^{2+}-EDTA 配位体系的电势-pH 曲线。

(1) 在一定温度下,体系的电极电势将与溶液中氧化态和还原态离子浓度比的对数值呈线性关系。本实验所讨论的 Fe^{3+}-Fe^{2+}-EDTA 配位体系中,以 Y^{4-} 代表 EDTA 酸根离子,假设体系的基本电极反应为

$$FeY^{-} + e^{-} \longrightarrow FeY^{2-}$$

则其电极电势为

$$\varphi = \varphi^{\ominus} + \frac{2.303RT}{F}\lg\frac{c_{FeY^{-}}}{c_{FeY^{2-}}} \tag{7-8}$$

在 EDTA 过量的情况下,所生成配合物的浓度就近似地等于配制溶液时铁离子浓度,即

$$c_{FeY^{-}} = c^{\ominus}_{Fe^{3+}} \qquad c_{FeY^{2-}} = c^{\ominus}_{Fe^{2+}}$$

则式(7-8)可化为

$$\varphi = \varphi^{\ominus} + \frac{2.303RT}{F}\lg\frac{c^{\ominus}_{Fe^{3+}}}{c^{\ominus}_{Fe^{2+}}} \tag{7-9}$$

对具有某一定$\frac{c^{\ominus}_{Fe^{3+}}}{c^{\ominus}_{Fe^{2+}}}$值的溶液而言,电极电势-pH 曲线应表现为水平线。

(2) 在低 pH 时,Fe^{3+} 能与 EDTA 生成 FeY^{-} 型的含氢配合物;在高 pH 时,Fe^{3+} 则能与 EDTA 生成 $Fe(OH)Y^{2-}$ 型的羟基配合物。假设在低 pH 时的基本电极反应为

$$FeY^{-} + H^{+} + e^{-} \longrightarrow FeHY^{-}$$

$$\varphi=\varphi^{\ominus}+\frac{2.303RT}{F}\lg\frac{c_{FeY^-}}{c_{FeY^{2-}}}-\frac{2.303RT}{F}pH$$

$$=\varphi^{\ominus}+\frac{2.303RT}{F}\lg\frac{c^{\ominus}_{Fe^{3+}}}{c^{\ominus}_{Fe^{2+}}}-\frac{2.303RT}{F}pH \tag{7-10}$$

同样,在高 pH 时有

$$Fe(OH)Y^{2-}+e^- \longrightarrow FeY^{2-}+OH^-$$

$$\varphi=\left(\varphi^{\ominus}-\frac{2.303RT}{F}\lg K_w\right)+\frac{2.303RT}{F}\lg\frac{c_{FeY^-}}{c_{FeY^{2-}}}-\frac{2.303RT}{F}pH$$

$$\varphi=\left(\varphi^{\ominus}-\frac{2.303RT}{F}\lg K_w\right)+\frac{2.303RT}{F}\lg\frac{c^{\ominus}_{Fe^{3+}}}{c^{\ominus}_{Fe^{2+}}}-\frac{2.303RT}{F}pH \tag{7-11}$$

式中,K_w 为 H_2O 的离子积。

由式(7-10)和式(7-11)可知,在低 pH 和高 pH 时,Fe^{3+}-Fe^{2+}-EDTA 配位体系的电极电势不仅与$\frac{c^{\ominus}_{Fe^{3+}}}{c^{\ominus}_{Fe^{2+}}}$值有关,还与溶液的 pH 有关。对具有某一定$\frac{c^{\ominus}_{Fe^{3+}}}{c^{\ominus}_{Fe^{2+}}}$值的溶液而言,电势-pH 曲线应表现为斜线,其斜率为$-\frac{2.303RT}{F}$。

由此可见,Fe^{3+}-Fe^{2+}-EDTA 配位体系的电势-pH 曲线可以分为三段:中段是水平线,称为电势平台区;在低 pH 和高 pH 时则都是斜线,符合式(7-9)~式(7-11)所表示的关系。

电势-pH 曲线测定仪示意图如图 7-12 所示。

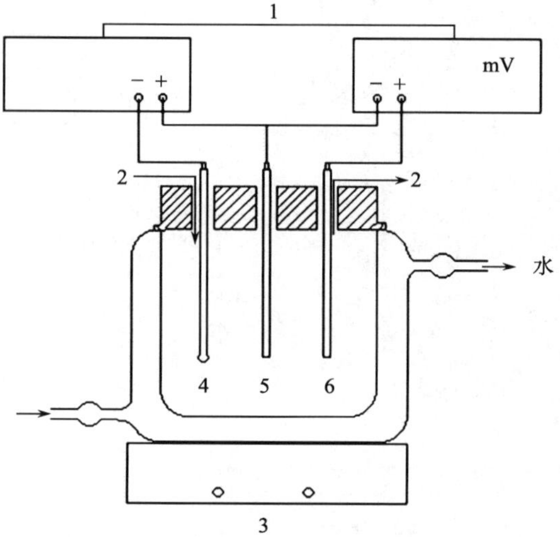

图 7-12 pH-2D 型电势-pH 曲线测定仪

1. pH-2D 型电势-pH 曲线测定仪;2. 氮气;3. 磁力搅拌器;4. 复合电极;5. 饱和甘汞电极;6. 铂电极

三、试剂与仪器

1. 试剂

$NH_4Fe(SO_4)_2 \cdot 12H_2O$(分析纯)，$(NH_4)_2Fe(SO_4)_2 \cdot 6H_2O$(分析纯)，EDTA(分析纯)，盐酸(36%)，NaOH(分析纯)，KNO_3(分析纯)。

2. 仪器

pH-2D 型电势-pH 曲线测定仪，饱和甘汞电极，复合电极，铂电极，超级恒温水浴。

四、实验内容

1. pH-2D 型电势-pH 曲线测定仪的校准(两点法)

(1) 接通电源，装置初始化，预热几分钟。

(2) 准备两个与待测溶液尽量接近的标定液(缓冲溶液)，将酸度框内"标定"键按下，LCD 显示为定标状态，显示窗口分三部分：通道号、模拟量与定标。

(3) 将复合电极置于标准溶液 1 中，此时通道号为"000"，稍后待模拟的量显示稳定，按"切换/标定"键，光标跳到定标值区。

(4) 按"移位"键移动光标，当设置光标移动至所需设定位置时，按下"增加"键，标定值加一，输入已知的准确 pH(注：考虑到精度的要求，本装置的 pH 采用扩大 10 倍的输入方式，如 pH 为 6.86，输入的值应为 68.6 即可)。

(5) 完成第一点的标定后，按下"切换/标定"键，屏幕自动跳入下一点 pH 的校正，通道号为"001"。

将复合电极由标准溶液中取出，置于蒸馏水中清洗，然后将其插入第二种标准溶液中进行第二点标定，待模拟量稳定后，按"移位"键将光标移位到所需设定位置，下面步骤同第一点标定，完成第二点标定后，按下"切换/标定"键，通道号自动跳入"002"，此时再按下"移位"键，将光标移到定标值的正负号位置，按下"增加"键将正负号切换为空格状态，按下"切换/标定"键，结束此次标定，通道号"000"，这时将酸度框内"标定"弹出位置测试结束[如果标定过程有误操作，可重新执行(2)～(5)步骤]。

(6) 完成两点标定之后，将复合电极置于待测溶液中，显示稳定后读取溶液的 pH。

(7) 读取电动势时按下电动势按钮，待显示稳定后，读取电动势值，及时切断电源，目的是尽量减少电极反应过程对测定引入的误差。

2. 配制反应溶液

(1) 分别配制 0.1 $mol \cdot L^{-1}$ $NH_4Fe(SO_4)_2$、0.1 $mol \cdot L^{-1}$ $(NH_4)_2Fe(SO_4)_2$(配制前需加两滴 HCl)、0.5 $mol \cdot L^{-1}$ EDTA(配制时需加 1.5 g NaOH)、4 $mol \cdot L^{-1}$ HCl 和 2 $mol \cdot L^{-1}$ NaOH 溶液各 50.00 mL。

(2) 以下列次序将试剂加入反应瓶中：30.00 mL $NH_4Fe(SO_4)_2$、30.00 mL $(NH_4)_2Fe(SO_4)_2$、40.00 mL EDTA 和 50.00 mL 蒸馏水，并迅速通入氮气。

(3) 调节恒温槽水温为 25 ℃，并通入反应器的恒温水套中；打开电磁搅拌器，待搅拌磁子稳定后，插入玻璃电极。

(4) 用滴管缓慢滴加 NaOH 溶液，至溶液 pH 为 8 左右，此时溶液应为褐红色。滴加 NaOH 溶液时应缓慢，加快搅拌，以免局部沉淀的产生。

3. 数据测量

(1) 记录此时的 pH 和电动势 E 值。

(2) 用滴管滴入 HCl 溶液，使溶液 pH 改变约 0.2，待搅拌 30 s，使两者读数均稳定，记录当时的 pH 和电动势 E 值。

(3) 重复(1)、(2)两步，直至溶液变浑浊。

五、数据处理

(1) 用表格形式记录所测得的电池电动势 E 和 pH 原始数据。

pH	电动势/mV	pH	电动势/mV	pH	电动势/mV

(2) 电势-pH 曲线的绘制。

根据公式 $\varphi_+ = E + \varphi_-$（饱和甘汞电极电势 $\varphi_- = 241.2$ mV)，得到电极电势-pH 数据表。

pH	电极电势 φ_+/mV	pH	电极电势 φ_+/mV	pH	电极电势 φ_+/mV

由以上数据拟合作光滑曲线。

(3) 从所得曲线上水平段确定 FeY^- 和 FeY^{2-} 稳定存在的 pH 范围。

六、注意事项

(1) 搅拌速率必须加以控制,防止由于搅拌不均匀造成加入 NaOH 时,溶液上部出现少量的 $Fe(OH)_3$沉淀。

(2) 一般参比电极在测量时作正极,指示电极作负极,但也有例外。

(3) 饱和甘汞电极和复合电极的注意事项。

a. 使用复合电极的注意事项。

① 电极使用前在 0.1 $mol \cdot L^{-1}$盐酸溶液或水中浸泡 12 h 以上,使其活化。

② 使用时应先轻轻振动电极,使内部溶液流入球泡部分,防止气泡的存在。

③ 电极球泡部分极易破损,使用时必须仔细、谨慎,最好用套管保护。

④ 电极不用时可保存在水中,如长期不用,可放在纸盒内。

⑤ 复合电极表面不能沾有油污,忌用浓硫酸或铬酸洗液清洗玻璃电极表面。不能在强碱及含氟化物的介质等胶体体系中停放过久,以免损坏电极或引起电极反应迟钝。

b. 使用饱和甘汞电极的注意事项。

① 电极应随时由电极侧口补充饱和氯化钾溶液和氯化钾固体。不用时可以存放在饱和氯化钾溶液中或前端用橡皮套套紧存放。

② 使用时要将电极侧口的小橡皮塞拔下,让氯化钾溶液维持一定的流速。

③ 不要长时间浸在被测溶液中,以防流出的氯化钾污染待测溶液。

④ 不要直接接触能侵蚀汞和甘汞的溶液。此时应改用双液接的盐桥,在外套管内浸注氯化钾溶液。也可用琼脂盐桥。琼脂盐桥的制备:称取优等琼脂 3 g 和氯化钾(KCl,分析纯)10 g, 放于 150 mL 烧杯中,加水 100 mL,在水浴上加热溶解,再用滴管将溶化了的琼脂溶液灌注于直径约为 4 mm 的 U 形管中,中间要没有气泡,两端要灌满,然后浸泡在 1 $mol \cdot L^{-1}$氯化钾溶液中。

七、思考题

(1) 在实验过程中,为什么要往反应瓶中通 N_2?

(2) 反应液用 HCl 滴至 pH 为 2.5 左右时,为什么会出现浑浊现象,且 pH 反而不断升高?

(3) 为什么要先往反应液中滴加 NaOH 使溶液 pH 为 8 左右,再滴加 HCl 来测定 pH 和电动势? 如果先滴加 HCl 至 pH 为 2.5 左右,然后再滴加 NaOH,这样是否可行?

(4) 每次滴加 HCl 使 pH 降低,为什么要控制降低幅度为 0.3 左右?

实验二十二　原电池电动势的测定及其应用(5 学时)

一、实验目的

(1) 掌握测定锌-铜电池的电动势和锌、铜电极的电极电势的方法。

(2) 学会电极的制备和处理方法。

(3) 了解 SDC 数字电位综合测试仪(电位差计)的基本原理和正确使用。

二、实验原理

凡是能使化学能转变为电能的装置都称为电池(或原电池)。对定温定压下的可逆电池而言:

$$\Delta_r G_m = -nFE \tag{7-12}$$

式中,$\Delta_r G_m$ 为电池反应的吉布斯自由能增量;n 为电极反应中电子的得失数;F 为法拉第常量;E 为电池的电动势。从式(7-12)可知,测得电池的电动势 E 后,便可求得 $\Delta_r G_m$,进而求得其他热力学参数。但必须注意,首先要求被测电池反应本身是可逆的,即要求电池的电极反应是可逆的且不存在不可逆的液接界。同时,要求电池必须在可逆的情况下工作,即放电和充电过程都必须在准平衡状态下进行,此时只允许有无限小的电流通过电池。

为了使电池反应在接近热力学可逆条件下进行,一般均采用电位差计通过对消法测量电池的电动势。原电池电动势主要是两个电极的电极电势的代数和,如能分别测定两个电极的电势,就可以计算得到由它们组成的电池电动势。下面以锌-铜电池为例进行分析。

电池表示为

$$Zn \mid ZnSO_4(m_1) \parallel CuSO_4(m_2) \mid Cu$$

符号"|"代表固相(Zn 或 Cu)和液相($ZnSO_4$ 和 $CuSO_4$)两相界面;"‖"代表连通两个液相的"盐桥";m_1 和 m_2 分别为 $ZnSO_4$ 和 $CuSO_4$ 溶液的质量摩尔浓度。

当电池放电时:

负极发生氧化反应

$$Zn \longrightarrow Zn^{2+}(a_{Zn^{2+}}) + 2e^-$$

正极发生还原反应

$$Cu^{2+}(a_{Cu^{2+}}) + 2e^- \longrightarrow Cu$$

电池总反应为

$$Zn + Cu^{2+}(a_{Cu^{2+}}) \longrightarrow Zn^{2+}(a_{Zn^{2+}}) + Cu$$

电池反应的吉布斯自由能变化值为

$$\Delta_r G_m = \Delta_r G_m^\ominus + RT\ln\frac{a_{Zn^{2+}}a_{Cu}}{a_{Cu^{2+}}a_{Zn}} \tag{7-13}$$

式中,$\Delta_r G_m^\ominus$ 为标准态时自由能的变化值;a 为物质的活度,纯固体物质的活度等于 1,

则在标准态时：

$$a_{Zn^{2+}} = a_{Cu^{2+}} = 1 \tag{7-14}$$

$$\Delta_r G_m = \Delta_r G_m^\ominus = -zFE^\ominus \tag{7-15}$$

式中，$E^\ominus$为电池的标准电动势。由式(7-12)和式(7-13)可解得

$$E = E^\ominus - \frac{RT}{nF}\ln\frac{a_{Zn^{2+}}}{a_{Cu^{2+}}} \tag{7-16}$$

对于任一电池，其电动势等于两个电极的电极电势之差，其计算式为

$$E = \varphi_+(\text{右，还原电势}) - \varphi_-(\text{左，还原电势}) \tag{7-17}$$

对锌-铜电池而言：

$$\varphi_+ = \varphi^\ominus_{Cu^{2+}/Cu} - \frac{RT}{2F}\ln\frac{1}{a_{Cu^{2+}}} \tag{7-18}$$

$$\varphi_- = \varphi^\ominus_{Zn^{2+}/Zn} - \frac{RT}{2F}\ln\frac{1}{a_{Zn^{2+}}} \tag{7-19}$$

式中，$\varphi^\ominus_{Zn^{2+}/Zn}$和$\varphi^\ominus_{Cu^{2+}/Cu}$分别为$a_{Zn^{2+}} = a_{Cu^{2+}} = 1$时，铜电极和锌电极的标准电极电势。

对于单个离子，其活度是无法测定的，但强电解质的活度与物质的平均质量摩尔浓度和平均活度之间有以下关系：

$$a_{Zn^{2+}} = \gamma_\pm m_1 \tag{7-20}$$

$$a_{Cu^{2+}} = \gamma_\pm m_2 \tag{7-21}$$

式中，$\gamma_\pm$为离子的平均离子活度系数，其数值大小与物质浓度、离子的种类、实验温度等因素有关。

在电化学中，电极电势的绝对值至今无法测定，在实际测量中是以某一电极的电极电势作为零标准，然后将其他电极与它组成电池，测量其电动势，则该电动势即为该被测电极的电动势。

三、试剂与仪器

1. 试剂

氯化钾溶液(饱和)，硫酸铜溶液(0.1 mol · L^{-1})，硫酸锌溶液(0.1 mol · L^{-1})，硫酸铜溶液(0.01 mol · L^{-1})，硝酸溶液(6 mol · L^{-1})，硫酸溶液(6 mol · L^{-1})，锌片，铜片，硝酸亚汞溶液(饱和)。

2. 仪器

SDC 数字电位综合测试仪，饱和甘汞电极，电极管，电极架，交流电源。

四、实验内容

1. 电极的制备

(1) 铜电极。

将铜电极在 6 mol · L^{-1}硝酸溶液内浸洗，除去氧化层和杂物，然后取出用水冲洗，

再用蒸馏水淋洗。将铜电极置于电镀烧杯中作阴极,另取一个清洁处理的铜棒作阳极,进行电镀,电镀 1 h,电流密度控制在 10 $mA \cdot cm^{-2}$为宜。

(2) 锌电极。

用 6 $mol \cdot L^{-1}$硫酸浸洗锌电极以去除表面上的氧化层,取出后依次用自来水洗涤、蒸馏水淋洗,然后放入含有饱和硝酸亚汞溶液和棉花的烧杯中,在棉花上摩擦 3~5 s,使锌电极表面形成一层均匀的锌汞齐,然后用蒸馏水淋洗。把处理好的锌电极插入清洁的电极管内并塞紧,将电极管的虹吸管管口插入盛有 0.1 $mol \cdot L^{-1}$ $ZnSO_4$溶液的小烧杯中,用洗耳球自支管抽气,将溶液吸入电极管至高出电极约 1 cm,停止抽气,旋紧夹子。电极的虹吸管内不可有气泡,也不能有漏液现象。

2. 电池组合

按照电池装置示意图(图 7-13)所示,将饱和氯化钾溶液注入 50 mL 烧杯内作为盐桥,将上面制备的锌电极的虹吸管置于烧杯内并与氯化钾溶液接触,再放入饱和甘汞电极,即成下列电池:

$$Zn(s) \mid ZnSO_4(0.1000\ mol \cdot L^{-1}) \parallel CuSO_4(0.1000\ mol \cdot L^{-1}) \mid Cu(s)$$

同法分别组成下列电池进行测量:

$$Zn(s) \mid ZnSO_4(0.1000\ mol \cdot L^{-1}) \parallel KCl(饱和) \mid Hg_2Cl_2(s) \mid Hg(l)$$

$$Hg(l) \mid Hg_2Cl_2(s) \mid KCl(饱和) \parallel CuSO_4(0.1000\ mol \cdot L^{-1}) \mid Cu(s)$$

$$Cu(s) \mid CuSO_4(0.01000\ mol \cdot L^{-1}) \parallel CuSO_4(0.1000\ mol \cdot L^{-1}) \mid Cu(s)$$

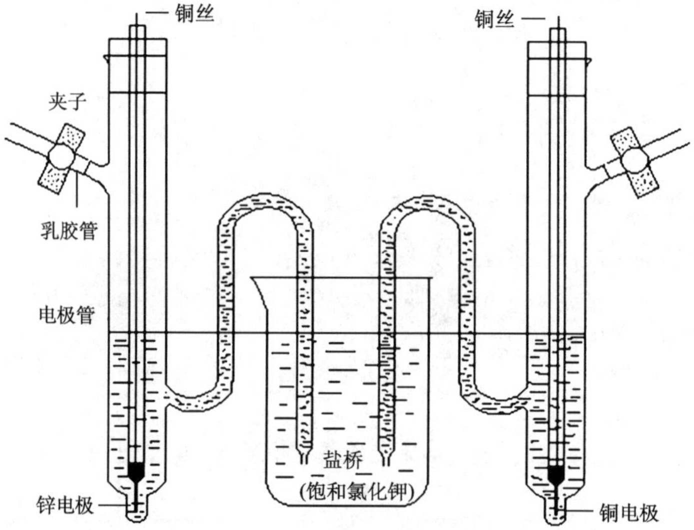

图 7-13 电池装置示意图

3. 电动势的测定

(1) 按照 SDC 数字电位综合测试仪(也称数字式电位差计)电路图(图 7-14),连接电动势测量线路。

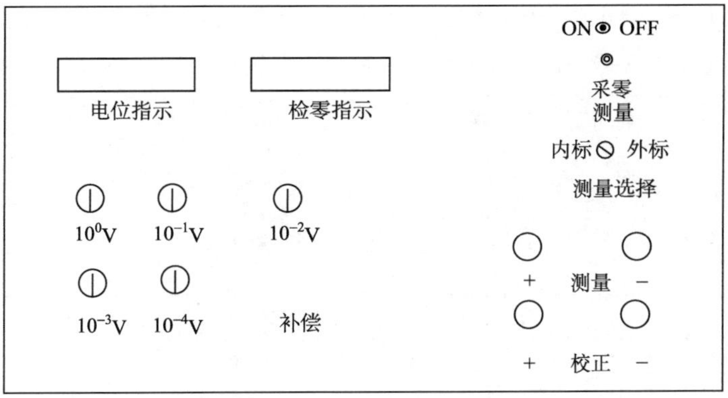

图 7-14 SDC 数字电位综合测试仪

(2) 根据标准电池的温度系数,计算实验温度下的标准电池电动势。以此对电位差进行标定。

(3) 分别用数字式电位差计测定以上 4 个电池的电动势。

4. SDC 数字电位综合测试仪的使用方法

(1) 打开电源开关,预热 15 min。

(2) 以内标为基准进行测量。

a. 校验。

① 用测试线将被测电动势按"+"、"−"极性与"测量"插孔连接。

② 将"测量选择"旋钮置于"内标"。

③ 将"10^0"位旋钮置于"1","补偿"旋钮逆时针旋到底,其他旋钮均置于"0",此时"电位指示"显示"1.00000"V。

④ 待"检零指示"显示数值稳定后,按一下"采零"键,此时检零指示应显示"0000"。

b. 测量。

① 将"测量选择"置于"测量"。

② 调节"10^0～10^{-4}"五个旋钮,使"检零指示"显示数值为负且绝对值最小。

③ 调节"补偿"旋钮,使"检零指示"显示为"0000",此时"电位指示"数值即为被测电动势的值。

c. 关机。

关闭电源开关,拔下电源线。注意,在测量过程中,若"检零指示"显示溢出符号"OU. L",说明"电位指示"显示的数值与被测电动势值相差过大。

五、数据处理

(1) 根据饱和甘汞电极的电极电动势温度校正公式,计算实验温度下的电极电势:

$$\varphi_{SCE}/V = 0.2415 - 7.61 \times 10^{-4}(T/K - 298) \qquad (7\text{-}22)$$

(2) 根据测定的各电池的电动势,分别计算铜、锌电极的 φ_T、$\varphi_T^\ominus$、$\varphi_{298}^\ominus$。

(3) 根据公式计算锌-铜电池的理论电动势 $E_{理}$,并与实验值 $E_{实}$ 进行比较。

(4) 为了方便起见,可采用下式求出温度 T 时的标准电极电势:

$$\varphi_T^\ominus = \varphi_{298}^\ominus + \alpha(T - 298) + \frac{1}{2}\beta(T - 298)^2$$

式中,α、β 为电池电极的温度系数。有关文献数据如下:

电极	电极反应	$\alpha \times 10^3/(V \cdot K^{-1})$	$\beta \times 10^6/(V \cdot K^{-2})$	$\varphi_{298}^\ominus/V$
Cu^{2+}/Cu	$Cu^{2+} + 2e^- \!=\!=\!= Cu$	−0.016	—	0.3419
$Zn^{2+}/Zn(Hg)$	$Hg(l) + Zn^{2+} + 2e^- \!=\!=\!= Zn(Hg)$	0.100	0.62	−0.7627

(5) 按实验记录填充下表:

电极电势	$\varphi_{298}^\ominus$	$\varphi_T^\ominus$	φ_T	电池	理论值	实验值
$\varphi_{甘汞}$				$E_{Zn-甘}$		
$\varphi_{Zn^{2+}/Zn}$				$E_{甘-Cu}$		
$\varphi_{Cu^{2+}/Cu}(0.1\ mol \cdot L^{-1})$				E_{Zn-Cu}		
$\varphi_{Cu^{2+}/Cu}(0.01\ mol \cdot L^{-1})$				E_{Cu-Cu}		

六、注意事项

(1) 电池电动势不能用伏特计直接测量,因为与伏特计接通后就有电流通过电极,使电极发生极化而偏离平衡状态。此外,电池本身有内阻,所以伏特计所测量的仅是两极间的电位降。

(2) 通常将标准电池封在盒子里。在放置或移动标准电池时,只能正放、平移,绝不可斜放、斜拿,更不允许倒置。

(3) 在测量电动势的过程中,应经常注意校正工作电流,在校正工作电流时,测量转换开关 K_1 应指向"标准"位置。

七、思考题

(1) 为什么用伏特计不能准确地测定电池电动势?

(2) 在对消法测定电池电动势的装置中,电位差计、工作电池、标准电池以及检流计各起什么作用?

(3) 可逆电池的条件是什么? 测定过程中如何尽可能地减小极化现象的发生?

(4) 在测量电池电动势的过程中,若检流计光点总是往一个方向偏转,可能是什么原因造成的? 若电池的极性接反了,后果是什么? 工作电池和未知电池中任意一个没有接通会产生什么后果?

(5) 测定电池电动势时,为什么按电位差计的电键应间断而短促?

(6) 如何通过测定电池电动势的方法获得以下电池所进行的电池反应的热力学函数变化值 $\Delta_r G_m$、$\Delta_r S_m$、$\Delta_r H_m$ 以及反应的平衡常数 K?

$$Pt|Ag(s)|AgCl(s)|KCl(aq)|Hg_2Cl_2(s)|Hg(l)|Pt$$

实验二十三　旋光法测定蔗糖转化反应的速率常数(5 学时)

一、实验目的

(1) 用旋光法测定蔗糖的水解反应速率常数和半衰期。

(2) 巩固旋光仪的原理与使用方法。

(3) 了解反应物浓度与旋光度之间的关系。

二、实验原理

蔗糖水溶液在有氢离子存在时将发生水解反应:

$$C_{12}H_{22}O_{11}(\text{蔗糖})+H_2O \xrightarrow{H^+} C_6H_{12}O_6(\text{葡萄糖})+C_6H_{12}O_6(\text{果糖})$$

蔗糖水解反应是一个二级反应,在纯水中此反应的速率极慢,通常需要在氢离子催化作用下进行。但由于水是大量存在的,在反应过程中可以认为其浓度不变,在反应过程中的氢离子是一种催化剂,也可以认为浓度不变,由此,蔗糖水解反应可作为一级反应处理,又称为“假一级反应”。如果以 c 表示到达 t 时刻的反应物浓度,k 表示反应速率常数,则一级反应的速率方程为

$$\frac{-\mathrm{d}c}{\mathrm{d}t}=kt$$

对上式积分可得

$$\ln c=\ln c_0-kt$$

式中,c 为反应过程中的浓度;c_0为反应开始时的浓度。当 $c=\frac{c_0}{2}$时,时间为 $t_{1/2}$,称为半衰期,代入上式得

$$t_{1/2}=\frac{\ln 2}{k}=\frac{0.693}{k}$$

测定反应过程中的反应物浓度,以 $\ln c$ 对 t 作图,就可以求出反应的速率常数 k。在这个反应中,利用体系在反应进程中的旋光度不同来度量反应的进程。

用旋光仪测出的旋光度值，与溶液中旋光物质的旋光能力、溶剂的性质、溶液的浓度、温度等因素有关，固定其他条件，可认为旋光度 α 与反应物浓度 c 呈线性关系。物质的旋光能力一般用比旋光度来度量：

$$[\alpha]_{\mathrm{D}}^{20}=\frac{\alpha\times 100}{l\times c_{\mathrm{A}}}$$

蔗糖的比旋光度$[\alpha]_{\mathrm{D}}^{20}=66.6°$，葡萄糖的比旋光度$[\alpha]_{\mathrm{D}}^{20}=52.5°$，果糖是左旋性物质，它的比旋光度为$[\alpha]_{\mathrm{D}}^{20}=-91.9°$。$[\alpha]_{\mathrm{D}}^{20}$ 表示在 20 ℃用钠黄光作光源测得的比旋光度。因此，在反应过程中，溶液的旋光度先是右旋的，随着反应的进行右旋角度不断减小，过零后再变成左旋，直至蔗糖完全转化，左旋角度达到最大。

当 $t=0$ 时，蔗糖尚未开始转化，溶液的旋光度为

$$\alpha_0=\beta_{反应物}c_0 \tag{7-23}$$

当蔗糖已完全转化时，体系的旋光度为

$$\alpha_\infty=\beta_{生成物}c_0 \tag{7-24}$$

式中，β 为比旋光度与反应物浓度关系中的比例系数。

当时间为 t 时，蔗糖浓度为 c，旋光度应为

$$\alpha_t=\beta_{反应物}c+\beta_{生成物}(c_0-c) \tag{7-25}$$

由式(7-23)和式(7-24)得

$$c_0=\frac{\alpha_0-\alpha_\infty}{\beta_{反应物}-\beta_{生成物}}=\beta'(\alpha_0-\alpha_\infty)$$

由式(7-24)和式(7-25)得

$$c_0=\frac{\alpha_t-\alpha_\infty}{\beta_{反应物}-\beta_{生成物}}=\beta'(\alpha_t-\alpha_\infty)$$

代入 $\ln c=-kt+\ln c_0$，可得

$$\ln(\alpha_t-\alpha_\infty)=-kt+\ln(\alpha_0-\alpha_\infty)$$

根据实验测得的反应过程中的旋光度值计算 $\ln(\alpha_t-\alpha_\infty)$，再对时间作图，可得一条直线，根据直线斜率可求得反应速率常数。

三、试剂与仪器

1. 试剂

蔗糖(分析纯)，盐酸($2\ \mathrm{mol\cdot L^{-1}}$)。

2. 仪器

旋光仪，超级恒温水浴，移液管(25 mL)，锥形瓶(150 mL)，秒表。

四、实验内容

1. 配制蔗糖溶液

恒温水浴调至反应温度为 25 ℃，称取 5 g 蔗糖，放入锥形瓶中。加入 25 mL 蒸馏水，振荡使其完全溶解。另一个锥形瓶中加入 25 mL 盐酸溶液。两个锥形瓶加塞，置于 25 ℃的恒温水浴中恒温 10 min 以上。

2. 旋光仪的零点校正

接通电源，把旋光仪左侧的"light"置于"AC"交流挡上，预热 30 min 后，再置于"DC"直流挡上进行测定。蒸馏水为非旋光物质，可以用来校正旋光仪的零点。校正时，先洗净样品管，将管的一端加上盖子，并由另一端向管内灌满蒸馏水，在上面形成一凸面，然后盖上玻璃片和套盖，玻璃片紧贴于旋光管，此时管内不应有气泡存在。必须注意，旋紧套盖时，一只手握住管上的金属鼓轮，另一只手旋套盖，不能用力太猛，以免压碎玻璃片。然后用吸滤纸将管外的水擦干，再用擦镜纸将样品管两端的玻璃片擦净，放入旋光仪的光路中。按下零点校正按钮。

3. 反应过程的比旋光度测定

将已恒温的 2 $mol \cdot L^{-1}$ 盐酸溶液倒入蔗糖溶液中，同时记录时间，将溶液来回颠倒三四次，均匀后立即用少量反应液荡洗旋光管两次，然后将反应液装满旋光管，旋上套盖，放进已预先恒温的旋光仪内，测量各时间的旋光度（注意：荡洗和装样只能用去一半左右的反应液）。要求在反应开始后 2 min 内测定第一个数据。在以后的 15 min 内，每分钟读数一次，随后每 2～3 min 读数一次，测至旋光度为负值为止。在此期间，将剩余的另一半反应液置于 50～60 ℃的水浴内温热待用。

4. α_∞的测量

将已在水浴内温热 50 min 的反应液取出，冷至实验温度下测定旋光度。在10～15 min内读取 5～7 个数据，如在测量误差范围内，则取其平均值，即为 α_∞值。

5. 结果整理

关闭旋光仪。将旋光管、锥形瓶中的溶液倒去，洗净。

6. WZZ-2B 自动旋光仪的操作方法

参见《基础化学实验（上册）》2.2.5。

五、数据处理

(1) 将实验数据列于下表中（要求记录至旋光度转变为负值为止）。

t/min	α_t	α_∞

(2) 以 $\ln(\alpha_t-\alpha_\infty)$对 t 作图,由所得直线的斜率求出反应速率常数 k,并计算蔗糖转化反应的半衰期 $t_{1/2}$。与文献值相对比,计算相对误差。

六、注意事项

(1) 温度对反应速率常数影响很大,应严格控制反应温度。

(2) 在混合蔗糖溶液和盐酸溶液时,一定将盐酸溶液加到蔗糖溶液中。

(3) 实验结束时,应将旋光管洗净、干燥,防止酸对旋光管的腐蚀。

七、思考题

(1) 实验中用蒸馏水校正旋光仪的零点,则在蔗糖转化反应过程中所测的旋光度 α_t是否必须进行零点校正?

(2) 在混合蔗糖溶液和盐酸溶液时,是将盐酸溶液加到蔗糖溶液中,可否将蔗糖溶液加到盐酸溶液中?为什么?

(3) 配制蔗糖溶液时称量不够准确,对测量结果 k 有无影响?取用盐酸的体积不准呢?

(4) 测定最终旋光度时,为了加快蔗糖水解速率,采用 50～60 ℃的恒温使反应进行到底,为什么不能采用更高的温度进行恒温?

实验二十四　最大泡压法测定溶液的表面张力(5 学时)

一、实验目的

(1) 了解表面自由能、表面张力的意义及表面张力与吉布斯(Gibbs)吸附公式的关系。

(2) 掌握最大泡压法测定表面张力的原理和技术。

(3) 通过表面张力计算吉布斯表面吸附量和分子的横截面积。

二、实验原理

在液体的内部,任何分子周围的吸引力是平衡的。可是在液体表面层的分子却不相同,如图 7-15 所示,表面层的溶质分子 B 和溶剂分子 A 一方面受到液体内层分子的吸引,另一方面受到液体外部气体分子的吸引,而且前者的作用力比后者大。因此,在液体表面层中,每个分子都受到垂直并指向液体内部的不平衡力。

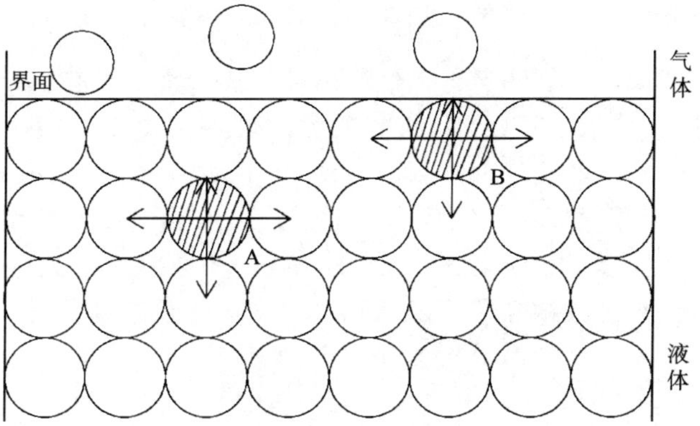

图 7-15　表面分子和内部分子受力示意图

这种吸引力使表面上的分子向内挤，促成液体的最小面积。要使液体的表面积增大，就必须反抗分子的内向力而做功，增加分子的势能。所以，分子在表面层比在液体内部有较大的势能，这一势能就是表面自由能，通常把增大 1 m^2 表面所需的最大功 W 或增大 1 m^2 所引起的表面自由能的变化 ΔG 称为单位表面的表面能，其单位为 $J \cdot m^{-2}$；而把液体限制其表面及力图使它收缩的单位直线长度上所作用的力称为表面张力，其单位为 $N \cdot m^{-1}$。液体单位表面的表面能和它的表面张力在数值上是相等的。如欲使液体表面面积增加 ΔA 时，所消耗的可逆功 W 应该为

$$-W = \Delta G = \gamma \Delta A$$

液体的表面张力与温度有关，温度越高，表面张力越小。到达临界温度时，液体与气体不分，表面张力趋近于零。液体的表面张力也与液体的纯度有关，在纯净的液体（溶剂）中如果掺进杂质（溶质），表面张力就要发生变化，其变化的大小取决于溶质的本性和加入量的多少。

对纯溶剂而言，其表面层与内部的组成是相同的，但对溶液来说却不然。当加入溶质后，溶剂的表面张力要发生变化。根据能量最低原则，若溶质能降低溶剂的表面张力，则表面层中溶质的浓度应比溶液内部的浓度大，如果所加溶质能使溶剂的表面张力升高，则溶质在表面层中的浓度应比溶液内部的浓度低。这种表面浓度与溶液内部浓度不同的现象称为溶液的表面吸附。在一定的温度和压力下，溶液表面吸附溶质的量与溶液的表面张力和加入的溶质量（溶液的浓度）有关，它们之间的关系可用吉布斯吸附公式表示：

$$\Gamma = -\frac{c}{RT}\left(\frac{\partial \gamma}{\partial c}\right)_T$$

式中，Γ 为溶质的表面吸附量，$mol \cdot m^{-2}$；γ 为表面张力，$J \cdot m^{-2}$；T 为热力学温度，K；c 为溶液浓度，$mol \cdot L^{-1}$；R 为摩尔气体常量。

$\left(\frac{\partial \gamma}{\partial c}\right)_T < 0$，$\Gamma > 0$，称为正吸附。这时溶质的加入使表面张力下降，随溶液浓度的

增加,表面张力降低。这类物质称为表面活性物质。反之,$\left(\frac{\partial\gamma}{\partial c}\right)_T>0,\Gamma<0$,称为负吸附,这类物质称为非表面活性物质。人们感兴趣的是表面活性物质,这类物质具有不对称结构(○—),由极性的亲水基团(○)和非极性的疏水基团(—)构成。在水溶液表面,极性部分指向液体内部,非极性部分指向空气,表面活性物质分子在溶液表面的排列情况随溶液浓度不同而异,如图 7-16 所示。当浓度很小时,分子平躺在液面上,如图 7-16(a)所示;浓度增大时,分子排列如图 7-16(b)所示;当浓度增加到一定程度时,被吸附分子占据了所有表面,形成饱和吸附层,如图 7-16(c)所示。

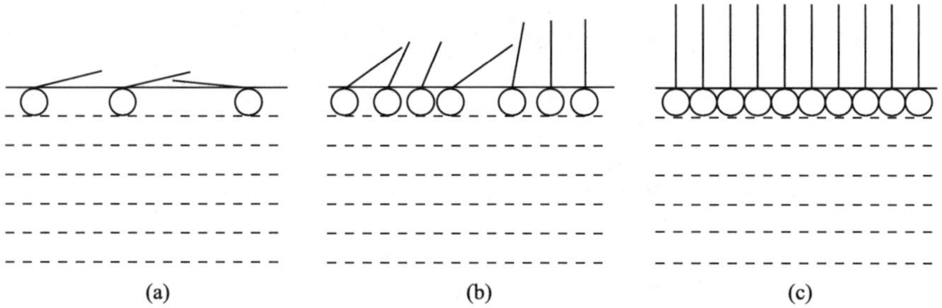

图 7-16 被吸附分子在溶液表面上的排列

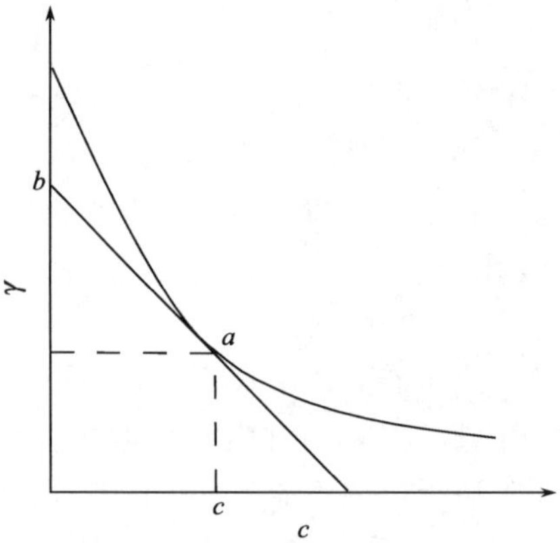

图 7-17 表面张力和浓度的关系

由实验测出表面活性物质不同浓度(c)对应的表面张力(γ)的值,作 γ-c 曲线,如图 7-17 所示。在该曲线上任取一点 a,通过 a 点作曲线的切线,即可得该点所对应浓度 c 的斜率,代入吉布斯吸附公式,从而可以求出不同浓度下的吸附量。

关于吸附量与浓度的关系,实验表明可以用朗缪尔吸附等温式来描述:

$$\Gamma=\Gamma_\infty\frac{Kc}{1+Kc}$$

式中,Γ_∞ 为饱和吸附量;K 为常数;c 为吸附平衡时溶液本体的浓度。上式可以改写成如下形式:

$$\frac{c}{\Gamma}=\frac{1}{K\Gamma_\infty}+\frac{1}{\Gamma_\infty}c$$

以$\frac{c}{\Gamma}$对 c 作图为一直线,其斜率的倒数为 Γ_∞。

如果 N 代表 1 m^2表面上的分子数,则得 $N=\Gamma_\infty N_A$,N_A为阿伏伽德罗常量,于是每个分子在表面上所占的面积为

$$q=\frac{1}{\Gamma_\infty N_A}$$

测定表面张力的方法很多，本实验用最大泡压法测定乙醇水溶液的表面张力。

最大泡压法测定表面张力的装置如图 7-18 所示。待测液体装于支管试管中，使毛细管的端面与液面相切，液面即沿着毛细管上升，打开滴液漏斗的活塞进行缓慢抽气，此时由于毛细管内液面上所受的压力（$p_{大气}$）大于支管试管中液面上的压力（$p_{系统}$），故毛细管内的液面逐渐下降，并从毛细管管端缓慢地逸出气泡。在气泡形成过程中，由于表面张力的作用，凹液面产生了一个指向液面外的附加压力 Δp，因此有下述关系：

$$p_{大气}=\Delta p+p_{系统}$$

$$\Delta p=p_{大气}-p_{系统}$$

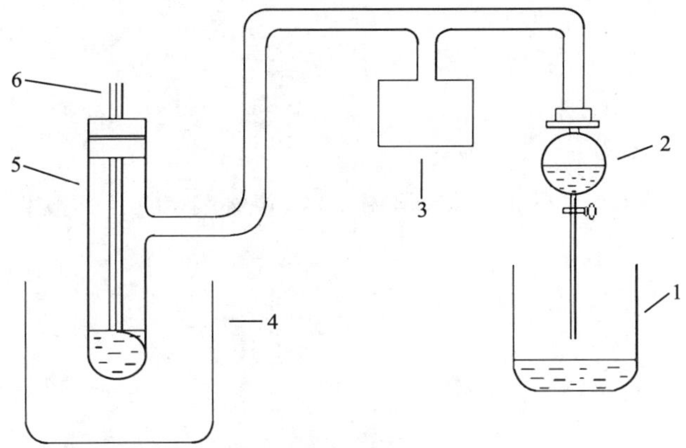

图 7-18　最大泡压法测定表面张力的装置图

1. 烧杯；2. 滴液漏斗；3. 数字式微压差测量仪；4. 恒温装置；5. 带有支管的试管；6. 毛细管

附加压力 Δp 与溶液的表面张力 γ 成正比，与气泡的曲率半径 R 成反比，其关系式为杨-拉普拉斯（Young-Laplace）方程 $\Delta p=\dfrac{2\gamma}{R}$。

若毛细管管径较小，则形成的气泡可视为是球形的。气泡刚形成时，由于表面几乎是平的[图 7-19(1)]，所以曲率半径值极大；当气泡形成半球形时，曲率半径只等于毛细管管径 r[图 7-19(2)]，此时 R 值最小；随着气泡的进一步增大，又趋增大[图 7-19(3)]，直至逸出液面。

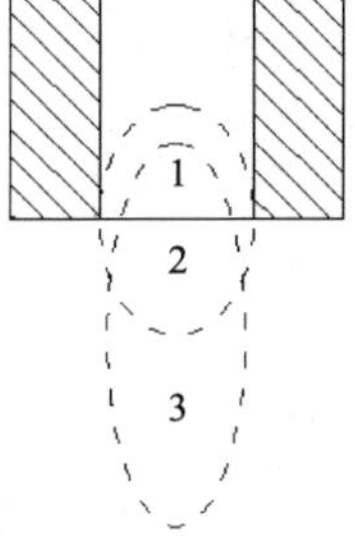

图 7-19　气泡形成过程示意图

当 $R=r$ 时，附加压力最大，为 $\Delta p=\dfrac{2\gamma}{r}$，最大附加压力可由数字式微压差测量仪读出。

在实验中，若使用同一支毛细管和压力计，则毛细管半径 r 是一常数。如果将已知表面张力的液体作为标准，由实验测得其 Δp 后，就可求出 r。然后应用此仪器测定其他液

体的 Δp 值,通过计算,即可求得各种液体的表面张力 γ。相应关系式为

$$\gamma_1=\frac{r}{2}\Delta p_1 \qquad \gamma_2=\frac{r}{2}\Delta p_2$$

$$\frac{\gamma_1}{\gamma_2}=\frac{\Delta p_1}{\Delta p_2} \qquad \gamma_1=\gamma_2\frac{\Delta p_1}{\Delta p_2}=K\Delta p_1$$

式中,K 称为毛细管常数,可用已知表面张力的物质来确定。

三、试剂与仪器

1. 试剂

乙醇(分析纯)。

2. 仪器

表面张力测定装置,阿贝折光仪,恒温水浴,烧杯(100 mL),滴管。

四、实验内容

(1) 配制溶液。

用称量法粗略配制 5%、10%、15%、20%、25%、30%、40%的乙醇溶液 50 mL 待用。

(2) 调节恒温水浴至 25 ℃。

(3) 测定毛细管常数。

将玻璃器皿和毛细管清洗干净。在干净的测定管中装入去离子水,使毛细管上端塞子塞紧时毛细管刚好与液面垂直相切。置于恒温水浴内恒温 10 min。抽气瓶装满水,连接好后旋开下端活塞使水缓慢滴出。控制流速使气泡从毛细管平稳脱出(每分钟约 10 个气泡),记录气泡脱出瞬间数字压力计的数值,至少 3 次并取平均值,作为最大压差。根据 $K=\frac{\gamma_{H_2O}}{\Delta p_{H_2O}}$ 计算仪器常数 K 的值。

(4) 测定乙醇溶液的表面张力。

重复实验内容(3)的操作测定不同浓度的乙醇溶液,从稀到浓依次进行。每次测量前必须用少量被测液洗涤测定管,尤其是毛细管部分,确保毛细管内外溶液的浓度一致。

(5) 分别测定乙醇溶液的折光率。

五、数据处理

(1) 以纯水的测量结果计算毛细管常数 K 值。

室温:____℃;大气压:____Pa

蒸馏水	第一次	第二次	第三次	平均值
Δp_{max}				
K				

(2) 将实验数据填于下表，从标准工作曲线上，查出相对应的各乙醇溶液的精确浓度 c，计算不同浓度乙醇溶液的表面张力 γ。

乙醇样品编号	Δp_{max1}	Δp_{max2}	Δp_{max3}	Δp_{max}平均值	乙醇的精确浓度	$\gamma_{C_2H_5OH}$
1						
2						
3						
4						
5						

(3) 作 γ-c 曲线，在曲线上取 10 个点，分别作出切线，求出相应的斜率，并计算相应的吸附量 Γ_∞。

(4) 计算每个分子的横截面积 q。

六、思考题

(1) 毛细管尖端为何必须调节至恰与液面相切？否则对实验有何影响？

(2) 最大泡压法测定表面张力时为什么要读最大压力差？如果气泡逸出得很快，或几个气泡一齐出，对实验结果有无影响？

(3) 表面张力仪的清洁与否和温度的不恒定对测量数据有何影响？

实验二十五　电导法测定乙酸乙酯皂化反应的速率常数(6 学时)

一、实验目的

(1) 用电导法测定乙酸乙酯皂化反应的速率常数和活化能。

(2) 了解二级反应的特点，学会用图解计算法求出二级反应的速率常数。

(3) 学习电导率仪的使用方法。

二、实验原理

乙酸乙酯皂化是一个二级反应，其反应式为

$$CH_3COOC_2H_5 + NaOH \xrightarrow{H_2O} CH_3COONa + C_2H_5OH$$

在反应过程中，各物质的浓度随时间而改变，不同反应时间 OH^- 的浓度可以用标准酸进行滴定求得，也可以通过间接测量溶液的电导率而求出。为了处理方便起见，在设计这个实验时使反应物 $CH_3COOC_2H_5$ 和 NaOH 浓度相同(c),作为起始浓度。设反应时间为 t,反应所生成的 CH_3COONa 和 C_2H_5OH 的浓度为 x,则 $CH_3COOC_2H_5$ 和 NaOH 的浓度为($c-x$),即

$$CH_3COOC_2H_5 + NaOH \xrightarrow{H_2O} CH_3COONa + C_2H_5OH$$

$t=0$	c	c	0	0
$t=t$	$c-x$	$c-x$	x	x
$t\to\infty$	0	0	$x\to c$	$x\to c$

因为是二级反应,所以时间为 t 的反应速率和反应物浓度的关系为

$$\frac{dx}{dt}=k\ (c-x)^2 \tag{7-26}$$

式中,k 为反应速率常数。将式(7-26)积分可得

$$kt=\frac{x}{c(c-x)} \tag{7-27}$$

从式(7-27)中可看出,原始浓度 c 是已知的,只要测出 t 时的 x 值,就可算出反应速率常数 k 值。首先假定整个反应体系是在稀释的水溶液中进行的,因此可以认为 CH_3COONa 是全部电离的,在本实验中,利用测量溶液的电导率求算 x 值的变化,参与导电的离子有 Na^+、OH^- 和 CH_3COO^-,Na^+ 在反应前后浓度不变,但 OH^- 不断减少而 CH_3COO^- 不断增加,所以体系的电导值不断下降。

显然,体系电导值的减少量与 CH_3COONa 的浓度 x 的增大成正比,即

$t=t$ 时 $$x=K(G_0-G_t)=K'(\kappa_0-\kappa_t) \tag{7-28}$$

$t\to\infty$ 时 $$c=K(G_0-G_\infty)=K'(\kappa_0-\kappa_\infty) \tag{7-29}$$

式中,G_0、κ_0 为起始时的电导、电导率;G_t、κ_t 为 t 时的电导、电导率;G_∞、κ_∞ 为 $t\to\infty$ 时的电导、电导率;K、K' 为比例常数。

将式(7-28)和式(7-29)代入式(7-27)得

$$\frac{G_0-G_t}{G_t-G_\infty}=ckt \quad 或 \quad \frac{\kappa_0-\kappa_t}{\kappa_t-\kappa_\infty}=ckt \tag{7-30}$$

从式(7-30)可知,只要测定了 κ_0、κ_∞ 以及一组 κ_t 值以后,用 $\frac{\kappa_0-\kappa_t}{\kappa_t-\kappa_\infty}$ 对 t 作图,应得一直线,直线的斜率 m 就是反应速率常数 k 值和原始浓度 c 的乘积。k 的单位为 $L\cdot min^{-1}\cdot mol^{-1}$。

三、试剂与仪器

1. 试剂

NaOH 溶液(新鲜配制,0.0200 $mol\cdot L^{-1}$),NaOH 溶液(新鲜配制,0.0100 $mol\cdot L^{-1}$),CH_3COONa 溶液(新鲜配制,0.0100 $mol\cdot L^{-1}$),$CH_3COOC_2H_5$ 溶液(新鲜配制,0.0200 $mol\cdot L^{-1}$)。

2. 仪器

电导率仪，超级恒温水浴，秒表，双管电导池，移液管(25 mL)。

四、实验内容

1. 电导率仪的调节

开启电导率仪的电源，预热。

2. κ_0 的测量

洗净双管电导池并烘干，加入 0.0100 mol · L^{-1}的 NaOH 溶液，液面以高出铂黑片 1 cm 为宜。用电导水洗涤铂黑电极，再用 0.0100 mol · L^{-1}的 NaOH 溶液淋洗，然后插入电导池中。如图 7-20 所示，浸入 25 ℃(或 30 ℃)恒温槽内 10 min，然后接通电导率仪，测定其电导率，每隔 2 min 读一次数据，读取 3 次，取平均值，即为 κ_0。

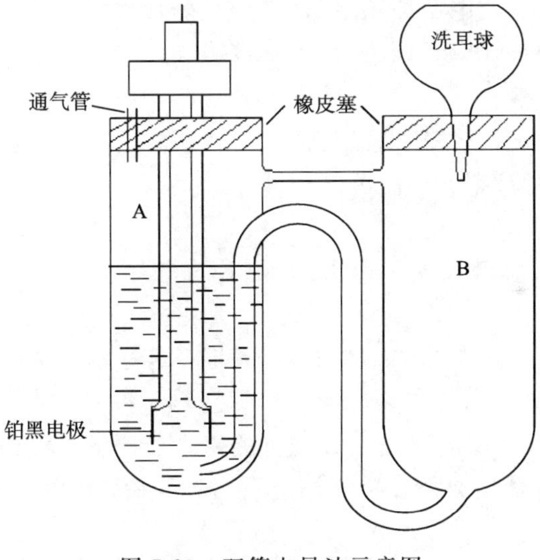

图 7-20　双管电导池示意图

3. κ_∞ 的测量

将 0.0100 mol · L^{-1}的 CH_3COONa 溶液装入干净的双管电导池中，测量方法与 κ_0 的测量相同。注意每次往电导池中装新样品时，都要先用蒸馏水淋洗电导池及铂黑电极 3 次，然后用所测溶液淋洗 3 次。按上述操作，每一种溶液都必须重复 3 次取平均值，即为 κ_∞。

4. κ_t 的测量

电导池和电极的处理方法与上述相同,安装后置于恒温水浴,用移液管移取 10 mL 0.0200 mol·L^{-1} NaOH 溶液注入 A 管中,用另一移液管移取 10 mL 0.0200 mol·L^{-1} $CH_3COOC_2H_5$溶液注入 B 管中,两试管的管口均用塞子塞紧,防止 $CH_3COOC_2H_5$ 挥发。将试管置于恒温槽中恒温 10 min。将 B 管中的溶液轻压入 A 管中,当溶液压入一半时,开始记录反应时间。然后将 B 管反应液反复挤压几次,至 A、B 管溶液混合均匀。每隔 2 min 测量一次,30 min 后,每隔 3～5 min 测量一次,反应进行到 1 h 后可停止测量。

测量结束后,重新测量 κ_∞,看是否与反应前测量的值一致,实验结束后,应将铂黑电极浸入蒸馏水中。改变温度,重复上述实验,测定试管洗净后放入烘箱。

5. 电导率仪的使用方法

(1) 开机。

① 将电源线插入仪器电源插座,仪器必须良好接地。

② 按电源开关,接通电源,预热后,进行校准。

(2) 校准。

① 调节常数补偿旋钮,使仪器显示值与电极所标数值一致。

② 温度补偿旋钮指向“25 ℃”线。

(3) 温度补偿的设置。

① 如欲得到待测溶液在实际测量温度下的电导率值,则将温度补偿旋钮指向“25 ℃”线。

② 如欲得到待测溶液在 25 ℃时的电导率值,则将温度补偿旋钮指向待测溶液的实际温度值。

(4) 将量程选择开关指向合适位置进行测定。若测量过程中显示值为“1”,说明测量超出量程范围,应将量程选择开关切换至更高一挡量程。

五、数据处理

(1) 计算 κ_0、κ_∞ 的平均值。

电导率 \ 项目次数	1	2	3	平均
$\kappa_0/(mS\cdot cm^{-1})$				
$\kappa_\infty/(mS\cdot cm^{-1})$				

(2) 将 t、κ_t、$\kappa_0-\kappa_t$、$\kappa_t-\kappa_\infty$、$\dfrac{\kappa_0-\kappa_t}{\kappa_t-\kappa_\infty}$列成数据表。

t/min	2	4	6	8	10	12	14	16
κ_t/(mS · cm^{-1})								
$\kappa_0-\kappa_t$/(mS · cm^{-1})								
$\kappa_t-\kappa_\infty$/(mS · cm^{-1})								
$\frac{\kappa_0-\kappa_t}{\kappa_t-\kappa_\infty}$								

(3) 以$\frac{\kappa_0-\kappa_t}{\kappa_t-\kappa_\infty}$对 t 作图，得一直线。由直线的斜率计算反应速率常数 k。

(4) 根据阿伦尼乌斯公式 $\ln\frac{k_2}{k_1}=\frac{E_a}{R}\left(\frac{1}{T_1}-\frac{1}{T_2}\right)$计算反应的活化能。

六、注意事项

(1) 溶液浓度必须准确配制。

(2) 如 NaOH 溶液中混有 CO_2 则对实验有影响，需要现配。

(3) 所用实验仪器均需干燥。

(4) 将反应液小心加入电导池，切勿引起液体的流动而使其预先混合。

七、思考题

(1) 为什么本实验要在恒温条件下进行，而且 $CH_3COOC_2H_5$ 和 NaOH 溶液在混合前还要预先恒温？

(2) 如果 NaOH 和 $CH_3COOC_2H_5$ 起始浓度不相等，应怎样计算 k 值？

(3) 如何从实验结果验证乙酸乙酯皂化反应为二级反应？

实验二十六　电导法测定表面活性剂的临界胶束浓度(4 学时)

一、实验目的

(1) 用电导法测定十二烷基硫酸钠的临界胶束浓度。

(2) 了解表面活性剂的特性及胶束形成原理。

二、实验原理

具有明显“两亲”性质的分子，既含有亲油的足够长(大于 10 个碳原子)的烃基，又含有亲水的极性基团，由这一类分子组成的物质称为表面活性剂，如肥皂和各种合成洗涤剂等。表面活性剂分子都是由极性部分和非极性部分组成的，若按离子的类型分类，可分为三大类：①阴离子型表面活性剂，如羧酸盐(肥皂)、烷基硫酸盐(十二烷基硫酸钠)、烷基磺酸盐(十二烷基苯磺酸钠)等；②阳离子型表面活性剂，主要是铵盐,如十二烷基二甲基叔胺和十二烷基二甲基氯化铵;③非离子型表面活性剂,如聚氧乙烯类。

表面活性剂进入水中,在低浓度时呈分子状态,并且三三两两地把亲油基团靠拢而分散在水中。当溶液浓度加大到一定程度时,许多表面活性物质的分子立刻结合成很大的集团,形成"胶束"。以胶束形式存在于水中的表面活性物质是比较稳定的。表面活性物质在水中形成胶束所需的最低浓度称为临界胶束浓度(critical micelle concentration,CMC)。CMC 可看作是表面活性剂对溶液表面活性的一种量度。因为 CMC 越小,则表示此种表面活性剂形成胶束所需浓度越低,达到表面饱和吸附的浓度越低。也就是说,只要很少的表面活性剂就可起到润湿、乳化、加溶、起泡等作用。在 CMC 点上,由于溶液的结构改变导致其物理及化学性质(如表面张力、电导、渗透压、浊度、光学性质等)与浓度的关系曲线出现明显的转折,如图 7-21 所示,因此通过测定溶液的某些物理性质的变化可以测定 CMC。

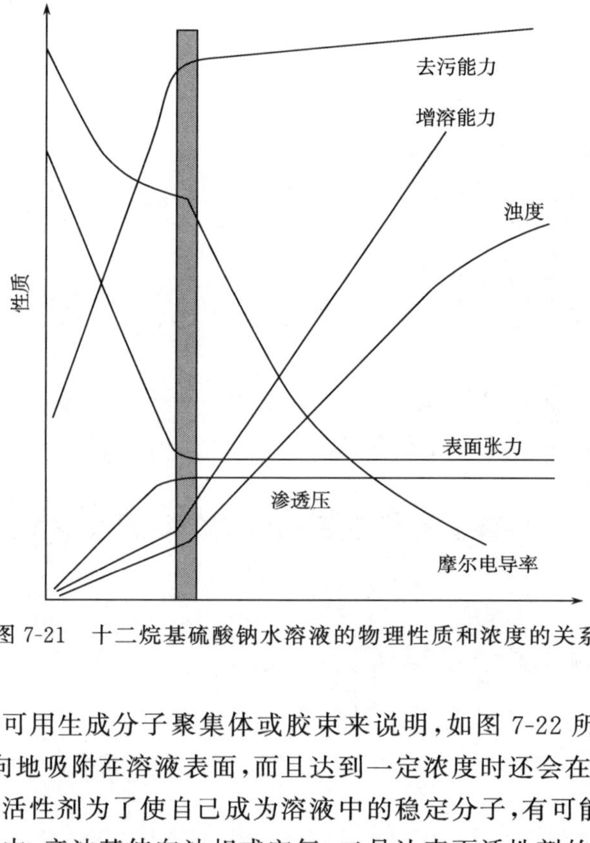

图 7-21　十二烷基硫酸钠水溶液的物理性质和浓度的关系

这个特征行为可用生成分子聚集体或胶束来说明,如图 7-22 所示,当表面活性剂溶于水后,不但定向地吸附在溶液表面,而且达到一定浓度时还会在溶液中发生定向排列形成胶束。表面活性剂为了使自己成为溶液中的稳定分子,有可能采取两种途径:一是把亲水基留在水中,亲油基伸向油相或空气;二是让表面活性剂的亲油基团相互靠在一起,以减少亲油基与水的接触面积。前者就是表面活性剂分子吸附在界面上,其结果是降低界面张力,形成定向排列的单分子膜;后者就形成了胶束。胶束的亲水基方向朝外,与水分子相互吸引,使表面活性剂能稳定溶于水中。

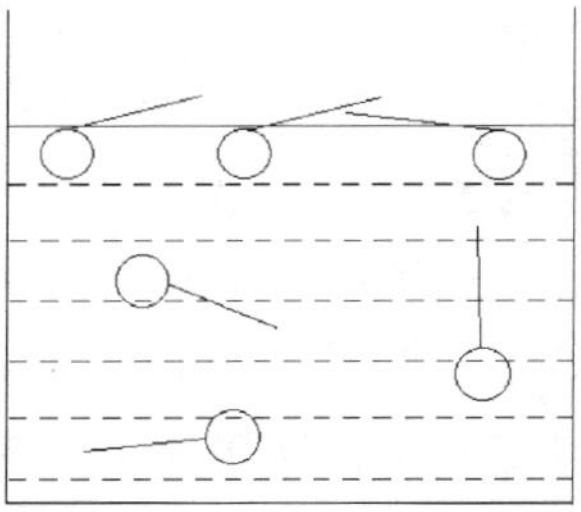

图 7-22　胶束形成过程示意图

随着表面活性剂在溶液中浓度的增长，球形胶束可能转变成棒形胶束，甚至层状胶束，如图 7-23 所示。后者可用来制作液晶，它具有各向异性的性质。

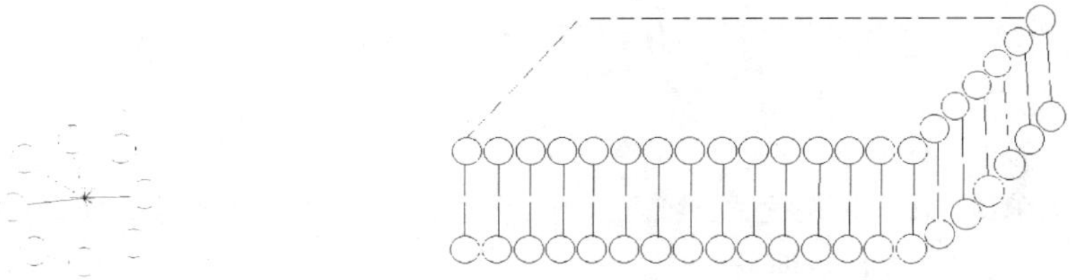

图 7-23　胶束的球形结构和层状结构示意图

本实验利用 DDSJ-308A 型电导率仪测定不同浓度的十二烷基硫酸钠水溶液的电导率（也可换算成摩尔电导率），并作电导率（或摩尔电导率）与浓度的关系图，从图中的转折点求得临界胶束浓度。

三、试剂与仪器

1. 试剂

十二烷基硫酸钠（分析纯），氯化钾（分析纯），电导水。

2. 仪器

DDSJ-308A 型电导率仪，恒温水浴，容量瓶（50 mL）。

四、实验内容

（1）用电导水或重蒸馏水准确配制 0.01 $mol \cdot L^{-1}$的 KCl 标准溶液，校正电导池常数。

（2）将十二烷基硫酸钠在 80 ℃烘干 3 h，用电导水或重蒸馏水准确配制 0.20 $mol \cdot L^{-1}$溶液。

（3）将 0.20 $mol \cdot L^{-1}$溶液准确稀释成浓度为 0.002 $mol \cdot L^{-1}$、0.004 $mol \cdot L^{-1}$、0.006 $mol \cdot L^{-1}$、0.007 $mol \cdot L^{-1}$、0.008 $mol \cdot L^{-1}$、0.009 $mol \cdot L^{-1}$、0.010 $mol \cdot L^{-1}$、

0.012 mol·L^{-1}、0.014 mol·L^{-1}、0.016 mol·L^{-1}、0.018 mol·L^{-1}和 0.020 mol·L^{-1}的溶液各 100.00 mL。

(4) 打开恒温水浴调节温度至 25 ℃或其他合适温度，开通电导率仪。

(5) 用 DDSJ-308A 型电导率仪从稀到浓分别测定上述各溶液的电导率。用后一个溶液荡洗前一个溶液的电导池 3 次以上，各溶液测定时必须恒温 10 min，每个溶液的电导率读数 3 次，取平均值。列表记录各溶液对应的电导率，换算成摩尔电导率。

(6) 实验结束后洗净电导池和电极，并测量水的电导率。

五、数据处理

(1) 根据所测的十二烷基硫酸钠水溶液的电导率，计算各浓度的摩尔电导率(λ_m)。

(2) 将数据列表，作 κ-c 图与 λ_m-c 图，由曲线转折点确定临界胶束浓度 CMC 值。

(3) 查文献值，计算相对误差，比较两种作图法的准确性。

六、注意事项

(1) 电极不使用时应浸泡在蒸馏水中，用时用滤纸轻轻沾干水分，不可用纸擦拭电极上的铂黑(以免影响电导池常数)。

(2) 配制溶液时，由于有泡沫，因此必须保证表面活性剂完全溶解，否则影响浓度的准确性。稀释十二烷基硫酸钠溶液时，应防止振摇剧烈，否则产生大量泡沫影响测定。

(3) 每次测定后，必须用下一个待测溶液充分荡洗电极和烧杯，以免溶液浓度变化引起测定误差。

(4) CMC 值有一定的范围。作图时应分别对图中转折点前后的数据进行线性拟合，找出两条直线，这两条直线的相交点所对应的浓度才是所求的水溶性表面活性剂的临界胶束浓度。

七、思考题

(1) 若要知道所测得的临界胶束浓度是否准确，可用什么实验方法验证？

(2) 溶液的表面活性剂分子与胶束之间的平衡同浓度和温度有关，如何测出其热效应 ΔH 值？

(3) 非离子型表面活性剂能否用本实验方法测定临界胶束浓度？若不能，则可用何种方法测定？

(4) 试述电导法测定临界胶束浓度的原理。影响临界胶束浓度的因素有哪些？

实验二十七　磁化率的测定(6 学时)

一、实验目的

(1) 掌握古埃(Gouy)磁天平测定物质磁化率的基本原理和实验方法。

(2) 用古埃磁天平测定硫酸亚铁、亚铁氰化钾和铁氰化钾的磁化率,并计算其未成对电子数。

二、实验原理

古埃磁天平的特点是结构简单、灵敏度高。用古埃磁天平测量物质的磁化率,从而可求得永久磁矩和未成对电子数,这对研究物质结构具有重要意义。

用古埃磁天平测定物质的磁化率时,将装有样品的圆柱形玻璃管悬挂在分析天平的一个臂上,使样品底部处于电磁铁两极的中心,即处于磁场强度最大的区域,样品的顶端离磁场中心较远,磁场强度很弱,整个样品处于一个非均匀的磁场中。由于沿样品轴心方向 z 存在一磁场梯度$\frac{\partial H}{\partial z}$,故样品沿 z 方向受到磁力 $\mathrm{d}F$ 的作用。

$$\mathrm{d}F = \kappa AH\frac{\partial H}{\partial z}\mathrm{d}z$$

式中,κ 为体积磁化率;A 为柱形样品的截面积。

对顺磁性物质,作用力指向场强最大的方向,反磁性物质则指向场强最弱的方向。若不考虑样品管周围介质的影响,积分得到作用在整个样品管上的力为

$$F = \frac{1}{2}\kappa H^2 A$$

当样品受到磁场的作用力时,天平的另一臂上加减砝码使其平衡,设 ΔW 为施加磁场前后的质量差,则

$$F = \frac{1}{2}\kappa H^2 A = g\Delta W$$

式中,g 为重力加速度。又样品质量 $m = \rho hA$,ρ 和 h 分别为柱形样品管的密度和高度。由于质量磁化率 χ_g 和摩尔磁化率 χ_M 的定义:

$$\chi_g = \frac{\kappa}{\rho} \qquad \chi_M = \frac{\kappa M}{\rho}$$

因此可得

$$\chi_g = \frac{2\Delta Whg}{mH^2}$$

$$\chi_M = \frac{2\Delta WhgM}{mH^2}$$

一般用已知磁化率的物质校正磁天平。当待测样品和校正用样品在同一样品管中的填装高度相同并且在同一场强下进行测量,可得待测样品的摩尔磁化率为

$$\chi_{M,2} = \chi_{g,1}\frac{\Delta W_2 - \Delta W_0}{\Delta W_1 - \Delta W_0}\frac{m_1}{m_2}M_2$$

式中,ΔW_0、ΔW_2、ΔW_1 分别为空样品管、待测样品、校正样品施加磁场前后的质量变化;m_2 和 m_1 分别为待测样品和校正样品的质量;M_2 为待测样品的摩尔质量。

三、试剂与仪器

1. 试剂

$(NH_4)_2SO_4 \cdot FeSO_4 \cdot 6H_2O$(莫尔盐),$FeSO_4 \cdot 7H_2O$(分析纯),$K_4Fe(CN)_6 \cdot 3H_2O$(分析纯),$K_3Fe(CN)_6$(分析纯)。

2. 仪器

古埃磁天平,样品管(内径约 6 mm 的玻璃管),研钵。

四、实验内容

(1) 取干燥样品管一支,挂在磁天平的一个臂上,称量空管的质量,然后小心地移动磁铁架,恰好使样品管底部处于磁场两极的正中(要特别注意,不能使样品管与磁极间有任何摩擦),称量样品管在磁场中的质量。再重复称量两次,取平均值。取下样品管,小心地将已研细的莫尔盐装入管中,并不断使样品底部在木垫上轻轻碰击,直至装满约 12 cm 为宜。继续碰击至样品在管中的高度不再变化为止。在无磁场作用下称量,然后小心地移动磁铁,同样使样品管底部处于磁场两极的正中,再称量样品管的质量,如此重复称量两次,取平均值。

(2) 倒出莫尔盐,洗净样品管,用上述同一操作方法先后在无磁场和有磁场作用下称量硫酸亚铁、亚铁氰化钾、铁氰化钾样品(特别注意使样品管中的样品高度一致)。

(3) 当用电磁铁进行实验时,可改变磁电流,以便在不同磁场强度下进行实验。

五、数据处理

已知$(NH_4)_2SO_4 \cdot FeSO_4 \cdot 6H_2O$ 的质量磁化率与温度关系如下:

$$\chi_g = \frac{9500}{T+1} \times 10^{-6}$$

(1) 计算样品的摩尔磁化率。

(2) 计算样品的磁矩。

(3) 计算样品的未成对电子数。

六、注意事项

(1) 注意装样的均匀性,防止铁磁性物质混入。

(2) 一定使样品管的底部处在磁场最大处。

七、思考题

(1) 本实验为什么要用已知磁化率的物质校正磁天平?

(2) 样品在玻璃管中的填充密度对测量有何影响?

(3) 用古埃磁天平测定磁化率的精密度与哪些因素有关?

第 8 章　分子模拟入门

实验二十八　GaussView 程序练习(一)——构建水杨酸分子结构(4 学时)

一、实验目的

(1) 利用 GaussView 程序构建水杨酸分子,初步掌握该程序构建分子模型的基本操作。

(2) 利用 GaussView 程序输出分子结构的笛卡尔坐标(直角坐标)与 Z-矩阵(内坐标)形式,加深对分子构型的理解。

(3) 掌握 GaussView 程序直接向 Gaussian 程序提交计算任务的功能。

二、程序简介

GaussView(简称 Gview)是一个专门设计与 Gaussian 配套使用的软件,是 Gaussian 最先进强大的图形接口。其主要用途有两个:①构建 Gaussian 的输入文件;②以图的形式显示 Gaussian 计算的结果。此外,可以用 Gview 设置、启动、检测和控制 Gaussian 的计算、检索并查看结果。同时,Gview 还可与诸多图形软件连用,大大拓宽了使用范围。目前比较常用的版本有 GaussView 3 和 GaussView 5,本实验以 GaussView 5 为示范版本。图 8-1 为 GaussView 5 的主菜单及功能简要说明。

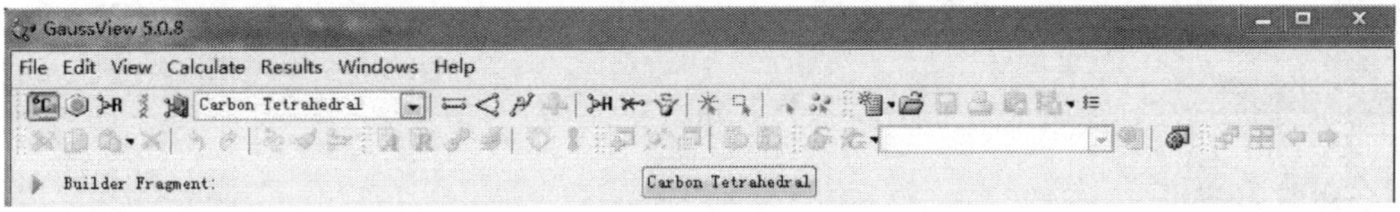

图 8-1　GaussView 5 的主菜单

File:建立、打开、保存和打印当前的文件。

Edit:对分子进行剪贴、拷贝、删除及抓图等。

View:显示分子的氢原子、键、元素符号及坐标轴等。

Calculate:利用 Gview 直接向 Gaussian 程序提交计算任务。

Results:显示计算的结果,如电荷、振动、核磁、势能面扫描及优化。

可应用 Gview 程序直接向 Gaussian 程序提交计算任务。这一功能是 Gview 作为 Gaussian 软件配套功能的重要体现,由 Calculate 菜单来实现(图 8-2)。

从所给的对话框中可以选择工作类型“Job Type”(如优化、能量或频率等);计算方法“Method”(如半经验方法、HF 方法、DFT 方法及 MP 方法等,还可以选定基组,详见

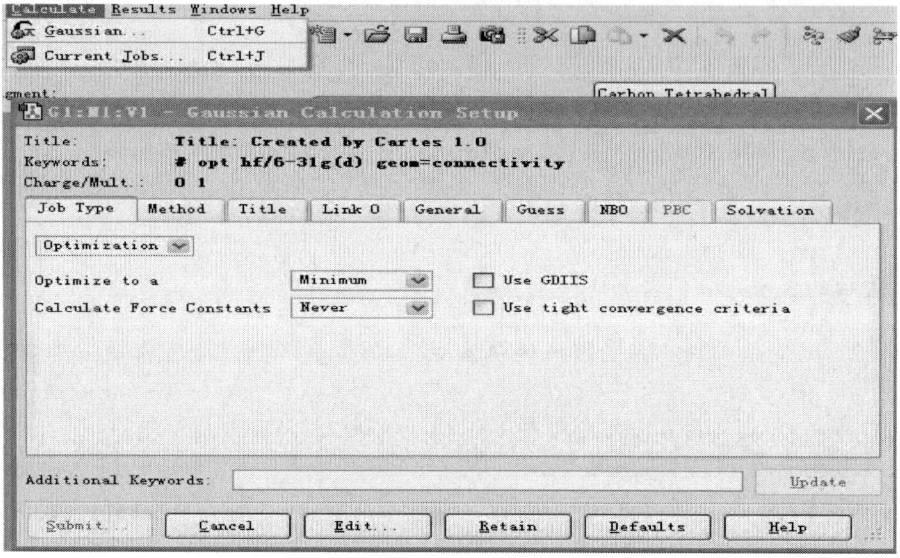

图 8-2　GaussView 程序 Calculate 对话框

附 8-3 和附 8-4)；“Title”(对计算任务做说明，以备查看)；“Link 0”(给检查点文件命名，还可以在此用 RWF 命令设置临时数据交换文件的大小)；“General”和“Guess”(给出体系中各原子的连接关系及初始猜测)；“NBO”(设定 NBO 计算)；“PBC”(设定晶体的有关计算)；“Solvation”(设定溶液中的计算，除选择溶剂外，还要选择模拟溶剂的理论模型)。

三、仪器与程序

计算机一台，Gaussian 软件，GaussView 软件。

四、实验内容

(1) 双击图标打开 Gview 程序，出现菜单界面及工作界面，同时程序自动弹出一个工作窗口。也可通过“File-new”路径，新建一个工作窗口。

(2) 双击窗口中的图标，根据窗口里面显示的常用的环状官能团，单击选中苯环。在工作窗口中点击一下鼠标左键则在此窗口显示出苯环(图 8-3)。

① 将鼠标放在分子上，前后移动，可以将分子放大或缩小；按左键左右或前后移动，可以调节分子的角度。

② Shift＋Alt＋鼠标左键放在工作窗口的分子上可以在窗口内平移分子。

③ Ctrl＋Alt＋鼠标左键放在工作窗口的分子上左右或前后移动，可以调节分子的角度。

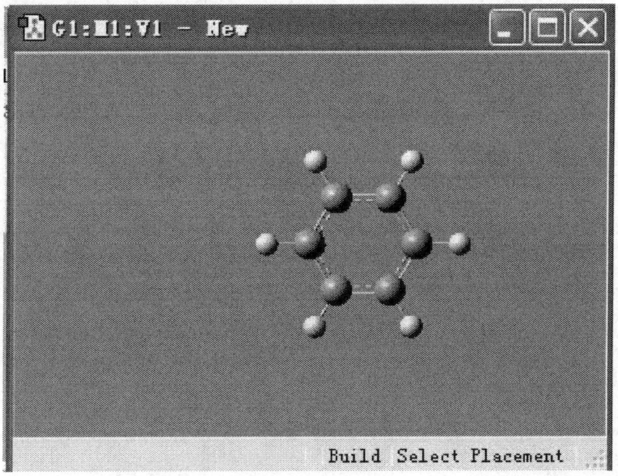

图 8-3 苯环结构

④ 当在工作窗口构建大的分子时，可以用 Shift+Alt+鼠标左键调节各个分子片段间的距离，用 Ctrl+Alt+鼠标左键调节其中一个分子片段的角度。多功能联用构建目标分子，此处操作请实验者自己摸索练习。

(3) 水杨酸分子的构建。

① 双击 Gview 界面上的  图标，在所出现的窗口点击氧的元素符号“O”，再单击 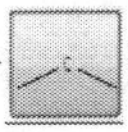 图标(代表氧的 H_2O 的构型被选中)。回到工作窗口在苯环分子上的任意一个 H 原子上单击左键，则 H 被—OH 置换。注意，此时 C—O 键的距离仍是 C—H 键的距离，仅是元素符号发生了改变(图 8-4)。

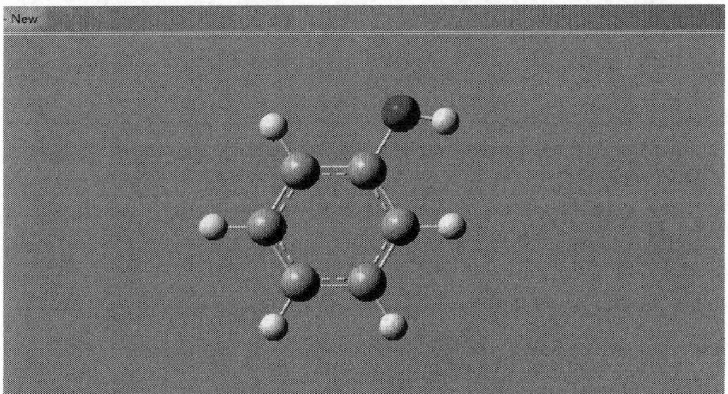

图 8-4 苯酚结构

② 利用 Gview 工具调整 C—O 键长。单击 Gview 界面上的  图标,分别单击原工作窗口中的 C 原子和 O 原子,然后在自动弹出的键长对话框(图 8-5)0.675～2.700 拉动按钮,将 C—O 键的距离调整为 1.4026(也可以在显示键长的方框内直接输入 1.4026)。点击"OK"即可(注意,对话框的其他功能请实验者多加摸索,有利于其他复杂分子的构建)。

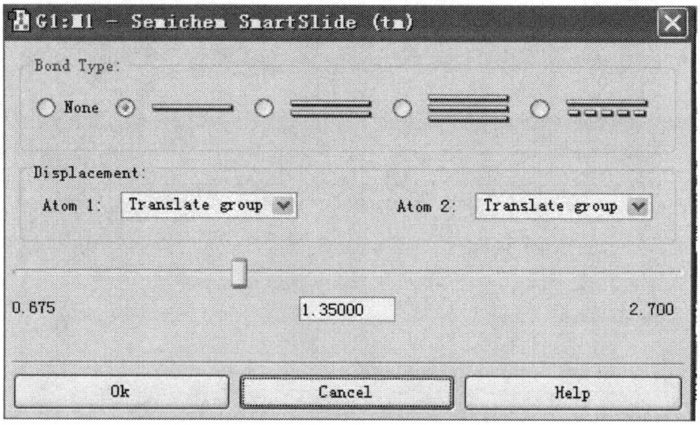

图 8-5　键长设置调节对话框

③ 双击 Gview 界面上的 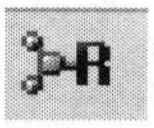 图标,在出现的内置链烃库窗口里选中甲酸分子。回到工作窗口在酚羟基邻位的 H 原子上单击左键,则 H 被—COOH 原子团置换,如图 8-6所示。用键长调节对话框使 C—C 距离为 1.4140。水杨酸分子的结构建完毕。

图 8-6　水杨酸结构

(4) 向 Gaussian 程序提交水杨酸分子的计算任务。打开 Gview 界面上的"Calculation"菜单,弹出计算任务对话框。从所给的对话框中选择工作类型"Job Type"为"OPT+Freq"(优化和频率);计算方法"Method"为"HF 方法",基组为"3-21G";通过

“Title”对所要做的计算给个说明（一般输入的是数字或分子式符号）。其他设置均为默认。选择完毕后，点击“Submit”递交计算（注意 Gview 与 Gaussian 程序安装时要建立关联，否则会报错）。

(5) 点击“File”菜单中的“Save”，保存水杨酸分子结构的输入文件。可以通过调用此文件，让 Gaussian 程序独自运行计算任务（详见实验三十一）。

① 保存笛卡尔坐标（直角坐标）形式的水杨酸分子输入文件。在所弹出的窗口中选择路径（注意路径中不能有中文命名，否则会报错）；更改文件名为“C_6H_5OH-COOH. gjf”（“ * . gjf”为 Gaussian 程序 Windows 系统的输入文件后缀。此处大小写不区分，文件名可自行设置）；设置文件类型为“Gaussian Input Files(* . gjf * . com)”（“ * . com”为 Gaussian 程序 Linux 系统的输入文件后缀）；其他设置均为默认。点击“Save”，则在相应文件夹会生成以笛卡尔坐标（直角坐标）为形式的“C_6H_5OH-COOH. gjf”文件（图 8-7）。

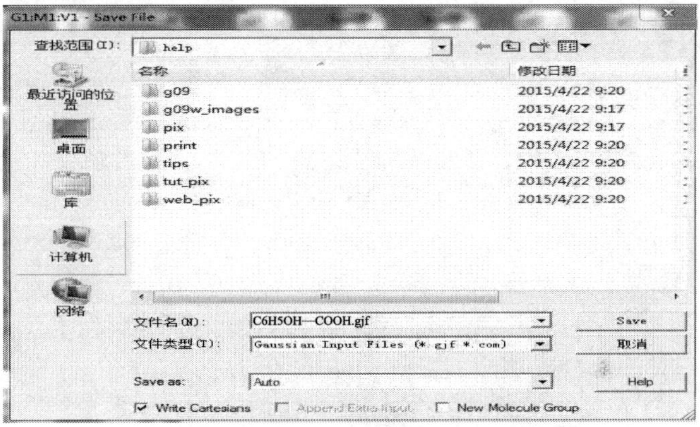

图 8-7　GaussView 程序提交任务对话框

② 保存 Z-矩阵（内坐标）坐标形式的水杨酸分子的输入文件。路径、文件名、文件类型、设置等都与上步相同，将对话框的 

选项的“√”去除，则会生成以原子序号、键长、键角及二面角为形式的 Z-矩阵分子结构的输入文件。

五、实验数据

(1) 构建苯甲醛、安息香分子结构并注明键长、键角与二面角的数值。

(2) 比较并分析对于“OPT”任务类型在相同基组下 HF、B3LYP 不同方法所计算的能量值和 CPU 所耗时间。

六、思考题

(1) 在 Gview 程序中，键长、能量的单位是什么？并列出它们与标准单位的换算关系。

(2) 使用直角坐标和 Z 矩阵对计算有何影响？各有哪些优劣？

实验二十九　GaussView 程序练习(二)
——构建乙烷的重叠式构象和二茂铁分子结构(4 学时)

一、实验目的

(1) 熟练掌握 GaussView 程序构建分子模型常用功能键的基本操作。

(2) 利用构建乙烷重叠式构象和二茂铁的分子模型,掌握 GaussView 程序高级技巧。

(3) 利用所学技巧快速方便地构造复杂的分子结构。

二、程序简介

图 8-8 为 GaussView 5 程序的常用功能键菜单,本实验主要介绍变形、加氢、晶体等工具菜单的功能及使用方法,通过灵活使用它们来快速构建分子模型,掌握 Gauss-View 5 程序的建模技巧。其他功能键的作用请实验者对照 GaussView 5 的用户手册自行学习,此处不再赘述。

图 8-8　GaussView 5 程序的常用功能键菜单

(1) 变形工具 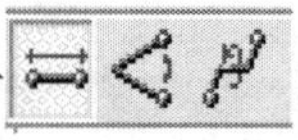:"键长"、"键角"和"二面角"工具。可以实现平移、旋转分子片段以及断键、成键和选择键型等功能。在对话框中(图 8-9),可根据需要,适当选择"Translate group"(平移全组,默认)、"Translate atom"(平移原子)和"Fixed "(固定)三种形式来移动、旋转分子片段。

(2) 虚原子工具 :添加虚原子工具。可以利用虚原子 X 的添加来定义参考原子或旋转轴,然后利用上述的三个变形工具对分子结构进行修改操作。操作完成后,必须用删除工具  删除虚原子,也可用  删除,方法是:点击"原子列表"按钮(也可以选择菜单"Edit" > "Atom List"),在弹出的"Atom List Editor"窗口中选中要删除的原子,然后选择菜单 "Edit "> "Delete Atoms ">"Selected"。

(3) 加氢工具 :利用加氢工具对某个原子添加氢原子以获得最佳成键位置。有时成键原子的取向并非建模想要的,所以可以连续不断地加氢,直到所加的氢原子的位置符合要求,然后利用删除工具将前面添加的氢原子全部删除即可。也可以通过此操作为后面添加其他基团做准备。

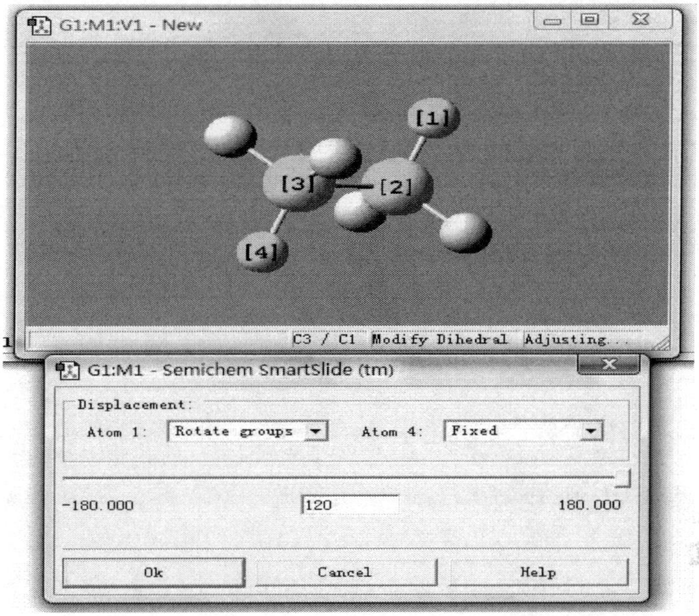

图 8-9　GaussView5 程序二面角设置调节对话框

(4) 基团取代工具:元素基团、环状基团、R 基团、生物基团和自定义基团。元素基团可以添加或取代各种杂化状态的原子基团,其余各种基团工具则提供许多常用基团的模板,有利于构建相当复杂的分子。

(5) 点群工具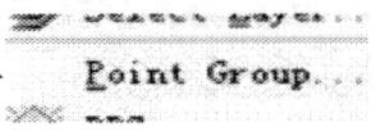:可将分子进行对称化,使分子具有某种点群对称性。选择菜单“Edit”> “Point Group”,弹出点群工具对话框。点击“Symmetrize”按钮后,分子在适当的容差值就已经具有相应点群对称性了。选择“Constrain to subgroup”中的某个点群,则笛卡尔坐标轴的定向将按照分子的对称轴进行选取。选中下方的“Always track point group symmetry”选项,则后面当我们利用变形工具改变分子片段的某个几何参数(键长、键角或二面角等)时或删除工具去除某个原子时,分子将按照对称性的要求自动改变其他对称相关的几何参数或删除其他对称相关的原子。并且,设定分子具有某种点群对称性后,坐标轴原点将平移到分子的几何中心,同时分子的主轴被取为 z 轴。

(6) 晶体工具:可用晶体工具在一定方向复制分子(晶体工具也可以通过选择菜单“Edit”> “PBC”调出)。晶体工具除构造一维至三维晶体结构外,还可以实现分子的平移复制,以构建单元重复的材料结构(如石墨烯等)。方法是:在弹出的 PBC 对话框中选择“Symmetry”选项卡中的“Lattice Dimension”中的“Three”,即构造三维晶体结构(一般来说三个晶轴方向中的一个是沿着分子主轴的方向)。我们可以通过调节

"Alpha"至"Gamma"角来得到想要的一个晶轴取向,然后在"Cell"选项卡中设定晶格长度(a、b 和 c 的大小),在"View"选项卡中选择该晶轴方向复制的数目,最后点击"Combine"按钮即可。完成后可以将 PBC 对话框中"Symmetry"选项卡中的"Lattice Dimension"一项设为"None",即取消周期性条件。

三、仪器与程序

计算机一台,GaussView 软件。

四、实验内容

1. 构建乙烷的重叠式构象

(1) 构建乙烷交错式分子构象。双击 Gview 界面上的  图标,点击 sp^3 型杂化的 C 按钮,在新建窗口得到甲烷分子,然后再点击其中一个氢原子,即得到乙烷的交错式构象。

(2) 用二面角工具选择 1~4 号原子,将二面角从 180°设为 120°,就可以将右边的甲基旋转 60°,从而得到乙烷的重叠式构象。

2. 构建二茂铁分子结构

(1) 构建环戊烯结构。双击 Gview 界面上的  图标,点击其中的环戊二烯基团按钮,在工作窗口显示环戊二烯(图 8-10)。用删除工具删除 CH_2 的两个氢原子,用键长工具将每个 C—C 键长设为 1.4414 Å,键型设为"共轭双键",使其余四个 C—C 键都拥有同等键长和键型。用加氢工具加一个氢原子,即可得到正确取向的氢。用点群工具将该结构对称化 D_{5h} 点群(容差值为 0.3),同时选中"Always track point group symmetry",则环戊烯分子中心就是坐标原点。显示坐标轴,然后在坐标中心的位置点击添加一个虚原子,如图 8-10 所示(这个虚原子后面有用)。

图 8-10 环戊烯结构

(2) 构建第二个平行的环戊烯结构。打开晶体工具，选择 c 方向的晶格长度为 3.33 Å，并设 c 方向的重复单元为 2，点击“Combine”合并，得到两个相距 3.33 Å 且平行的环戊烯结构（图 8-11），取消周期性条件。

图 8-11　平行环戊烯结构

(3) 调整坐标轴原点。由于坐标轴原点不在两分子的中点位置，这样不利于添加铁原子以及后续操作，因此打开点群工具，将分子点群对称化为 D_{5h}，使坐标轴原点恰好在两分子的中点位置。

(4) 构建二茂铁中两个环戊烯的交错构象。如图 8-12 所示，利用二面角工具的对话框将其中一个环戊烯绕分子主轴旋转 36°。注意，事先必须打开点群工具将“Constrain to subgroup”设为 C_1，否则 D_{5h} 的对称性限制使该旋转操作无法进行。

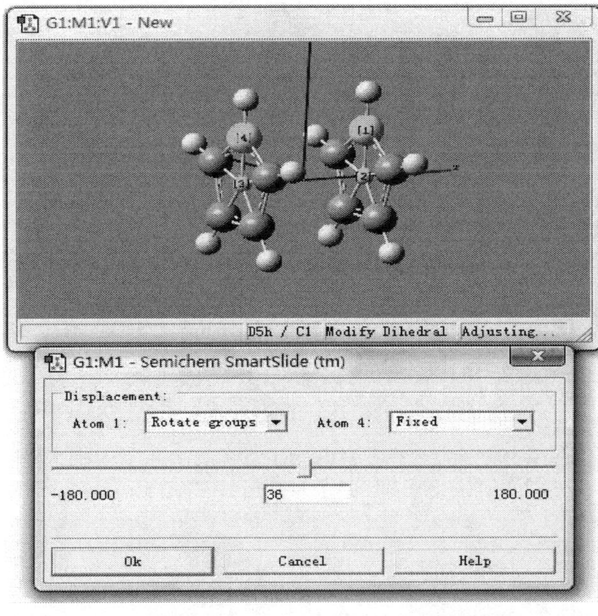

图 8-12　GaussView 5 程序二面角设置调节对话框

(5) 添加铁原子，整理二茂铁分子结构。鼠标操作使分子的 yz 平面大致处于屏幕平面，在坐标中心的位置添加一个铁原子。用删除工具删除两个虚原子。

由于使用晶体工具时会在模型中留有一些残键，这些残键使分子一直保持 D_{5h} 点群的对称性，因此这时点击“Rebond”（重新键连）按钮（或选择菜单“Edit”>“Rebond”）删除残键。最后用点群工具将整个分子对称化，就能得到 D_{5h} 的二茂铁结构。

五、练习题

(1) 应用 Gview 程序构建 C_4H_{10} 重叠式和交叉式构象。

(2) 应用 Gview 程序构建 L 型氨基酸、D 型甘油醛及它们对映体的分子模型。

(3) 利用 Gview 程序及结构化学知识填写下列表格：

<table>
<tr><th colspan="2" rowspan="2">分子</th><th colspan="3">对称元素及数目</th><th rowspan="2">点群</th></tr>
<tr><th>对称轴</th><th>镜面</th><th>对称中心</th></tr>
<tr><td colspan="2">CH_4(四面体)</td><td></td><td></td><td></td><td></td></tr>
<tr><td colspan="2">SF_6(八面体)</td><td></td><td></td><td></td><td></td></tr>
<tr><td colspan="2">B_{12}(正三角二十面体)</td><td></td><td></td><td></td><td></td></tr>
<tr><td rowspan="2">C_6H_{12}(环己烷)</td><td>船式</td><td></td><td></td><td></td><td></td></tr>
<tr><td>椅式</td><td></td><td></td><td></td><td></td></tr>
<tr><td colspan="2">H_2O_2</td><td></td><td></td><td></td><td></td></tr>
<tr><td rowspan="3">C_4H_{10}</td><td>重叠式</td><td></td><td></td><td></td><td></td></tr>
<tr><td>交叉式</td><td></td><td></td><td></td><td></td></tr>
<tr><td>中间式</td><td></td><td></td><td></td><td></td></tr>
</table>

六、思考题

(1) 请用手工搭建富勒烯 C_{20}，罗列所用到的 Gview 程序的建模技巧。

(2) 在处理线形分子 CO_2 和 C_2H_2 时，为何要使用虚原子？

实验三十　Gaussian 程序入门练习
——计算 H_2O 的单点能(4 学时)

一、目的要求

(1) 掌握 Gaussian 09 程序的基本操作，初步了解 Gaussian 程序相关的计算文件。

(2) 结合程序演算定性了解结构化学理论，加深对结构化学相关理论的理解。

(3) 通过小分子的单点能计算比较不同方法与基组对计算结果的影响。

二、程序简介

单点能计算是指对给定几何构型的分子的能量以及性质进行计算，由于分子的几何构型是固定不变的，只是“一个点”，所以称为单点能计算。单点能计算的主要用途如下：可计算分子的基本信息；可作为分子构型优化前对分子的检查；有利于通过在较低等级优化结果上进行高精度的计算；在计算条件下，体系只能进行单点计算。

单点能的计算可以在不同理论等级，采用不同基组进行。本实验主要采用

Hartree-Fock(HF)自洽场分子轨道方法和密度泛函理论(DFT)水平(详见附 8-3),中等级基组(详见附 8-4)。

Gaussian 程序是量子化学领域最著名和应用最广泛的软件之一,可以在 Windows、Linux 以及 Unix 操作系统中运行,目前最新版本为 Gaussian 09。Gaussian 程序可以应用从头计算方法、半经验计算方法等(详见附 8-2)进行分子能量和结构、过渡态能量和结构、化学键及反应能量、分子轨道、偶极矩、多极矩、红外光谱和拉曼光谱、核磁共振、极化率和超极化率、热力学性质及反应路径等分子相关计算。

Gaussian 程序的相关文件由表 8-1 列出,本实验作为 Gaussian 程序的入门基础,着重介绍程序的输入文件及单点能计算结果的解读。

表 8-1　Gaussian 程序的相关文件

文件	扩展名		作用
	Windows 系统	Linux/Unix 系统	
输入文件	. gjf	. com	告诉程序计算中使用的系统资源、计算类型和方法以及分子说明等信息
输出文件	. out	. log	各种需要的计算结果,如优化的结构、电子布居分析结果、分子轨道能量、模拟的各种光谱信息等
检查点文件	. chk	. fchk	中间结构、分子轨道系数、力常数、耦合簇方法的振幅项等信息
Cube 文件	. cub	. cube	使用 Gview 显示分子轨道、静电势等表面图形的数据文件
其他临时文件	. inp;. de2;. int;. scr		临时存储的某些信息
读写文件	. rwf		所有信息包括其他文件不存储的电子积分和微分信息

(1) Gaussian 输入文件概述。Gaussian 09 的输入文件使用 ASCⅡ码形式的文本文件(. gjf、. com 为其文件扩展名),如图 8-13 所示,主要由 Link 0 命令段、Route 部分、Title 部分、分子说明部分和额外输入部分组成。

① Link 0 命令段:可以实现 Gaussian 程序对计算资源的控制,主要有对计算临时文件的位置、名称及容量的控制和对程序使用 CPU、内存、硬盘总量的控制两个方面。

② Route 部分:以#符号开始,指定计算中用到的关键词及其可选项,可以写入计算使用的方法、基组、要分析的性质、计算的算法等。关键词的输入不分先后,也不区分大小写,但不能重复。关键词可以写在连续的数行中,每个关键词需要用到的选项要成组地写入紧跟在关键词后的圆括号中。对一些常用的关键词组合(如 Opt 和 Freq),程序会自动先执行需要在前面运行的计算。关键字的具体功能一定要查 Gaussian 09 的用户手册。Route 部分必须以一个空行结束。

③ Title 部分:是为了方便实验者对计算信息进行系统的管理,对所进行计算的简要描述。Gaussian 09 一般不会解读 Title 部分信息的意义,只会将其原样打印到输出

```
%mem=2GB                                               —— Link 0命令段
%chk=mychk
#p hf/6-31g(d)   pop=(reg, nboread)                    —— Route部分
                                                       —— 空行
Water  energy  evaluation                              —— Title部分
                                                       —— 空行
0  1
 0        0.0000      0.0000     -0.1108 ┐
 H        0.0000     -0.7840      0.4432 ├              —— 分子说明部分
 H       -0.0000      0.7840      0.4432 ┘
                                                       —— 空行
$nbo bndidx $end                                       —— 额外输入部分
                                                       —— 两个以上空行
```

图 8-13　Gaussian 程序计算命令简单示例

文件相应位置。但输入 Title 部分时,一般不要使用"Ctrl+字母"或"@ # ! - _ \"等与程序或系统控制相关的字符。尤其不要使用"Ctrl+G"。Title 部分必须以一个空行结束。

④ 分子说明部分:第一行为计算分子的电荷及自旋多重度(中间空一格),电荷就是分子体系的电荷,没有就是 0。自旋多重度就是 $2S+1$,其中 S 是体系的总自旋量子数,其实用单电子数加 1 即可,没有单电子,自旋多重度就是 1。然后是分子的几何构型,一般可以用笛卡尔坐标(直角坐标)、Z-矩阵(内坐标,含冗余内坐标)以及直角坐标与内坐标的混合三种形式输入。但不论输入结构使用什么格式,程序会自动将量子化学计算部分转化成冗余内坐标形式进行计算,而分子力学计算部分采用直角坐标形式。

⑤ 额外输入部分:是一些与 Route 部分的关键词相配合的信息。可包含输入自定义的基组/赝势,不同的原子/元素使用不同的基组,NBO 计算控制语句与溶剂模型参数,或其他必要的语句。此部分与分子说明部分以一个空行相间隔,且必须以一个空行(最好是两个空行)结束。

(2) Gaussian 输出文件概述。Gaussian 09 的输出文件是以 . out 或 . log 为扩展名的文本文件,包括诸多信息,主要有输入文件和程序定位、版权引用和版本信息及分子的初始、猜测和标准几何坐标结构的信息,还有基组信息、自洽场迭代、电子布居分析及程序结束信息等(实验者可根据实验需要设置找寻)。此处,主要列出单点能计算的有用结果。

① 分子的标准几何坐标信息。从程序结束信息("Normal termination of Gaussian 09 at XXX"为 Gaussian 09 的计算任务正常结束标志)倒翻找到第一个输出文件中的"Standard Orientation"一行,其下的坐标值就是输入分子的最终标准几何坐标。

② 分子的单点能量数值。从程序结束信息倒翻找到第一个"E(RHF) = −113. 863697598 A. U. after X cycles",这里的数值就是单点能计算所得的能量,单

位是 hartree[①]。注意,在一些高等级计算中,往往不止一个能量值。一般分子的能量越低,构型越稳定。

③ 分子轨道和轨道能级。对于按照计算设置打印出的分子轨道,列出的内容包括轨道对称性、电子占据情况(O 表示占据,V 表示空轨道)、分子轨道的本征值(也就是分子轨道的能量,而且分子轨道的顺序就是按照能量由低到高的顺序排列的)和每一个原子轨道对分子轨道的贡献[这里要注意轨道系数,这些数字的相对大小(忽略正负号)表示组成分子轨道的原子轨道在所组成的分子轨道中的贡献大小]。寻找 HOMO 和 LUMO 轨道能隙(gap)的方法就是把占据轨道和非占据轨道的交界处的两个值作差,单位为 eV。

④ 分子的电荷分布。Gaussian 采用默认的电荷分布计算方法是 Mullikin 方法,在输出文件中寻找"Total atomic charges"可以找到分子中所有原子的电荷分布情况。注意,Gaussian 程序的 Mullikin 电荷值往往不太合理,可用其他程序进行分析。

⑤ 分子的偶极矩和多极矩。Gaussian 提供偶极矩和多极矩的计算,寻找"Dipole momemt (Debye)",下面就是偶极矩的信息,再下两行是四极矩。偶极矩的单位是德拜(deb)。

⑥ 计算任务的 CPU 时间。从程序结束信息处,查找"Job cpu time : 0 days 0 hours 0 minuites 9.1 seconds. ",这里是计算任务的时间,注意是 CPU 时间。

三、仪器与程序

计算机一台,Gaussian 软件,GaussView 软件。

四、实验内容

(1) 使用 Gaussian 软件分别在 HF/STO-3G、HF/6-311+G** 、B3LYP/STO-3G、B3LYP/6-311+G** 等不同的理论水平和基组下进行 H_2O 的单点能计算任务的运行。如图 8-14 输入程序命令文件的制作,可以直接在程序中写输入文件,也可以使用 GaussView 辅助制作输入文件。用 GaussView 画出分子图形之后,保存成文件,然后用 Gaussian 软件打开,修改作业控制部分即可。

(2) 然后将分子能量、标准几何信息、电荷分布等信息互相比较。同时将分子的键长、键角数据标在图上,观察是否有变化,比对不同计算方法的差异。

五、实验数据

(1) 记录四个水平下 H_2O 分子的能量、标准几何信息、电荷分布和各项计算所需时间。

(2) 从分子的键长、键角、能量、各原子电荷以及对称性等变化方面,说明此计算的可靠性及原因。

---

① hartree 为非法定单位,1 hartree$=110.5\times10^{-21}$ J。

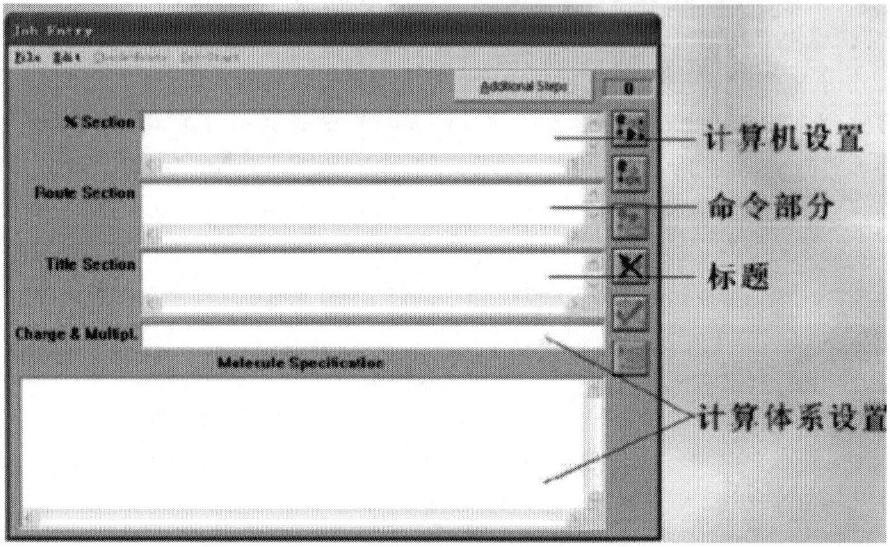

图 8-14　Gaussian 程序计算命令简单示例

附 8-1　计算原理简介

20 世纪 20 年代中期建立的量子力学,可视为物理学乃至自然科学最重要的成就之一。紧接其后海特勒(Heitler)和伦敦(London)用量子力学方法对氢分子的成功处理,则可视为量子化学的诞生。量子化学是理论化学的一个分支学科,是近代化学的理论基础。它是 20 世纪初发展起来的量子力学与化学结合用以研究化学问题的一门基础科学。量子化学从微观角度出发,依据原子和分子的薛定谔(Schrödinger)方程对原子、分子和晶体的电子层结构、化学键理论、分子间作用力、化学反应理论、各种光谱、波谱和电子能谱,以及无机化合物、有机化合物、生物大分子和各种功能材料的结构和性能关系等进行研究。下面就本书涉及的一些基本理论进行简单的阐述。

一、概述

计算化学包括两种方法——分子力学方法和电子结构理论方法。两种方法所进行的计算任务基本上是相同的,主要包括以下三方面的内容。

(1) 计算特定分子结构的能量。与能量有关的一些性质也可以通过某些方法进行计算获得。

(2) 进行体系的构型优化,确定全局或局域最小点。构型优化主要依据能量的梯度即能量对原子坐标的一阶导数。构型优化是进行整个化学计算的基础,体系中任何性质的计算都需要在已优化好的分子结构上进行。一个分子结构对应着一个波函数,同时一个波函数也可以解出它的本征值即能量值。通常状况下,体系往往以能量最低的结构形式存在(通常所指的最稳定的分子构型)。

(3) 计算分子的振动频率。频率是通过能量对原子坐标的二阶导数求得的。通过频率的计算还可以得出其他与二阶导数有关的性质,但是需要注意的是并不是所有的化学计算方法都能计算体系的频率。

二、分子力学方法

分子力学方法并不是基于量子力学的基本原理创建起来的。它是用经典物理定律预测分子的结构和性质,最常见的有 MM3、HyperChem、Quanta、Sybyl 和 Alchemy 等。各种分子力学方法的差异主要是所用的力场不同引起的。分子力学方法是最简单的一种理论方法,可以计算几千个原子的体系。但是,它的缺点也是非常明显的,其每一系列的参数都是针对特定化学环境下特定原子的。例如,羰基上的碳原子行为与甲基上碳的化学行为是完全不同的。同时,在计算中忽略了电子,因此对分子体系中的电子,分子力学方法不能明确地处理。

三、电子结构理论方法

电子结构理论方法是基于量子力学的计算求解薛定谔方程获得分子的能量及其他有关性质的一种理论方法,主要有两类。

(1) 半经验方法。主要包括 AM1、MINDO/3 和 PM3 等,在 MOPAC、AMPAC、HyperChem 和 Gaussian 常见的软件包中都有这些程序。其特点是根据实验数据得到的参数简化薛定谔方程进行求解计算。基于它的参数设定是由实验数据得来的,因此不同的方法适用于不同的体系。主要的计算对象是有机体系,具有能够计算较大体系、计算快及对适合计算的体系有较好的精度等优点。

(2) 从头算方法(Ab initio)。从头算方法指在求解薛定谔方程时,不使用任何实验参数,只使用包括光速、电子质量、核质量、电子和核电荷以及普朗克常量几个物理常数。同时,在求解过程中使用非相对论近似、玻恩-奥本海默(Born-Oppenheimer)近似和轨道近似三个严格的数学近似。不同的近似产生了不同的方法,其中 HF 方法是最经典的从头算方法。因为从头算方法没有实验数据确定的参数,所以计算的体系范围更广,并且能够对分子提供高精度的描述和性质的预测。特别是后 HF 方法,较好地克服了 HF 方法不能处理电子相关的缺陷,使其应用范围进一步扩大,但值得注意的是其计算所需的耗费也大大增加了。

附 8-2　密度泛函理论简介

1998 年,科恩(Kohn)及波普尔(Pople)共同获得了诺贝尔化学奖,其中科恩的贡献就是对密度泛函理论(density functional theory,DFT)的发展做出了重大突破,得到化学家们的认同。电子结构理论的经典方法,特别是 HF 方法和后 HF 方法,是基于复杂的多电子波函数的。密度泛函理论的主要目标就是用电子密度取代波函数作为研究的基本量。因为多电子波函数有 $3N$ 个变量(N 为电子数,每个电子包含 3 个空间变量),而电子密度仅是 3 个变量的函数,无论在概念上还是实际上都更方便处理。虽然密度泛函理论的概念起源于托马斯-费米(Thomas-Fermi)模型,但直到霍恩伯格-科恩(Hohenberg-Kohn)定理提出之后才有了坚实的理论依据。霍恩伯格-科恩第一定理指出体系的基态能量仅是电子密度的泛函。霍恩伯格-科恩第二定理证明了以基态密度为变量,将体系能量最小化后就得到了基态能量。密度泛函理论最普遍的应用是通过科恩-沈(Kohn-Sham)方法实现的。在科恩-沈密度泛函理论的框架中,最难处理的多体问题(由于处在一个外部静电势中的电子相互作用而产生的)被简化成了一个没有相互作用的电子在有效势场中运动的问题。这个有效势场包括外部势场以及电子间库仑相互作用的影响。因此,密度泛函理论是一种研究多电子体系电子结构的量子力学方法。密度泛函理论在物理和化学上都有广泛的应用,特别是用来研究分子和凝聚态的性质,是凝聚态物理和计算化学领域最常用的方法之一。

一、基本原理

密度泛函理论是用一种不同的方式解 $\hat{H}\Psi=E\Psi$ 方程。在从头算方法中要求解的是电子运动的本征函数 $\Psi(r_1,r_2,\cdots,r_n)$。体系的任一物理量的期望值是

$$\begin{aligned}\langle\hat{O}\rangle &=\langle\Psi(r_1,r_2,\cdots,r_n)\,|\,\hat{O}\,|\,\Psi(r_1,r_2,\cdots,r_n)\rangle\\ &=\int\Psi^*(r_1,r_2,\cdots,r_n)\hat{O}\Psi(r_1,r_2,\cdots,r_n)\mathrm{d}r_1\mathrm{d}r_2\cdots\mathrm{d}r_n \end{aligned}\tag{8-1}$$

$\hat{O}$ 是所有单粒子和双粒子的加和,所以

$$\begin{aligned}\langle\hat{O}\rangle &=\int\Psi^*(r_1,r_2,\cdots,r_n)\hat{F}(1)\Psi(r_1,r_2,\cdots,r_n)\mathrm{d}r_1\mathrm{d}r_2\mathrm{d}r_n\\ &\quad+\frac{1}{2}\int\Psi^*(r_1,r_2,\cdots,r_n)\hat{G}(1,2)\Psi(r_1,r_2,\cdots,r_n)\mathrm{d}r_1\mathrm{d}r_2\cdots\mathrm{d}r_n\\ &=\int\hat{F}(1)\rho(r_1,r_{1'})\mathrm{d}r_1+\frac{1}{2}\int\hat{G}(1,2)\rho(r_1r_2,r_{1'}r_{2'})\mathrm{d}r_1\mathrm{d}r_2 \end{aligned}\tag{8-2}$$

式中

$$\rho(r_1,r_{1'})=n\int\Psi^*(r_1,r_2,\cdots,r_n)\Psi(r_1,r_2,\cdots,r_n)\mathrm{d}r_1\cdots\mathrm{d}r_n$$

$$\rho(r_1r_2,r_{1'}r_{2'})=n(n-1)\int\Psi^*(r_1,r_2,\cdots,r_n)\Psi(r_{1'},r_{2'},\cdots,r_{n'})\mathrm{d}r_1\cdots\mathrm{d}r_n$$

因此,物理量的期望值可写为电子密度的函数。其能量表达式应该为

$$E=\int V_{\text{ext}}\rho(r)\mathrm{d}r_1+\int\Psi^*(\hat{T}+\hat{V}_{\text{ee}})\Psi\mathrm{d}r_1\cdots\mathrm{d}r_n=\int V_{\text{ext}}\rho(r)\mathrm{d}r_1+F(\rho)\tag{8-3}$$

式中,V_{ext} 为外场;$\hat{T}$ 为动量算符,$\hat{V}_{\text{ee}}$ 为双电子作用算符;$F(\rho)$ 为电子密度 ρ 的函数。

在非简并态下,霍恩伯格(Hohenberg)和科恩证明了 ρ 和外场 V_{ext} 是一对一的关系。对方程(8-3)使用霍恩伯格-科恩变分原理,科恩和沈(Sham)导出了一个和 HF 方

程很类似的单粒子自洽场方程：

$$\hat{F}_{KS}\phi(r)=\varepsilon\phi(r) \tag{8-4}$$

式中

$$\hat{F}_{KS}=-\frac{1}{2}\sum_i \nabla^2(i)+V_{eff}$$

$$V_{eff}=V_{ext}+\int\frac{\rho(r)}{r_{12}}dr+V_{xc}$$

$$\rho(r)=\sum_i|\phi_i(r)|^2$$

V_{xc}是交换相关势(exchange-correlation potential)，其定义为

$$V_{xc}=\frac{\delta E_{xc}[\rho(r)]}{\delta\rho(r)} \tag{8-5}$$

体系总能量为

$$E=E_V+E_T[\rho(r)]+E_J[\rho(r)]+E_{xc}[\rho(r)] \tag{8-6}$$

式中，$E_V=\int V_{ext}\rho(r)dr$；$E_T$为独立电子的动能；$E_J=\frac{1}{2}\int\frac{\rho(r_1)\rho(r_2)}{r_{12}}dr_1dr_2$，为电子间的库仑排斥能；$E_{xc}$为交换相关能。

所以 DFT 方法解的是电子密度体系。然而不同的 DFT 方法的区别在于它们计算$E_{xc}(\rho)$的方法不同。在广义梯度近似(generalized gradient approximation，GGA)下：

$$E_{xc}(\rho)=\int\varepsilon_{xc}[\rho(r),|\nabla\rho(r)|,\nabla^2\rho(r)]dr \tag{8-7}$$

在定域密度近似(local density approximation，LDA)下，$E_{xc}(\rho)$被近似为

$$E_{xc}^{LDA}(\rho)=\int\varepsilon_{xc}^{LDA}[\rho(r)]\rho(r)dr \tag{8-8}$$

在实践中，E_{xc}总被分成两部分，交换能E_x和相关能E_c：

$$E_{xc}=E_x+E_c \tag{8-9}$$

二、一些常用的密度泛函方法

在 DFT 方法里交换能和相关能一般是分开处理的，因此 DFT 方法一般包括两部分。例如，LDA 的 S-VWN 方法，其中 S 代表斯莱特(Slater)交换能函数：

$$E_x^{LDA}(\rho)=-\int\frac{3}{4}\left(\frac{3}{\pi}\right)^{\frac{1}{3}}\rho(r)^{\frac{4}{3}}dr \tag{8-10}$$

而 VWN 代表由 Vosko、Wilk 和 Nusair 共同提出的相关能函数：

$$\varepsilon_x^{VWN}(\rho)=\frac{A}{2}\left[\ln\frac{x}{X(x)}+\frac{2b}{Q}\tan^{-1}\frac{Q}{2x-b}-\frac{bx_0}{X(x_0)}\left(\ln\frac{(x-x_0)^2}{X(x)}+\frac{2(b+2x_0)}{Q}\tan^{-1}\frac{Q}{2x+b}\right)\right] \tag{8-11}$$

式中，$x = r_S^{\frac{1}{2}}$，$r_S = \left(\frac{4\pi\rho}{3}\right)^{-\frac{1}{3}}$，$X(x) = x^2 + bx + x$，$Q = (4c - b^2)^{1/2}$，常数 $A = 0.0621814$，$x_0 = -0.409286$，$b = 13.0720$，$c = 42.7189$。

非定域的 B-LYP 方法，其中 B 代表贝克(Becke)在 1988 年提出的交换能函数：

$$\varepsilon_x^{B88}(\rho) = -\varepsilon_x^{LDA}(\rho)\left[1 - \frac{\beta}{2^{\frac{1}{3}}A_x}\frac{z^2}{1 + 6\beta z\ \sinh^{-1}(z)}\right] \tag{8-12}$$

式中

$$z = 2^{\frac{1}{3}}\frac{|\nabla\rho|}{\rho^{\frac{4}{3}}},\quad A = \frac{3}{4}\left(\frac{3}{\pi}\right)^{\frac{1}{3}},\quad \beta = 0.0042$$

LYP 代表 Lee、Yang 和 Parr 在 1988 年共同提出的相关能函数：

$$\varepsilon_c^{LYP}(\rho) = -a\frac{1}{1 + d\rho^{-\frac{1}{3}}}\left\{\rho + b\rho^{-\frac{2}{3}}\left[C_F\rho^{\frac{5}{3}} - 2t_W + \frac{1}{9}\left(t_W + \frac{1}{2}\nabla 2\rho\right)\right]e^{-c\rho^{\frac{1}{3}}}\right\} \tag{8-13}$$

式中，$t_W = \frac{1}{8}\left(\frac{|\nabla\rho|^2}{\rho} - \nabla^2\rho\right)$，$C_F = \frac{3}{10}(3\pi^2)^{\frac{2}{3}}$，$a = 0.04918$，$b = 0.132$，$c = 0.2533$，$d = 0.349$。

在计算方面，B3-LYP 方法用得最多。B3-LYP 是一种杂化(hybrid)DFT 方法。杂化是指在纯的 DFT 交换相关能中加入一部分 HF 交换能。这是因为在 $E_J = \frac{1}{2}\int\frac{\rho(r_1)\rho(r_2)}{r_{12}}dr_1dr_2$ 中包含了电子自排斥能。因为这部分额外的能量在计算 $E_{xc}(\rho)$ 时并没有像在 HF 理论中那样被抵消掉，所以包括一部分 HF 交换能对计算能量准确度是非常重要的。在 1993 年，贝克第一次提出如下的三参数杂化 DFT 方法：

$$E_{xc} = E_{xc}^{LDA} + a_0(E_x^{HF} - E_x^{LDA}) + a_x\Delta E_x^{B88} + a_c\Delta E_c^{non\text{-}local} \tag{8-14}$$

在原来的文献中相关能用的是 PW91 functional，其中常数 A、B 和 C 是通过拟合实验数据得到的。在 Gaussian 程序中的 B3-LYP 具有如下的形式：

$$A^* E_x^S + (1 - A)E_x^{HF} + B^* E_x^{B88} + E_c^{VWN} + C^* \Delta E_c^{LYP} \tag{8-15}$$

式中，常数 $A = 0.80$，$B = 0.72$，$C = 0.81$，是通过拟合 G2 测试组得到的。

贝克的单参数(B1)杂化函数(hybrid functional)具有如下形式：

$$E_{xc} = E_{xc}^{DFT} + a_0(E_x^{HF} - E_x^{DFT}) \tag{8-16}$$

在 B1-B96 方法中 $a_0 = 0.61$。

DFT 方法已经被广泛用于化学的各个领域中。与 HF 和后 HF 方法相比，DFT 方法更廉价、更准确，它的精度能和那些昂贵的后 HF 方法相比拟。例如，对于 G2 测试组，B3LYP/6-311+G(3df,2p)方法的绝对平均偏差只有大约 3 kcal · mol^{-1}，而在计算时间上，DFT 方法和 HF 方法几乎差不多。

附 8-3　基组理论简介

基组在量子化学中用于描述体系波函数的一定性质，是化学从头计算的基础，在量子化学中有着非常重要的意义。基组概念最早脱胎于原子轨道，随着量子化学的发展，基组概念已经扩大，现在不局限于原子轨道的初始概念了。在量子化学计算中，根据体系的不同，需要选择基组，构成基组函数越多，对计算限制就越小，计算的精度就越高。

一、概述

基组是体系内轨道的数学描述，对应着体系的波函数。将此波函数代入薛定谔方程中，就能求解体系的本征值即体系的能量。通常，基组越大，对体系所做的近似和限制就越少，对轨道的描述就越精确，所求的解也就越准确，同时计算量也增大。

电子结构计算用的标准基组是采用 Gaussian 函数的线性偶合来构造轨道的。在 Gaussian 程序中提供大量的已经定义的基组（如 3-21G 等），对于这些基组通常可以通过它们所包含的基函数数目和基函数的类型进行分类。基组给分子中每一原子分配一套基函数，用于模拟分子的轨道，这些基函数是由 Gaussian 函数线性偶合成的。这样的基函数称为收缩函数（contracted functions），而构成这些收缩函数的 Gaussian 函数称为初始函数或基本函数（primitives functions）。由单一 Gaussian 函数组成的基函数称为未收缩函数（uncontracted functions）。

二、常见基组的种类

除 Gaussian 给的一些基组外，还可以使用自定义的一些基组。

1. 最小基组

最小基组（minimal basis sets）是指对描述每个原子使用最少数目的基函数。例如，H：1s；C：1s，2s，$2p_x$，$2p_y$，$2p_z$；Cl：1s，2s，$2p_x$，$2p_y$，$2p_z$，3s，$3p_x$，$3p_y$，$3p_z$。

其中，STO-3G 是一个最小基组，3G 表示每个基函数由三个基本 Gaussian 函数线性组合而成。STO 代表斯莱特型轨道（Slater-type orbitals）。STO-3G 表示用 Gaussian 函数近似斯莱特轨道，即用斯莱特行列式描述的轨道。

2. 裂价基组

裂价基组（split valence basis sets）又称为裂价键基组，是指对每个价轨道使用两个或多个不同尺寸的基函数，它是增大基组的一种方法。例如，3-21G 和 6-31G 就是裂价基组。

双裂价基组（double zeta basis set）是指每个价原子轨道用两个不同大小的基函数线性组合而成分子轨道，如 3-21G、6-31G、D95 等。

三裂价基组（triple zeta basis set）是指每个价原子轨道用三个不同大小的基函数

线性组合而成,如 6-311G 等。例如,双裂价基组有 H:1s,1s′;C:1s,2s,2s′,$2p_x$,$2p_y$,$2p_z$,$2p_x'$,$2p_y'$,$2p_z'$(带“′”与不带“′”的轨道有不同的空间范围)。

3. 极化基组

裂价基组允许用于增大描述的轨道大小或称轨道的尺寸,但不能改变轨道的形状。极化基组(polarized basis sets)可以改变轨道形状,是指对每个原子增加角动量(比原子基态描述的角动量大)的基函数,通过添加角动量来改变轨道的形状。

例如,对 H 增加 p 函数;对 C 等增加 d 函数;对过渡金属增加 f 函数。6-311(d,p)是常用的极化函数,表示对 H 增加 3 个 p 函数,对重原子(非 H 的非金属元素,如 C、N、S 等)增加 5(6)个 d 函数[因 d 函数有卡文迪许型的(有 6 种类型)和纯的 d 函数(有 5 种类型)]。这就是在输出中常看到的 5D 和 6D 的由来。同理,f 函数有 7F 和 10F 两种类型。

4. 发散函数

发散函数(diffuse functions)也称弥散函数,发散函数是大尺寸的 s-和 p-型函数(不同于标准的价尺寸函数),它们允许轨道占据更大的空间范围。

例如,6-31+G(d)基组表示在 6-31G(d)基组的基础上对重原子添加弥散函数,6-31++ G(d)则是在 6-31+G(d)的基础上对 H 也添加弥散函数。

又如,6-311++G(d,p)表示:对 H 增加 1 个 s-型发散函数,对重原子增加 1 个 s-型和 3 个 p-型发散函数。

需要添加发散函数的情况有:①有孤对电子的体系;②阴离子,以及有大的负电荷的体系;③激发态体系;④有低的离子化势的体系;⑤绝对酸等。

5. 高角动量基组

高角动量基组是指在极化基组的基础上给原子增加多个极化函数。例如,6-31+G(2d)表示给重原子添加 2 个 d 函数。6-31++G(2df,3pd)表示在重原子和 H 原子上分别添加弥散函数,在重原子上添加 2 个 d 函数和 1 个 f 函数,在 H 原子上添加 3 个 p 函数和 1 个 d 函数。这种基组常被应用在电子相关方法中用于描述电子间的相互作用。

三、基函数选择的规则

当选用某一种基函数进行理论计算时,应充分考虑体系中各个原子的性质及所处的实际化学环境,基函数的选用通常有以下规律:

(1) 对于一般的分子体系,可依据原子在元素周期表中所处的位置从左向右依次增加极化函数或弥散函数。

(2) 对负电荷原子来说,通常使用较多的基函数以及合适的极化函数或弥散函数。

(3) 对正电荷原子来说,可以适当减少基函数的用量。

(4) 对于正常价态的饱和共价键体系，分子中各原子不需添加极化函数或弥散函数。

(5) 对于第三周期以下的元素包括主族和过渡元素，随着原子中 d 轨道的出现，其化学性质及结构特点都将发生变化，此时应选用含有极化函数的 Gaussian 基组进行计算。

(6) 对弱相互作用的体系(如氢键)、官能团及零价或低价金属原子等较敏感的体系，则需添加极化函数或弥散函数。

因此，根据体系及组成体系中的原子的特点，选用合适的基函数就可得到比较可靠的计算结果。此规则适用于 HF 理论、Møller-Plesset 微扰理论以及密度泛函理论。

附 8-4　分子中的原子——AIM 理论简介

一、AIM 理论简介

加拿大著名理论化学家巴德(Bader)教授及其研究组创建并发展了“分子中的原子”(atoms in molecules，AIM)理论，将物质看作是三维空间中的电荷分布，其中点电荷原子核镶嵌在扩散分步的电子电荷密度 ρ 中。物质的所有性质都体现在电荷分布与原子间键的拓扑学中。在束缚态，成键原子核被最大电子密度线连接。AIM 理论建议了一个自洽的方法，其独立于晶体学的、光谱的以及其他物理化学实验数据，提供了一个严格的、不模糊的标准来确定原子之间化学键的形成。

研究 AIM 理论的目的：①从量子力学的角度定义原子、化学键、分子结构，并获得结构变化的机理；②将分子的性质与构成它的原子的性质相联系。AIM 理论的基本出发点是研究分子中电子密度的拓扑性质(topological properties)。从电子密度在三维空间中分布的拓扑性质出发，定义原子、化学键以及分子结构，并进一步研究结构变化的机理。分子中的电子密度利用量子力学方法求得，即从分子的波函数得到。因此，AIM 理论是在量子力学的框架内建立分子中原子的物理学。

二、电子密度

1. 电子密度的基本概念

AIM 理论以分子中的电子密度为出发点。电子密度 $\rho(r)$ 是三维空间的函数，$\rho(r)\mathrm{d}r$ 表示在空间 r 点处的小体积元 $\mathrm{d}r$ 中找到一个电子的概率。电子密度是物理客观测量，可以通过理论方法计算。

2. 分子波函数

通过求解分子的薛定谔方程获得分子的波函数。根据玻恩-奥本海默近似，在固定核构型的情况下求解电子的薛定谔方程，从而得到在该核构型下电子体系的波函数 $\psi(x, X)$，这里 x 代表电子坐标与自旋，X 为核坐标。

电子体系哈密顿:设有 N 个电子,M 个原子核,则

$$\hat{H}=\sum_{i=1}^{N}-\frac{\hbar^2}{2m_e}\left(\frac{\partial^2}{\partial x_i^2}+\frac{\partial^2}{\partial y_i^2}+\frac{\partial^2}{\partial z_i^2}\right)+\sum_{i<j=1}^{N}\frac{e^2}{r_{ij}}-\sum_{i=1}^{N}\sum_{\alpha=1}^{M}\frac{Z_\alpha e^2}{R_{i\alpha}}$$

$$\hat{H}\psi(x,X)=E\psi(x,X)$$

3. 由分子波函数计算分子中电子密度

$$\rho(r,\ X)\equiv\rho(r)\qquad d\tau=dx\,dy\,dz$$

(1) 电子 1 位于 $r_1=(x_1,\ y_1,\ z_1)$处小体元 $d\tau_1$,同时电子 2 位于 $r_2=(x_2,\ y_2,\ z_2)$处小体元 $d\tau_2$,……,同时电子 n 位于 $r_n=(x_n,\ y_n,\ z_n)$处小体元 $d\tau_n$ 的概率:

$$|\psi(x,X)|^2 d\tau_1 d\tau_2 d\tau_3 \cdots d\tau_n$$

(2) 电子 1 位于 $r_1=(x_1,\ y_1,\ z_1)$处小体元 $d\tau_1$,同时电子 2,3,…可以处于空间任意位置的概率:

$$d\tau_1\int_{-\infty}^{\infty}|\psi(x,X)|^2 d\tau_2 d\tau_3\cdots d\tau_n$$

电子 1 位于 $r_1=(x_1,\ y_1,\ z_1)$处小体元 $d\tau_1$ 中的单位体积里,同时电子 2,3,…可以处于空间任意位置的概率:

$$\int_{-\infty}^{\infty}|\psi(x,X)|^2 d\tau_2 d\tau_3\cdots d\tau_n$$

(3) 由于电子之间是不可区分的,在一个分子体系中,各个电子之间彼此等价,因此每个电子位于 $r=(x,\ y,\ z)$处小体元 $d\tau$ 中的单位体积里(同时其他电子可以处于空间任意位置)的概率都相等,因此上式乘以电子总数 N,得到在 $r=(x,\ y,\ z)$处单位体元中找到的电子的个数,即为电子密度(同时对电子的自旋求和)。

$$\rho(r,X)=N\sum_{s_1,s_2,\cdots,s_N}\int_{-\infty}^{\infty}|\psi(x,X)|^2 d\tau_2 d\tau_3\cdots d\tau_N$$

三、电子密度的拓扑性质

研究电子密度拓扑性质的关键是梯度矢量$\nabla\rho$。$\nabla\rho$ 与等电子密度面垂直,且指向电子密度最陡下降的方向。梯度路径(gradient path)是一系列无穷小梯度矢量的连接线,或者梯度路径是这样的有向曲线,曲线上每个点的切线方向为梯度矢量的方向。

1. 吸引子

在空间所有梯度路径都指向它的点称为吸引子(attractor)。梯度路径有起点和终点,它们分别是无穷远点和分子中确定的点。每个原子核都是吸引子,指向一个原子核的所有梯度路径的集合称为原子域(atomic basin)。原子域是 AIM 理论的基础,对一个原子域进行积分可以给出该原子性质,如对电子密度进行积分给出原子的电子布居。

2. 化学键

化学键(chemical bond)的定义基于梯度路径与键临界点。临界点是电子密度的极值点,即数学定义,临界点是电子密度的梯度即一阶导数为 0 的点:$\rho\ \nabla(r) = 0$。

$$\nabla\rho = \vec{i}\ \frac{\partial\rho}{\partial x} + \vec{j}\ \frac{\partial\rho}{\partial y} + \vec{k}\ \frac{\partial\rho}{\partial z} = 0$$

临界点又根据电子密度的二阶导数矩阵海森(Hessian)矩阵的三个本征值的符号区分为:原子核(3,−3);键临界点(BCP)(3,−1);环临界点(RCP)(3,+1)和笼临界点(3,+3)。注释:其中第一个 3 代表海森矩阵具有三个非 0 本征值,第二个数值表示三个本征值的符号和,如−3 表示三个本征值都是负的;−1 表示 2 个负本征值与 1 个正本征值;+1 表示 2 个正本征值与一个负本征值;+3 表示三个正本征值。

分子中电子密度的分布特征如下。

(1) 原子核:所有方向电子密度都是极大。

(2) 两成键原子之间的键临界点:电子密度在键轴方向极小,在垂直于键轴的所有方向都是极大。

(3) 在成键原子构成的环中环临界点:电子密度在环平面上所有方向都是极小,在垂直于环的方向为极大。

(4) 在成键原子构成的笼内笼临界点:电子密度在所有方向都是极小。

3. 原子作用线

原子作用线是两条梯度路径,从同一个键临界点出发,分别终止于一个原子核,则它们形成一条原子间作用线。在平衡构型,所有的原子核受力为 0,则每条原子间线就是一条键径。如果两个原子之间存在一条键径,则这两个原子成键。根据电子密度拓扑分析,一个分子的所有临界点与原子作用线(最大电子密度线)构成分子图。

4. 电子密度的拓扑分析的应用

电子密度分布的主要拓扑特征由其临界点的阶和符号表征,并且在电子密度分布的临界点的数量和种类与传统的化学结构之间存在联系。电荷密度的拓扑学将完全确定分子结构。

四、电子密度的梯度矢量场

在电子密度分布中,原子核是唯一的局域极大点,这使得原子核在电子密度分布的梯度矢量场中扮演吸引子的角色。这一特征提供了原子和分子结构单元定义的基础。

1. 梯度矢量场轨线定义

电子密度的梯度矢量场轨线(trajectory, gradient path)或梯度路径:它是这样的有方向空间曲线,曲线上每个点的切线方向与该点的 $\rho\ \nabla(r)$方向一致。

2. 梯度路径的性质

如图 8-15 所示：

(1) 在空间每一点 r 处，$\rho\ \nabla(r)$的方向是电子密度最陡增大的方向。

(2) 在轨线上每一点 r 的切线方向就是$\rho\ \nabla(r)$的方向。

(3) 梯度路径与电子密度等值面(线)垂直。

(4) 每一条轨线都从一个临界点出发，或终止于一个临界点。

(5) 任何两条轨线不相交。

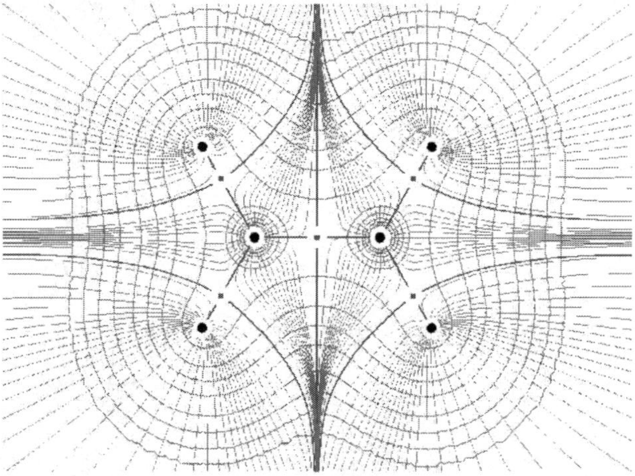

图 8-15 C_2H_4的梯度路径图

五、电子密度的拉普拉斯算子

1. 研究意义

电子密度的拉普拉斯算子(Laplacian)$\nabla^2\rho(r)$的拓扑性质提供了电子对概念的物理基础。电子密度 $\rho(r)$、梯度 $\rho\ \nabla(r)$与拉普拉斯算子$\nabla^2\rho(r)$用于定义化学的概念模型并且提供了这些模型的理论描述。$\nabla^2\rho(r)$在 AIM 理论中具有重要的地位，它提供了理论与基于路易斯模型的几何与反应的化学模型之间的连接。电子密度的$\nabla^2\rho(r)$提供了共价键和离子键作为两个极端情况的原子间相互作用(原子间成键)的分类的物理基础。

2. 电子密度的拉普拉斯算子$\nabla^2\rho(r)$的性质

一个标量场的拉普拉斯算子$\nabla^2\rho(r)$是非常重要的性质，它确定场局域聚集(concentrated)与消减(depleted)的位置。在空间点 r 的电子密度的拉普拉斯算子$\nabla^2\rho(r)$决定电子电荷局部聚集与消减的位置，这是由拉普拉斯算子作为电子密度的二阶导数的定义决定的。

结论：一元函数 $f(x)$ 在曲率为负的点局部聚集而在曲率为正的点局部消减。如果函数在一点的负曲率最大，则函数在该点最大聚集；如果在一点正曲率最大，则函数在该点最大消减。

3. 电子密度的拉普拉斯算子分布中的壳层结构

在电子密度的拉普拉斯算子的分布中，呈现的壳层结构：在每个壳层中，$\nabla^2\rho(r)$ 负值最大的半径 r 的变化规律，即电子电荷最大聚集的球面半径，与径向分布函数的对应极大类似，呈现周期性变化规律。对于给定的壳层，在同一周期或同一族中，该半径随着原子序数的增大而减小。

最重要的是，电子密度的拉普拉斯算子定义了化学上重要的价壳层电荷浓缩；这种浓缩在化学化合时，被扭变而产生极大，其在数目与相对位置上都对应于路易斯与相关模型（如分子几何的 VSEPR 模型）的电子对。

4. 电子电荷密度的拉普拉斯算子 $\nabla^2\rho$ 分布实例的分析应用

考察电子电荷密度的拉普拉斯算子 $\nabla^2\rho$ 的分布，发现这些复合物的 $\nabla^2\rho$ 的拓扑性质基本相似。图 8-16 绘出了 $CH_2X\cdots Y$（X=F、Cl、Br，Y=Cl、Br）复合物的电子密度拉普拉斯等值线图，作图平面与图 8-15 一样，其中点与小三角分别表示面内与面外 $\nabla^2\rho$ 的(3，−3)临界点。质子接受体 Y^- 的价壳层电荷浓缩（valence-shell charge concentration，VSCC，$\nabla^2\rho<0$）与孤立的 Y^- 相似（除极化效应外），而价壳层 $\nabla^2\rho>0$ 的区域与质子给体的价壳层 $\nabla^2\rho>0$ 的区域连成一片。电子电荷密度 ρ 的(3，−1)临界点（图中未画出）都处于 $\nabla^2\rho>0$ 的区域，即 $\nabla^2\rho(CY)>0$，电子电荷密度 $\rho(CY)$ 较小，$|\lambda_1|/\lambda_3<1$，在键临界点处电子电荷密度沿着原子间作用线向原子 Y 与 C 的收缩大于垂直方向向着原子间作用线的收缩，导致在该处电荷密度较小。这些是典型的闭壳层相互作用的特征。

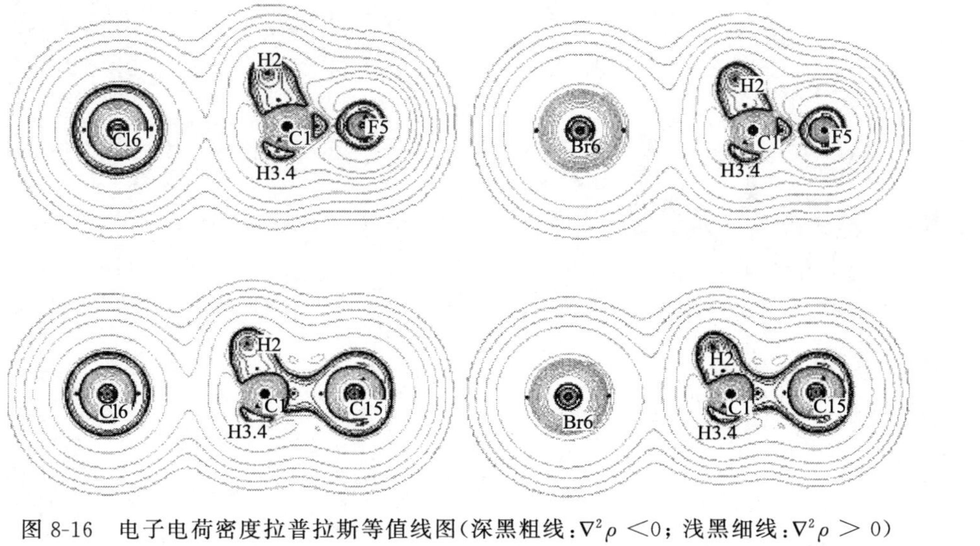

图 8-16　电子电荷密度拉普拉斯等值线图（深黑粗线：$\nabla^2\rho<0$；浅黑细线：$\nabla^2\rho>0$）

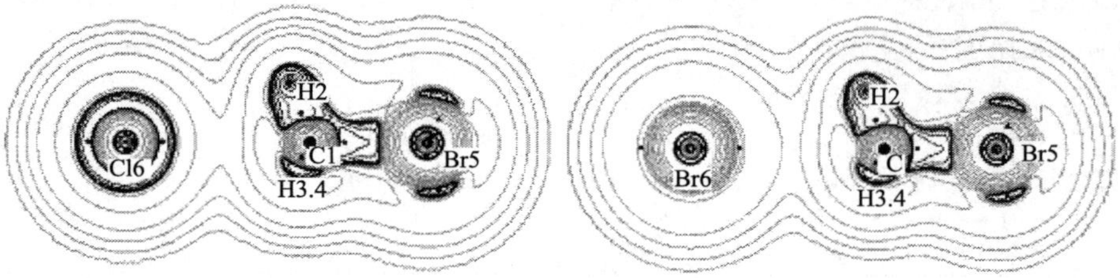

图 8-16(续)

图 8-17 中绘出了 6 个复合物的电子电荷密度的梯度路径图、分子图与原子间界面的叠加。作图平面为(C,H_2,Y),图中竖直的线为键径,H_2 与 C_1 存在着原子间界面与作图平面的交线;点或小三角分别为作图平面内与平面外的键临界点(3,-3)。

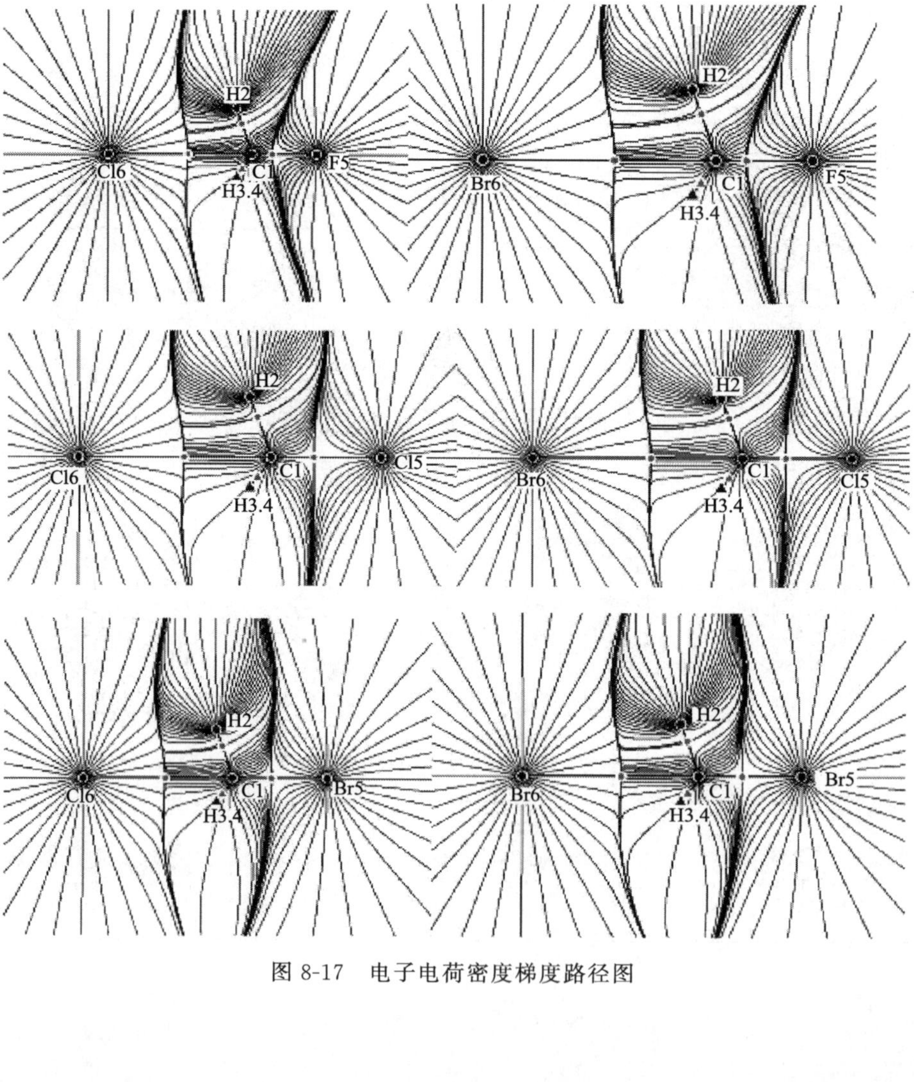

图 8-17　电子电荷密度梯度路径图

图 8-17 反映出 6 个复合物的电子电荷密度的拓扑性质是极为相似的，从 C…Y 间的键临界点出发到达 Y 与 C 原子的两条轨线是 C 与 Y 原子之间相互作用线，表明在它们之间存在相互作用；从无穷远出发到达该临界点的所有轨线形成一个原子间界面，其将 Y 原子的原子域与三个 H 和 C 的原子域分开。

六、价壳层电荷浓缩

1. 价壳层电荷浓缩的基本概念

电子密度的拉普拉斯算子$\nabla^2\rho(r)=H$ 的拓扑学与电子密度 $\rho(r)$拓扑学一样，可以讨论 H 分布的临界点。临界点是$\nabla H=0$ 的点；总是用拉普拉斯算子的负值讨论，$-H$的海森矩阵的本征值是$-H$ 的主曲率，根据其非 0 本征值的个数与其符号的和同样可以划分为(3，－3)、(3，－1)、(3，＋1)和(3，＋3)临界点。

$\nabla^{-2}\rho(r)$的局域极大点，即(3，－3)临界点，其$\nabla^2\rho(r)<0$，是电子密度的局域聚集点；而$\nabla^{-2}\rho(r)$的局域极小点，即(3，＋3)临界点，其$\nabla^2\rho(r)>0$，是电子密度的局域消减点。

价壳层电荷浓缩：一个原子的外量子壳层被划分为一个内层与一个外层，内层的$\nabla^2\rho(r)<0$，而外层的$\nabla^2\rho(r)>0$。$\nabla^2\rho(r)<0$ 的内层称为价壳层电荷浓缩（VSCC)，在该层内，有一球面，其价电子最大而均匀地浓缩。

2. VSCC 内电子电荷最大聚集表面上的拓扑学

(1) 在该球面上的每一点都是$\nabla^{-2}\rho(r)$一个(1，－1)临界点，与该表面相切的两个曲率为 0，而与该球面垂直的曲率为负，因为在该球面上$\nabla^{-2}\rho(r)$最大。

(2) 当原子形成化合物时，该表面仍然保持[保持为 VSCC 中的最大聚集，因为$\nabla^{-2}\rho(r)$与该表面垂直的导数为 0，而二阶导数为负]，但该表面发生扭变，而电子电荷不再是均匀聚集的，因为两个切向曲率可以为正或负。

(3) 在 VSCC 内产生的局域极大提供了路易斯模型电子对(包括成键与非键的)的一一对应关系。

原子在化合时，其电子密度的变化是很小的，但这个很小的变化却被其拉普拉斯算子的分布放大。令人吃惊的是，电子密度的这种变化用拉普拉斯算子分布进行的描述对应于空间定域电子对的路易斯模型。

七、原子间相互作用的特征

1. 原子间相互作用的定义

键临界点：在键临界点，电子密度 ρ 的海森矩阵有一个正曲率 λ_3 与两个负曲率 λ_1 和 λ_2。ρ 的海森矩阵的与正本征值联系的两个本征矢量定义一组梯度路径，它们从无穷远出发终止于该键临界点，形成原子间界面；与负本征值联系的一个本征矢量定义两条梯度路径,从该键临界点出发终止于两个原子核,沿着该路径电子密度最大(与邻近的线比),该线称为原子间作用线或键径。

在原子间界面上,ρ 的海森矩阵的两个曲率< 0,即电子密度拉普拉斯算子$\nabla^2\rho(r)$是负的,因此在键临界点处电子密度最大,并且电子密度在此点局域聚集;沿着原子间相互作用线,曲率>0,即电子密度拉普拉斯算子$\nabla^2\rho(r)$是正的,因此电子密度在键临界点时最小,且在此点局域消减。

因此,化学键及其相联系的原子间界面是如下两个因素竞争的结果:电子密度向着键径的垂直收缩,其导致电荷沿着原子间作用线聚集;电子密度从原子间界面开始向两边水平扩展,其导致在各个原子域中电子密度的聚集。而在键临界点处,电子密度的拉普拉斯算子的符号决定了这两个竞争效应中哪个占据优势。

2. *原子间相互作用的分类*

根据键的临界点及其相关性质,可以对两个部分之间的相互作用进行分类。

(1) 共享相互作用(shared interactions),其有如下特征:

① 在键临界点处,$\rho(rc)$ 比较大,一般大于 0.1 a. u. 。

② 在键临界点处,$\nabla^2\rho(rc)<0$,且数值比较大,即电子密度的海森矩阵的三个本征值为 $\lambda_1\leqslant\lambda_2< 0 <\lambda_3$,$\lambda_1+\lambda_2+\lambda_3< 0$。

③ 表示一对电子被两个原子共享,其相互作用是共价的。

④ 电子电荷向着核间区域原子间相互作用线垂直浓缩。

⑤ 一般地,$|\lambda_1|/\lambda_3>1$。π键的形成会导致 λ_3增加。

⑥ 拉普拉斯算子为负且包含原子间临界点的区域与两个原子的价区域相邻,两原子的 VSCC 形成电荷浓缩的连续区。

(2) 闭壳层相互作用(closed-shell interactions),其有如下特征:

① 包括稀有气体排斥态、离子键、氢键与范德华(van der Waals)相互作用。这种相互作用被泡利(Pauli)不相容原理的要求所主导。

② 在键临界点处,$\rho(rc)$ 比较小,一般小于 0.1 a. u. 。

③ 在键临界点处,$\nabla^2\rho(rc) > 0$,且数值比较小,即电子密度的海森矩阵的三个本征值为 $\lambda_1\leqslant\lambda_2< 0 <\lambda_3$,$\lambda_1+\lambda_2+\lambda_3> 0$。

④ 泡利不相容原理导致在原子间界面电荷的相对消减。电子电荷从原子间界面向着原子核收缩。

⑤ 一般地,$|\lambda_1|/\lambda_3< 1$。

⑥ 在整个相互作用区,拉普拉斯算子为正;拉普拉斯算子的等值线图与原子类似,拉普拉斯算子为负的区域形式上与自由原子或离子一样(除极化效应外)。

由 AIM 理论可知,海森矩阵的两个负本征值 λ_1和 λ_2表示键的临界点处电荷密度 ρ_b垂直于键的方向并且朝向临界点的收缩方向。海森矩阵的正的本征值 λ_3表示键的临界点处电荷密度 ρ_b平行于键的方向并且由键的临界点朝向每个相邻的原子的收缩方向。当两个负的本征值之和大于一个正的本征值时,电子电荷局部集中在键的临界点的区域,

具有共价键的特征，此时 ρ_b 值比较大，$\nabla^2\rho(r)<0$，$|\lambda_1|/\lambda_3>1$ 和 $G_b/\rho_b<1$，其中 G_b 表示键临界点处的局域动能密度，这就是开壳层相互作用。相反，如果当两个负的本征值之和小于一个正的本征值的时候，电子电荷局部集中于每个原子核的区域，此时 ρ_b 值比较小，$\nabla^2\rho(r)>0$，$|\lambda_1|/\lambda_3<1$ 和 $G_b/\rho_b>1$，这种相互作用一般称为闭壳层相互作用，离子键、氢键及范德华相互作用具有该特征。同时，AIM 理论还引入椭圆度的概念，椭圆度 $\varepsilon=\lambda_1/\lambda_2-1$，表示键的 π 成分的多少或者是衡量电子电荷的离域情况。

巴德同时也定义了一个局域电子能量密度 $Ed(r)$，作为一级密度矩阵的一个函数。$Ed(r)=G(r)+V(r)$，$G(r)$ 和 $V(r)$ 分别对应于动能和势能密度。$Ed(r)$ 的符号决定了在一个给定点 r 的电荷积累是起到稳定作用[$Ed(r)<0$]还是不稳定作用[$Ed(r)>0$]。因此，如果在键的临界点处，$Ed(r)<0$ 代表一个有意义的共价贡献，此时两个原子核间的电荷密度相关的势能将降低。

可见，使用 AIM 理论分析电子密度的拓扑性质，把分子与构成它的原子联系了起来，找出其本质属性。从电子密度在三维空间中分布的拓扑性质分析中，可定义原子、化学键以及分子结构，并进一步研究物质结构变化的机理。

参考文献

陈光巨，黄元河. 2008. 量子化学. 上海：华东理工大学出版社.

林梦海. 2004. 量子化学计算方法与应用. 2 版. 北京：科学出版社.

唐敖庆，杨忠志，李前树. 1982. 量子化学. 北京：科学出版社.

Bader R W F. 1991. Chem Rev, 91: 893.

Carneiro J W M, Schleyer P V R, Saunders M A. 1994. J Am Chem Soc, 116:3483.

Heitler W, London F. 1927. Wechselwirkung neutraler Atome und homöopolare Bindung nach der Quantenmechanik Zeitschrift für Physik, 44: 455.

Hiraoka K, Mori T, Yamabe S. 1993. Chem Phys Lett, 207: 178.

Hohenberg P, Kohn W. 1964. Phys Rev, 136: B864.

Koch U, Popelier P L A. 1995. J Phys Chem, 99: 9747.

Kohn W, Sham L. 1965. J Phys Rev A. 140: 1133.

Labanowski J K, Andzelm J W. 1991. Density Functional Methods in Chemistr. New York: Springer-Verlag.

Parr R G. Yang W. 1989. Density-Functional Theory of Atoms and Molecules. New York: Oxford University Press.

Popelier P L A. 1998. J Phys Chem A, 102: 1873.

Raghavachari K, Whiteside R A, Pople J A. 1981. J Am Chem Soc, 103: 5649.

Scheiner, S. 1997. Hydrogen Bonding. New York: Oxford University Press.

Sieber S, Buzek P, Schleyer P V R. 1993. J Am Chem Soc, 115:259.

Slater J. 1974. The Self-Consisternt Field for Molecules and Solids: Quantum Theory of Molecules and Solids. New York.

Vosko S H, Wilk L. 1980. Can J Phys, 58: 1200.

第 9 章　综合性实验

实验三十一　安息香的合成及表征(7 学时)

一、实验目的

(1) 掌握辅酶催化合成安息香的原理和方法。

(2) 复习熔点测定的原理及意义，熟练掌握毛细管法测定熔点的操作。

二、实验原理

1. 制备反应原理

安息香又称苯偶姻，化学名为 2-羟基-1，2-二苯基乙酮，是一种白色晶体，溶于吡啶、沸乙醇和丙酮，微溶于乙醚，稍溶于热水。安息香在沸腾的 95%乙醇中的溶解度为 12～14 g·$(100\ mL)^{-1}$。安息香既可以被氧化成 α-二酮，又可以在各种条件下被还原生成二醇、烯、酮等各种类型的产物。安息香可作为合成有机发光材料的配体，在有机合成中常被用作中间体，可用于光敏剂安息香乙醚、安息香双甲醚、苯偶酰以及抗癫痫、抗心律失常药苯妥英钠盐的原料苯妥英等的制备。

早期，安息香由两分子苯甲醛在热的氰化钾或氰化钠的乙醇溶液中通过分子间缩合而成。其他取代芳香醛(如甲基苯甲醛、对甲氧基苯甲醛和呋喃甲醛等)也可发生类似的缩合，生成相应的对称性二芳基羟乙酮。因此，将芳香醛在 NaCN(或 KCN)作用下发生缩合生成安息香的反应称为安息香缩合。

由于 NaCN(或 KCN)为剧毒药品，使用不方便，目前主要采用维生素 B_1代替氰化物催化安息香缩合反应，条件温和，安全无毒，而且产率较高。反应式如下：

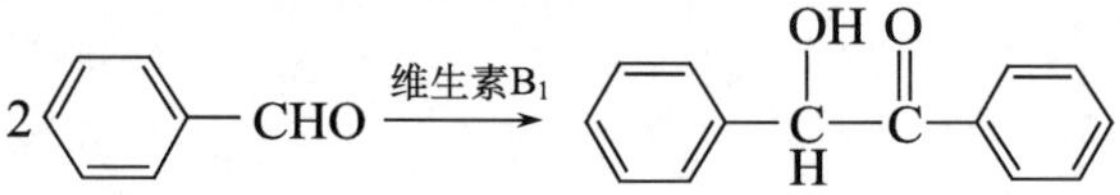

维生素 B_1 又称硫胺素或噻胺，是一种辅酶，其结构如下：

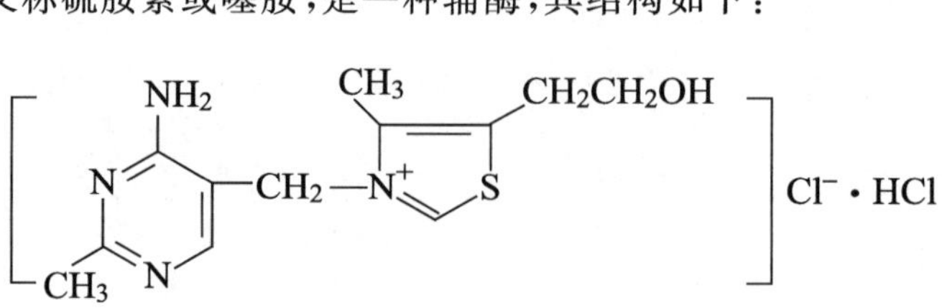

维生素 B_1分子最主要的部分是噻唑环，其 C2 上的质子由于受氮和硫原子的影响，

有明显的酸性，在碱作用下，质子解离，形成碳负离子中心，生成偶姻（如 α-羟基酮），发挥辅酶作用。

具体反应机理如下：

第一步：碱作用下

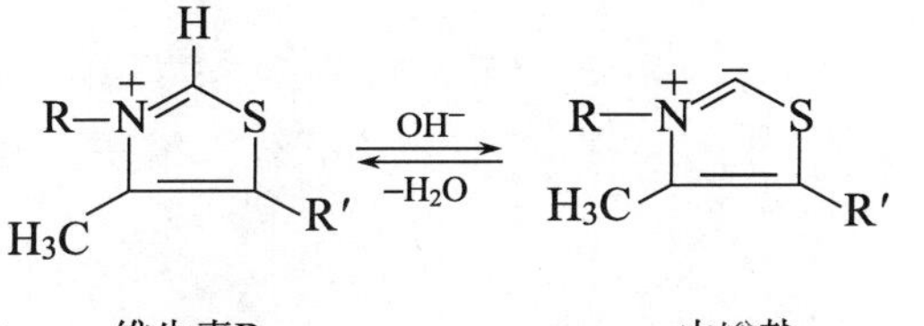

维生素B1　　　　内鎓盐

第二步：亲核加成——烯醇加合物

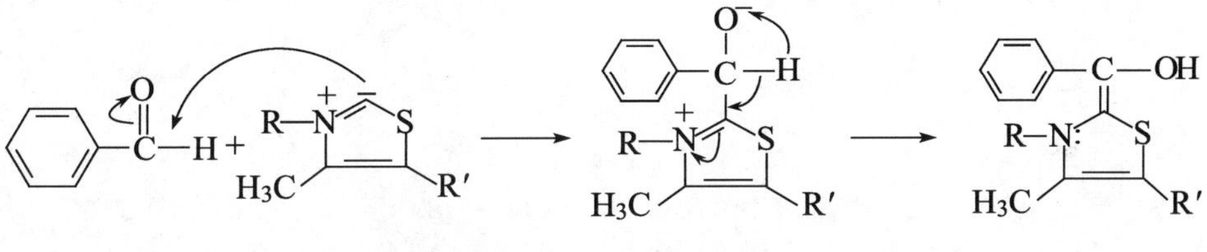

第三步：亲核加成——辅酶加合物

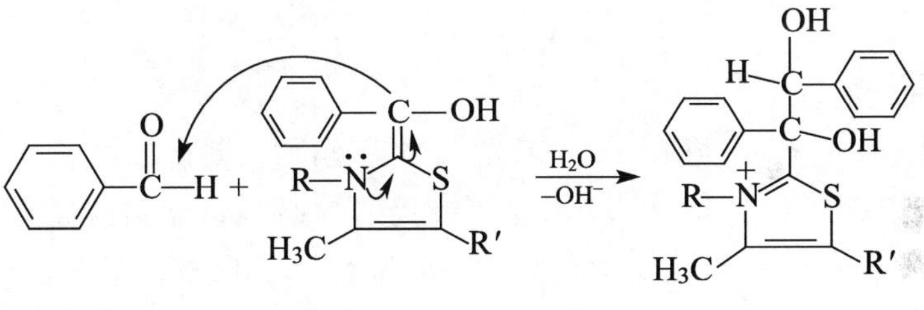

第四步：辅酶复原

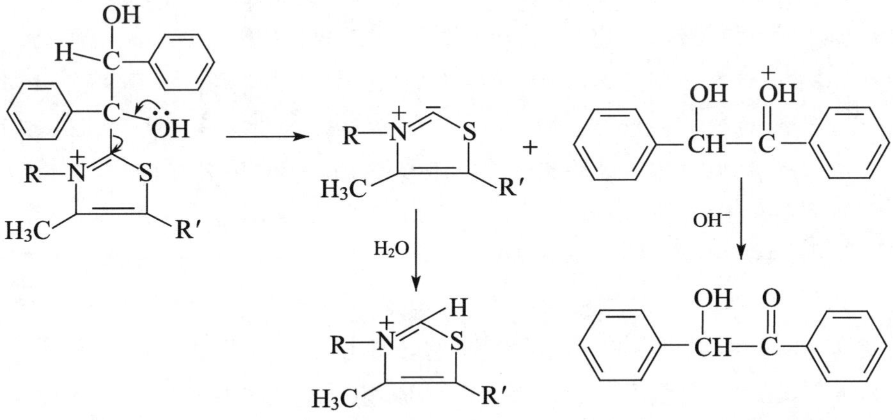

维生素B1　　　　安息香

主要的副反应为

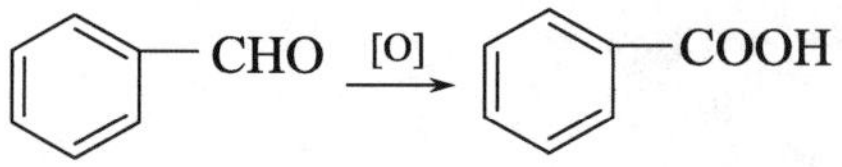

2. 熔点测定原理

详见《基础化学实验(上册)》2.2.4。

三、试剂与仪器

1. 试剂

苯甲醛(分析纯),维生素 B_1(分析纯),氢氧化钠溶液(10%),95% 乙醇(分析纯),活性炭。

2. 仪器

圆底烧瓶(100 mL),烧杯(400 mL、500 mL、1000 mL),量筒(10 mL、50 mL、100 mL),集热式恒温磁力搅拌器,球形冷凝管,抽滤瓶(250 mL),布氏漏斗,提勒熔点测定管。

四、实验内容

称取 1.8 g 维生素 B_1 放入 100 mL 圆底烧瓶里,加入 5 mL 水、15 mL 95% 乙醇,将圆底烧瓶置于冰浴中冷却,将事先用冰浴冷透的 10%氢氧化钠溶液慢慢滴入圆底烧瓶里,调节溶液 pH 为 9~10,然后加入 10 mL 苯甲醛,此时溶液呈黄色。60~75 ℃水浴中回流 1.5 h(反应后期可将温度升高至 80~90 ℃),期间注意保持反应液的 pH 为 9~10(必要时可滴加 10%氢氧化钠溶液调节),反应液逐渐呈橘红色。

停止加热,将反应液冷至室温,析出浅黄色结晶,再在冰浴中冷却使其结晶完全。若析出油状物,应重新加热溶解,再慢慢冷却重新结晶。抽滤,用冷水洗涤结晶两次(每次 10 mL),干燥,称量。粗产物可用 95% 乙醇重结晶,若产物呈黄色,可加入少量活性炭脱色。计算产率,做 FTIR 谱图和 ^1H NMR 谱图,并与标准谱图对照。

五、注意事项

(1) 辅酶:某些酶催化作用中所必需的非蛋白质小分子有机物质。辅酶耐热,不受蛋白质变性剂的破坏。辅酶参与化学反应,起转移电子、质子或化学基团的作用。

(2) 维生素 B_1 在酸性条件下是稳定的,但易吸水,在水溶液中易被氧化失效,光及 Cu^{2+}、Fe^{3+}、Mn^{2+} 等金属离子均可加速氧化;在氢氧化钠浓溶液中噻唑环易开环失效。

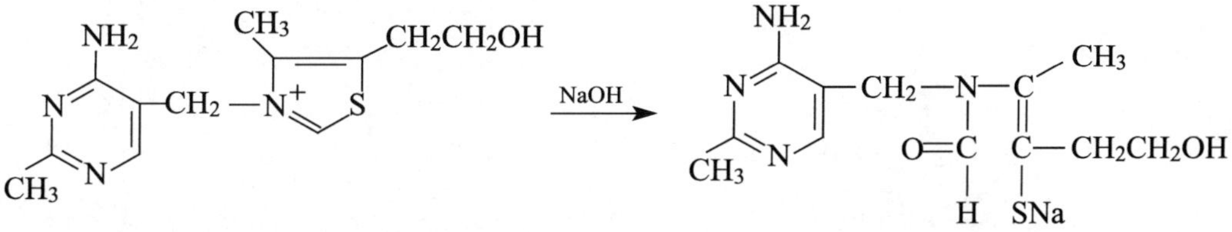

（3）若产物呈油状物析出，应重新加热使其呈均相，再慢慢冷却重新结晶。必要时可用玻璃棒摩擦瓶壁或投入晶种。

六、思考题

（1）什么是安息香缩合反应？如何才能提高产率？

（2）实验中活性炭起什么作用？使用活性炭应注意什么问题？

（3）测熔点时，若有下列情况将产生什么结果？

① 熔点管壁太厚。

② 熔点管底部未完全封闭，尚有一针孔。

③ 熔点管不洁净。

④ 样品未完全干燥或含有杂质。

⑤ 样品研得不细或装得不紧密。

⑥ 加热太快。

七、主要试剂及产物的物理常数

名称	摩尔质量 /(g·mol^{-1})	折射率	密度 /(g·mL^{-1})	熔点 /℃	沸点 /℃	溶解性		
						水	乙醇	乙醚
苯甲醛	106.12	1.54	1.044	−26	178.1	微溶	∞	∞
安息香	212.25	—	1.3100	137.0	—	微溶（热水）	溶	微溶
苯甲酸	122.12	—	1.2659	122℃	249℃	微溶	溶	溶

八、标准 FTIR 谱图和^{1}H NMR 谱图

安息香的 FTIR 谱图和^{1}H NMR 谱图分别如图 9-1 和图 9-2 所示。

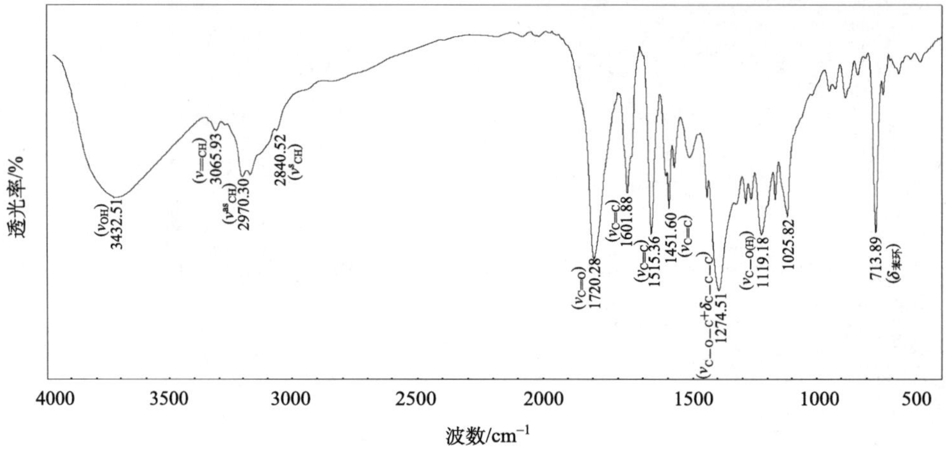

图 9-1　安息香的 FTIR 谱图

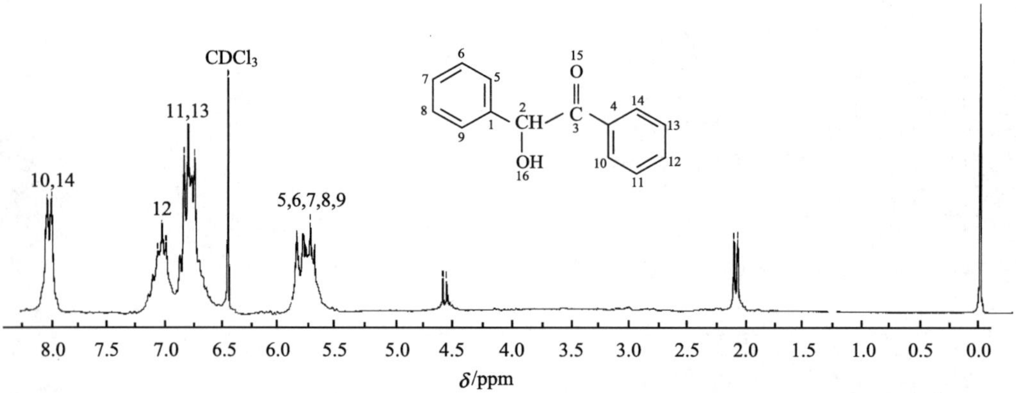

图 9-2　安息香的^{1}H NMR 谱图

实验三十二　肉桂酸的合成及含量测定(8 学时)

一、实验目的

(1) 了解并掌握珀金反应制备肉桂酸的原理及方法。

(2) 复习水蒸气蒸馏的原理及操作方法。

二、实验原理

肉桂酸又名桂皮酸,化学名为 β-苯丙烯酸或 3-苯基-2-丙烯酸,白色或浅黄色粉末,易溶于苯、乙醚、丙酮、冰醋酸、二硫化碳及油类,溶于乙醇、甲醇、石油醚和氯仿,微溶于水。肉桂酸是从肉桂皮或安息香分离出的有机酸，微有桂皮香气。肉桂酸广泛应用于医药、香料、塑料、感光材料、缓蚀剂和交联剂等产品的生产中。肉桂酸常用来配制香精和香料，也用于制备肉桂酸酯，包括肉桂酸甲酯、乙酯、丙酯、异戊酯、丁酯、异丁酯、正庚酯、烯丙酯、松油酯等。

制备肉桂酸的方法较多，利用苯甲醛与乙酸酐在乙酸钠的催化下制备肉桂酸的反应称为珀金法。目前工业上生产肉桂酸最常用的方法就是珀金法，和其他方法相比，珀金法具有原料易得、操作简单、工艺流程短、条件温和、分离简单，同时副产物少且纯度较高等优点。

珀金反应是指芳香醛与具有 α-H 原子的脂肪酸酐在相应的无水脂肪酸钾盐或钠盐的催化下共热发生缩合反应，生成芳基取代的 α,β-不饱和酸。本实验用碳酸钾代替乙酸钠，可以缩短反应时间。反应式如下：

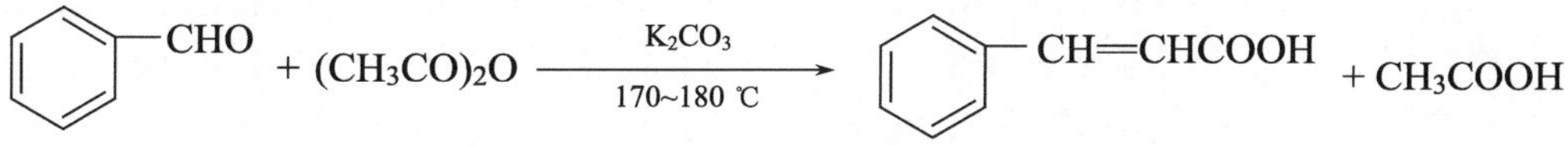

三、试剂与仪器

1. 试剂

苯甲醛（分析纯），无水碳酸钾（新熔），乙酸酐（分析纯），碳酸钠溶液（饱和），乙醇水溶液（$V_{乙醇}:V_{水}=1:5$），盐酸（36%），活性炭。

2. 仪器

三颈烧瓶（100 mL），水蒸气蒸馏装置，抽滤瓶，布氏漏斗，烧杯（250 mL），空气冷凝管，温度计（200 ℃），表面皿。

四、实验内容

在 100 mL 三颈烧瓶中加入 7 g 研细的无水碳酸钾、5 mL 新蒸馏的苯甲醛和 14 mL乙酸酐，振荡使其混合均匀。安装回流实验装置，要求水银温度计水银球的位置处于液面以下，但不能与反应瓶底或瓶壁接触。用电热套加热回流，反应液温度始终保持在 170～180 ℃，回流约 40 min。由于有二氧化碳逸出，最初有泡沫产生。

待反应冷却后，加入碳酸钠粉末，并不断摇动，用 pH 试纸检验，调节 pH 为 8 左右。改为水蒸气蒸馏装置，蒸出未反应的苯甲醛（直到馏出液澄清无油珠为止，可用盛水的烧杯在接引管下接几滴馏出液，检验有无油珠）。将剩余反应液转移到烧杯中，加入少许活性炭（0.5～1.0 g），加热煮沸 5 min，趁热过滤，得无色透明液体。

将滤液转移至干净的 250 mL 烧杯中，慢慢地用浓盐酸进行酸化至明显的酸性（pH 试纸变红）。冷却至肉桂酸充分结晶，抽滤。晶体用少量冷水洗涤，抽滤，要把水分彻底抽干，在 80 ℃干燥，称量，回收，计算产率。

肉桂酸有顺反异构体，通常以反式形式存在，为无色晶体，熔点135～136 ℃。将粗肉桂酸用体积比为1∶5的乙醇水溶液进行重结晶，得无色晶体，干燥，称量。计算产率，测熔点，做FTIR谱图和^{1}H NMR谱图，并与文献熔点值和标准谱图对照。

五、注意事项

(1) 所用仪器必须事先干燥，防止乙酸酐水解成乙酸。

(2) 苯甲醛放置过程容易自动氧化成苯甲酸，而后者不易从最后的产物中分离出去。这不但影响产率而且影响产物的纯度，故苯甲醛使用前必须蒸馏。

(3) 加热回流，控制反应呈微沸状态，如果反应液剧烈沸腾，易使乙酸酐蒸出影响产率。

(4) 长时间受热，肉桂酸脱羧成苯乙烯，可能生成苯乙烯低聚物。

(5) 进行酸化时要慢慢加入浓盐酸，一定不要加入太快，以免产品冲出烧杯造成产品损失。中和时必须使溶液呈碱性，控制pH为8较合适，不能用NaOH中和，否则会发生坎尼扎罗(Cannizzaro)反应，生成的苯甲酸难于分离出去，影响产物的质量。

(6) 反应过程中体系的颜色会逐渐加深，有时会有棕红色树脂状物质出现。加入热的蒸馏水后，体系分为两相，下层水相，上层油相，呈棕红色。水蒸气蒸馏除去未反应的苯甲醛后，油层消失，呈浅棕黄色。有时体系中会悬浮有少许棕红色固体颗粒。

六、思考题

(1) 具有何种结构的醛能进行珀金反应？

(2) 本实验中在水蒸气蒸馏前为什么用碳酸钠中和反应物？能否用氢氧化钠代替碳酸钠中和水溶液？

(3) 水蒸气蒸馏通常在哪三种情况下使用？被提纯物质必须具备哪些条件？

(4) 进行水蒸气蒸馏时，蒸汽导入管的末端为什么要插到接近容器的底部？在水蒸气蒸馏过程中，经常要检查什么事项？若安全管中水位上升很高说明什么问题？如何处理才能解决呢？

(5) 苯甲醛和丙酸酐在无水丙酸钾的存在下相互作用得到什么产物？写出反应式。

(6) 珀金反应中，如果使用与酸酐不同的羧酸盐，会得到几种不同的芳香丙烯酸，为什么？

七、主要试剂及产物的物理常数

名称	性状	摩尔质量/(g·mol^{-1})	密度/(g·mL^{-1})	熔点/℃	沸点/℃	溶解性		
						水	醇	醚
苯甲醛	无色液体	106.12	1.044	−26	178.1	微溶	∞	∞
乙酸酐	无色液体	102.09	1.082	−73	138.6	—	—	溶
肉桂酸	无色结晶	148.17	1.245	135～136	300	微溶	溶	溶

八、标准 FTIR 谱图和^{1}H NMR 谱图

肉桂酸的 FTIR 谱图和^{1}H NMR 谱图分别如图 9-3 和图 9-4 所示。

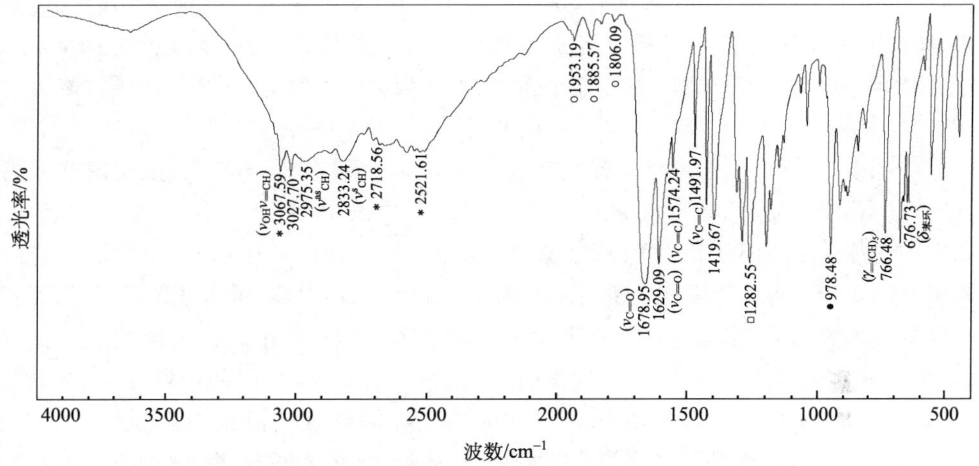

图 9-3　肉桂酸的 FTIR 谱图

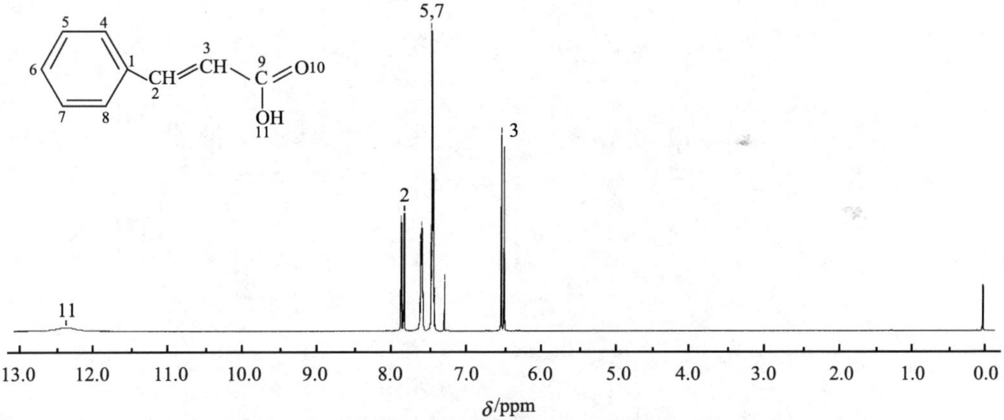

图 9-4　肉桂酸的^{1}H NMR 谱图

实验三十三　从红辣椒中提取红色素(6 学时)

一、实验目的

(1) 学习用薄层色谱和柱色谱方法分离和提取天然产物的原理。

(2) 掌握薄层色谱和柱色谱的操作方法。

二、实验原理

红辣椒含有多种色泽鲜艳的天然色素,其中呈深红的色素主要是由辣椒红脂肪酸酯和少量辣椒玉红素脂肪酸酯组成,呈黄色的色素则是β-胡萝卜素。辣椒红色素别名辣椒红、辣椒色素、椒红素或辣红素,是一种存在于成熟红辣椒果实中的四萜类橙红色色素,属类胡萝卜素色素。辣椒红色素是辣椒的主要显色物质,主要成分为辣椒红素和辣椒玉红素,具有辣椒香气味的深红色黏性油状液体,色泽鲜艳,着色力强,耐光、热、酸、碱,且不受金属离子影响,可溶于油脂和乙醇。

纯的辣椒红色素是有光泽的深红色针状结晶,呈橙红、橙黄色调,主要成分及含量为:辣椒红素约50%,辣椒玉红素约8.3%,玉米黄质约14%,β-胡萝卜素约13.9%,隐辣椒质约5.5%,此外还有辣椒黄素、辣椒色素脂肪酸酯、辣椒红素乙二酸酯、辣椒红素二软脂酸酯等,可用作食用红色色素,未酯化辣椒红素的生物利用率高于酯化辣椒红素。辣椒果实在成熟过程的不同时期,各种类胡萝卜素(β-胡萝卜素、叶黄素、玉米黄质、辣椒红素)含量不同,在其生长过程的第9周时(自开花起计算),辣椒红素的含量为19000 $\mu g \cdot (100\ g)^{-1}$,占总类胡萝卜素的60%。纯的辣椒红色素熔点为175 ℃左右,易溶于极性大的有机溶剂,如丙酮、三氯甲烷、植物油、乙醚和乙醇,不溶于甘油和水。与浓无机酸作用显蓝色,具有较好的分散性,在pH为3～12、温度为25～70 ℃时较为稳定,在糖类溶液中稳定性较好,耐还原性好,耐氧化性差。辣椒红素耐光性差,暴露于室外强光下易褪色。辣椒红色素各成分的分子结构如下:

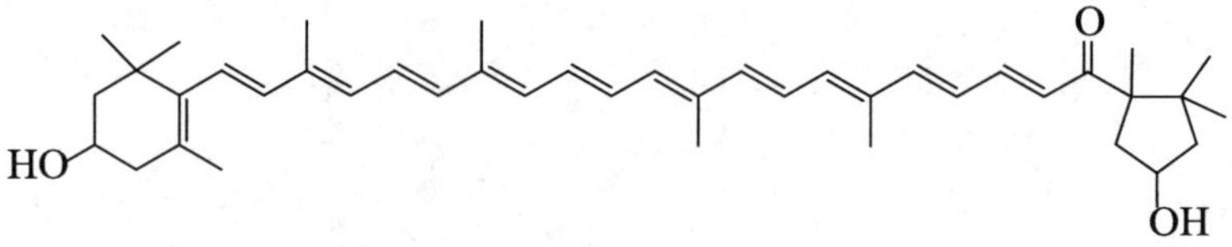

辣椒红素

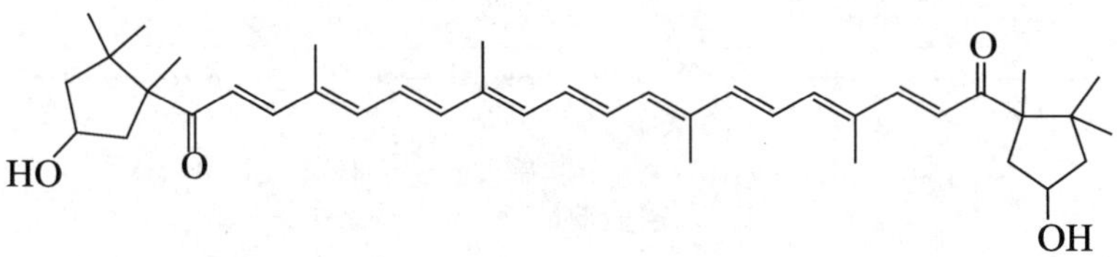

辣椒玉红素

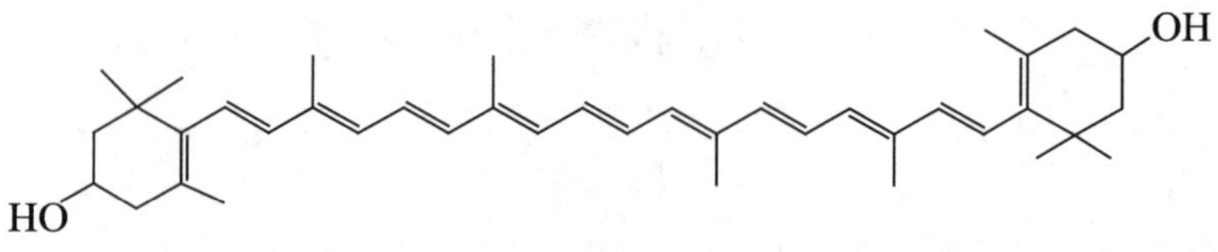

玉米黄质

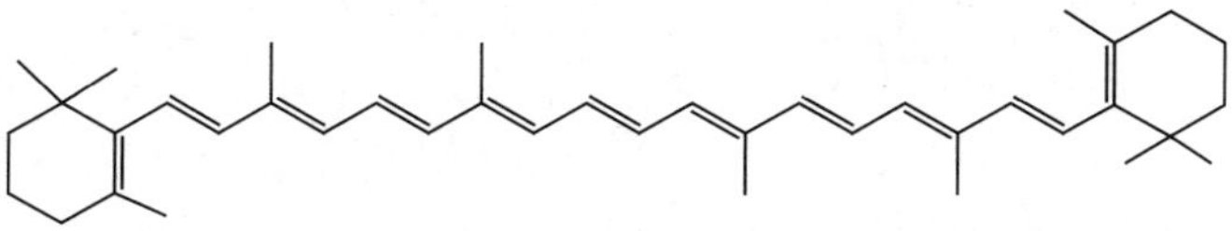

β-胡萝卜素

这些色素可以通过色谱法加以分离。本实验以二氯甲烷作萃取剂，从红辣椒中提取红色素。然后采用薄层色谱分析，确定各组分的 R_f 值，再经柱色谱分离，分段接收并蒸除溶剂，即可获得各个单组分。

三、试剂与仪器

1. 试剂

干燥红辣椒，二氯甲烷(分析纯)，硅胶 G(200～300 目)，沸石。

2. 仪器

研钵，圆底烧瓶(50 mL)，冷凝管，水浴锅，布氏漏斗，抽滤瓶，广口瓶(200 mL)，自制 3 cm×8 cm 薄板，点样毛细管，色谱柱，温度计(100 ℃)。

四、实验内容

(1) 在 50 mL 圆底烧瓶中放入 1 g 干燥并研碎的红辣椒和 2 粒沸石，加入 10 mL 二氯甲烷，装上回流冷凝管，加热回流 20 min。待提取液冷却至室温，过滤，除去不溶物，蒸发滤液，收集色素混合物。

(2) 以 200 mL 广口瓶作薄板色谱槽。取极少量色素粗品置于小烧杯中，滴入 2～3 滴二氯甲烷使其溶解，并在一块硅胶 G 薄板上点样，二氯甲烷作展开剂，然后置入色谱槽进行色谱分离。计算各种色素的 R_f 值，并记录每点的颜色。

(3) 在直径为 1.5 cm 的色谱柱中，用湿法装入硅胶 G 吸附剂(60～200 目，约 8 g)，用二氯甲烷作洗脱剂，将色素粗品(二氯甲烷作溶剂，约 1 mL 溶液)进行柱色谱分离，收集各组分流出液，浓缩各组分，得到各组分产品。

五、数据记录和处理

(1) 通过薄层色谱可得到各组分的 R_f 值，再通过柱色谱，分段浓缩可得到不同的组分。

(2) 计算各组分的含量。

六、操作要点及说明

(1) 红辣椒要干且研细。

(2) 硅胶 G 薄板要铺得均匀,使用前活化充分。

(3) 色谱柱要装结实,不能有断层。

七、思考题

(1) 硅胶 G 薄板失活对结果有什么影响?

(2) 点样时应该注意什么?点样毛细管太粗会有什么影响?

(3) 如果样品不带色,如何确定斑点的位置?

实验三十四　钴(Ⅲ)配合物的制备和组成分析(10 学时)

一、实验目的

(1) 掌握制备金属配合物最常用的方法——水溶液中的取代反应和氧化还原反应。

(2) 学会对配合物的组成进行初步推断。

二、实验原理

采用水溶液中的取代反应制备金属配合物,实际上是用适当的配体取代水合配离子中的水分子,然后利用氧化还原反应将不同氧化态的金属配合物,在配体存在下使其适当地氧化或还原得到该金属配合物。Co(Ⅱ)配合物活性较高,能很快进行取代反应,而 Co(Ⅲ)配合物是惰性的,取代反应很慢。本实验 Co(Ⅲ)配合物制备过程是通过 Co(Ⅱ)(实际上是它的水合配合物)和配体之间的一种快速反应生成 Co(Ⅱ)配合物,然后将它氧化成相应的 Co(Ⅲ)配合物(配位数均为 6):$[Co(NH_3)_6]^{3+}$(黄色),$[Co(NH_3)_5 \cdot H_2O]^{3+}$(粉红色),$[Co(NH_3)_5Cl]^{2+}$(紫红色)等。用化学分析方法确定某配合物的组成,通常先确定配合物的外界,然后将配离子破坏再来看其内界。配离子的稳定性受很多因素影响,通常可用加热或改变溶液酸碱度来破坏。

本实验用定性、半定量甚至估量的分析方法初步推断配合物的化学式。然后用电导率仪测定一定浓度配合物溶液的导电性,与已知电解质溶液的导电性进行对比,确定该配合物化学式中含有几个离子,从而进一步确定化学式。游离的 Co(Ⅱ)在酸性溶液中可与硫氰化钾作用生成蓝色配合物$[Co(SCN)_4]^{2-}$。因其在水中解离度大,故常加入硫氰化钾浓溶液或固体,并加入戊醇和乙醚以提高稳定性。由此可用来鉴定 Co(Ⅱ)的存在,反应如下:

$$Co^{2+} + 4SCN^- \longrightarrow [Co(NCS)_4]^{2-}$$

游离的 NH_4^+ 可由奈氏试剂检定,反应如下:

$$NH_4^+ + 2[HgI_4]^{2-} + 4OH^- \longrightarrow [O(Hg)_2NH_2]I\downarrow + 7I^- + 3H_2O$$

三、试剂与仪器

1. 试剂

氯化铵(分析纯),氯化钴(分析纯),硫氰化钾(分析纯),浓氨水(分析纯),浓硝酸(分析纯),盐酸(36%),过氧化氢(30%),硝酸银水溶液(2 mol · L^{-1}),二氯化锡(0.5 mol · L^{-1},新配),奈氏试剂,乙醚(分析纯),戊醇(分析纯)。

2. 仪器

烧杯(50 mL),锥形瓶(100 mL),量筒(10 mL、20 mL),研钵漏斗,试管,温度计(100 ℃),电导率仪。

四、实验内容

1. 制备 Co(Ⅲ)配合物

称取 1.0 g 氯化铵加入 6 mL 浓氨水,搅拌完全溶解。取研细的氯化钴 2.0 g,搅拌下分数次加入上述溶液,加完后继续搅拌至溶液呈棕色稀浆。再滴加 2～3 mL 30% 过氧化氢,边加边振荡,加完继续摇动直至固体完全溶解停止起泡,慢慢加入 6 mL 浓盐酸,边加边摇动并水浴微热,温度不能超过 85 ℃(否则配合物可能被破坏),10～15 min后冷却(继续摇动),过滤,依次用冷水和 5 mL 6 mol · L^{-1} 冷盐酸洗涤沉淀,105 ℃烘干,称量,计算产率。

$$Co(H_2O)_6^{2+} + 6NH_3 \xlongequal{\quad} Co(NH_3)_6^{2+} + 6H_2O$$

$$Co(H_2O)_6^{2+} + 5NH_3 \xlongequal{\quad} [Co(NH_3)_5(H_2O)]^{2+} + 5H_2O$$

$$Co(H_2O)_6^{2+} + 5NH_3 + Cl^- \xlongequal{\quad} [Co(NH_3)_5Cl]^+ + 6H_2O$$

Co(Ⅱ)配合物取代反应快,而 Co(Ⅲ)配合物取代反应慢,因此采用 Co(Ⅱ)配合物进行这一步反应,在氯化铵固体中加入浓氨水的目的是抑制氨的电离,使$[Co^{2+}] \cdot [OH^-]^2 < K_{sp}$,$Co^{2+}$不能以氢氧化物沉淀。加过氧化氢使 Co(Ⅱ)配合物氧化成相应的 Co(Ⅲ)配合物:

$$Co(NH_3)_6^{2+} + H_2O_2 \longrightarrow Co(NH_3)_6^{3+}(\text{黄色}) + H_2O$$

$$[Co(NH_3)_5(H_2O)]^{2+} + H_2O_2 \longrightarrow [Co(NH_3)_5(H_2O)]^{3+}(\text{粉红色}) + H_2O$$

$$[Co(NH_3)_5Cl]^{+} + H_2O_2 \longrightarrow [Co(NH_3)_5Cl]^{2+}(\text{紫红色}) + H_2O$$

可以通过颜色初步判断是何种配合物,加浓盐酸加热的目的是除过量的氨水和氯化铵。

2. 组成的初步推断

(1) 取上述产物 0.3 g 加入 35 mL 水搅拌溶解,pH 试纸检验酸碱性。

(2) 取溶液(1)15 mL 缓慢加入 2 mol·L^{-1} $AgNO_3$溶液,边加边搅拌直至最后一滴 $AgNO_3$溶液加入后无沉淀生成为止。过滤,滤液加 1~2 mL 浓硝酸,搅拌下再加入 $AgNO_3$溶液,观察有无沉淀生成,并与前面沉淀量进行比较。

$$Ag^+ + Cl^- \xlongequal{} AgCl\downarrow(\text{证明外界有 } Cl^-)$$

滤液加浓硝酸促使钴的配合物电离,如内界有 Cl^-,就会与后加入的 $AgNO_3$生成沉淀,然后与前面的沉淀量相比,可得出内界与外界 Cl^- 的比例关系。

$$Co(NH_3)_6^{3+} + HNO_3 \longrightarrow Co^{3+} + NH_4^+ + NO_3^-$$

$$[Co(NH_3)_5Cl]^{2+} + HNO_3 \longrightarrow Co^{3+} + NH_4^+ + NO_3^- + Cl^-$$

(3) 取溶液(1)2~3 mL 加入几滴 0.5 mol·L^{-1}的 $SnCl_2$溶液,边振荡边依次加入绿豆大小硫氰化钾、1 mL 戊醇和 1 mL 乙醚,观察上层溶液颜色。

$$Co^{3+} + Sn^{2+} \longrightarrow Co^{2+} + Sn^{4+}$$

$$Co^{2+} + 4SCN^- \xlongequal{} [Co(NCS)_4]^{2-}(\text{蓝色})$$

$[Co(NCS)_4]^{2-}$在水溶液中不稳定,但在有机溶剂中稳定,所以加戊醇和乙醚可检验溶液中是否有游离的 Co^{3+},如有,则有机层显蓝色。

(4) 取溶液(1)2 mL 依次加入水、奈氏试剂,观察溶液有无变化。

检验外界是否有 NH_4^+,如有,则在外界会有大量的沉淀产生(反应式见实验原理)。

(5) 取剩余溶液(1)加热至溶液完全变成棕黑色,冷却(检验溶液酸碱性),过滤,取滤液分别做实验(3)、(4),观察有何不同。

加热有利于配合物的解离,解离出来的 Co^{3+} 在加热状态下会发生水解:

$$Co^{3+} + 3H_2O \xlongequal{} Co(OH)_3\downarrow(\text{棕黑}) + 3H^+(\text{pH 试纸检验应呈酸性})$$

滤液加奈氏试剂出现大量沉淀说明 NH_3是在内界;滤液重复实验(3)如没有相同现象说明 Co^{3+}是在内界而且中心离子确实是 Co^{3+}。

(6) 由上述实验初步推断化学式,并据此配制 100 mL 0.01 mol·L^{-1}钴配合物的溶液,电导率仪测量电导率值,然后稀释 10 倍测电导率值,与下表对比确定化学式中所含离子数。

电解质	类型(离子数)	电导率/(μS·cm^{-1})	
		0.01 mol·L^{-1}	0.001 mol·L^{-1}
KCl	1-1 型(2)	1.413	147
$BaCl_2$	1-2 型(3)	1.5	0.15

五、思考题

(1) 将氯化钴加入氯化铵与浓氨水的混合液中,可发生什么反应?生成何种配合物?

(2) 在制备实验中加入过氧化氢起何作用？可以用哪些物质代替？有什么不好？制备实验中加浓盐酸的作用是什么？

(3) 提高本实验产率，哪些步骤是关键的？为什么？

(4) 总结制备 Co(Ⅲ)配合物的化学原理及制备的几个步骤。

(5) 有五种不同的配合物，分析其组成后确定有共同的实验式：$K_2CoCl_2I_2(NH_3)_2$；电导测定得知在水溶液中五种化合物的电导率数值均与硫酸钠相近。请写出五种不同配离子的结构式，并说明不同配离子间有何不同。

实验三十五　钢铁中镍含量的测定——丁二酮肟重量分析法(8 学时)

一、实验目的

(1) 了解有机沉淀剂在重量分析法中的应用。

(2) 学习玻璃砂芯漏斗烘干恒重的方法。

(3) 掌握用微波炉干燥和恒重样品的方法。

二、实验原理

镍铬合金钢中的镍可用丁二酮肟重量法或 EDTA 配位滴定法进行测定。EDTA 配位滴定法方法简单，但干扰离子较多。丁二酮肟与镍离子发生配位反应生成红色沉淀。

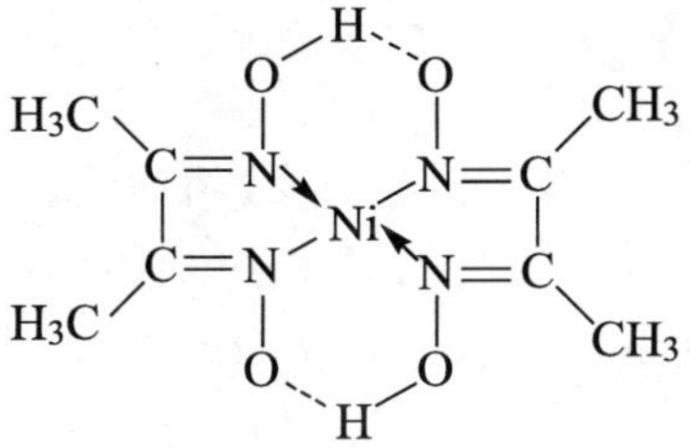

此方法测定镍选择性高、组成恒定，烘干后即可称量，但丁二酮肟在氨性溶液中与 Ni^{2+}、Fe^{2+} 都生成红色沉淀，故当 Fe^{2+} 存在时必须预先氧化消除干扰，需加入酒石酸或柠檬酸进行掩蔽，它们与 Fe^{3+}、Al^{3+}、Cr^{3+} 和 Ti^{3+} 生成水溶性配合物。

三、试剂与仪器

1. 试剂

浓盐酸(分析纯)，浓硝酸(分析纯)，丁二酮肟乙醇溶液($10\ g \cdot L^{-1}$)，乙醇溶液(20%)，氨水(1∶1)，酒石酸或柠檬酸溶液($500\ g \cdot L^{-1}$)，钢铁试样。

2. 仪器

烧杯(250 mL、500 mL),玻璃砂芯漏斗(P16 或 G4A),水浴锅,干燥器,微波炉,分析天平。

四、实验内容

1. 玻璃砂芯漏斗的恒重

用水洗净玻璃砂芯漏斗,抽滤至无水珠。第一次:放入微波炉调至中高火,加热 10 min,静置 3 min,再继续加热 5 min,干燥器中冷却 20 min 后称量。第二次:放入微波炉加热 5 min,干燥器中冷却 20 min 后称量。两次称量误差在 0.4 mg 以内。

2. 溶解样品及制备沉淀

准确称取两份 0.4～0.6 g 镍铬钢样(镍含量在 13%左右),分别置于 250 mL 烧杯,加入 10 mL 盐酸溶液(1∶1)和 10 mL 硝酸溶液(1∶2),盖上表面皿,通风橱内小火加热至样品完全溶解,再煮沸除去氮的氧化物,稍冷加入 100 mL 水和 10 mL 酒石酸溶液,水浴加热至 70 ℃,不断搅拌下滴加氨水(1∶1)调节 pH 为 3～4(溶液转变为深绿色),保持温度 70 ℃,再加入 20 mL 乙醇和 35 mL 丁二酮肟乙醇溶液($10\ g \cdot L^{-1}$),滴加氨水(1∶1)调节溶液 pH 为 7～8,(此时黄色溶液转变为深红色沉淀),水浴中静置陈化 30 min。

3. 过滤、干燥、恒重

用干燥恒重的玻璃砂芯漏斗抽滤沉淀样品,用 20%乙醇溶液依次洗涤烧杯和沉淀(洗去丁二酮肟)两次(每次 10 mL),再用温水多次洗涤烧杯和沉淀物,抽干,放入微波炉以上述同样方法恒重。

五、结果计算

$$w_{Ni} = \frac{m_{Ni(HD)_2} \times \dfrac{M_{Ni}}{M_{Ni(HD)_2}}}{m_s} \times 100\%$$

式中,m_s为样品的质量,g;$m_{Ni(HD)_2}$为丁二酮肟镍沉淀的质量,g。

六、注意事项

(1) 每次恒重加热时间和冷却时间尽量保持一致。

(2) 溶解样品时先用小火加热使盐酸和硝酸挥发,等样品溶解后改用大火加热,除去氮的氧化物,但必须保留一定体积的液体,以免有固体析出。

(3) 实验中用氨水调节溶液 pH 为 3～4,丁二酮肟加入量适中才能使沉淀完全。

实验三十六　$BaCl_2 \cdot 2H_2O$ 中钡含量的测定(8 学时)

一、实验目的

(1) 掌握 $BaCl_2 \cdot 2H_2O$ 中钡含量的测定方法。

(2) 掌握沉淀、过滤、洗涤及灼烧等重量分析基本操作。

(3) 加深对晶形沉淀理论的理解。

二、实验原理

$BaSO_4$ 重量法既可用于测定 Ba^{2+},也可用于测定 SO_4^{2-} 的含量。

称取一定量的 $BaCl_2 \cdot 2H_2O$,用水溶解,加稀 HCl 溶液酸化,加热至微沸,在不断搅拌下,慢慢加入稀、热的 H_2SO_4,Ba^{2+} 与 SO_4^{2-} 反应,形成晶形沉淀。沉淀经陈化、过滤、洗涤、烘干、炭化、灰化、灼烧后,以 $BaSO_4$ 形式称量,可求出 $BaCl_2 \cdot 2H_2O$ 中的 Ba 含量。

Ba^{2+} 可生成一系列微溶化合物,如 $BaCO_3$、BaC_2O_4、$BaCrO_4$、$BaHPO_4$ 和 $BaSO_4$ 等,其中以 $BaSO_4$ 溶解度最小。100 ℃时 100 mL 溶液中可溶解 0.4 mg,25 ℃时仅溶解 0.25 mg。当过量沉淀剂存在时,溶解可以忽略不计。为了防止产生 $BaCO_3$、$BaHPO_4$、$BaHAsO_4$ 沉淀以及防止生成 $Ba(OH)_2$ 共沉淀,硫酸钡重量法一般在 0.05 $mol \cdot L^{-1}$ 左右盐酸介质中进行。同时适当提高酸度,以增加 $BaSO_4$ 在沉淀过程中的溶解度,降低其相对过饱和度,有利于获得较好的晶形沉淀。用 $BaSO_4$ 重量法测定 Ba^{2+} 时,一般用稀 H_2SO_4 作沉淀剂。为了使 $BaSO_4$ 沉淀完全,H_2SO_4 必须过量。由于 H_2SO_4 在高温下可挥发除去,故沉淀带下的 H_2SO_4 不致引起误差,因此沉淀剂可过量 50%～100%。用 $BaSO_4$ 重量法测定 SO_4^{2-} 时,因为 $BaCl_2$ 灼烧时不易挥发除去,沉淀剂 $BaCl_2$ 只允许过量 20%～30%。$PbSO_4$、$SrSO_4$ 的溶解度均较小,Pb^{2+}、Sr^{2+} 对钡的测定有干扰。NO_3^-、ClO_3^-、Cl^- 等阴离子和 K^+、Na^+、Ca^{2+}、Fe^{3+} 等阳离子均可以引起共沉淀现象,故应严格掌握沉淀条件,减少共沉淀现象,以获得纯净的 $BaSO_4$ 晶形沉淀。

三、试剂与仪器

1. 试剂

H_2SO_4(1 $mol \cdot L^{-1}$、0.1 $mol \cdot L^{-1}$),HCl(2 $mol \cdot L^{-1}$),HNO_3(2 $mol \cdot L^{-1}$),$AgNO_3$(0.1 $mol \cdot L^{-1}$),$BaCl_2 \cdot 2H_2O$(分析纯)。

2. 仪器

瓷坩埚(25 mL,2～3 个),定量滤纸(慢速或中速),玻璃漏斗两个。

四、实验内容

1. 瓷坩埚的准备

洗净编号的带盖瓷坩埚,晾干,800～850 ℃的高温下灼烧 30～40 min,取出稍冷,放入干燥器内冷至室温,称量。再在相同温度下灼烧 15～20 min,同样在干燥器内冷至室温后再称量。重复操作,直至恒量为止。

2. 沉淀

准确称取 0.4～0.6 g 试样两份,分别置于 250 mL 烧杯中,各加 70 mL 水和 2～3 mL 2 $mol \cdot L^{-1}$ HCl 溶液,搅拌溶解(玻璃棒需一直放于烧杯内,直至沉淀洗净后才能取出)。盖上表面皿,加热至近沸,勿使其沸腾。

另取 30 mL 1 $mol \cdot L^{-1}$ H_2SO_4两份,分别置于小烧杯中,加热至近沸,然后在不断搅拌下将近沸的 H_2SO_4溶液逐滴滴加到上述热的钡盐溶液中。沉淀完毕后,待 $BaSO_4$沉淀下沉,往上层清液中加 1～2 滴 1 $mol \cdot L^{-1}$ H_2SO_4,仔细观察沉淀是否完全。沉淀完全后,盖上表面皿(切勿将玻璃棒拿出烧杯外),放置过夜陈化或在水浴上陈化 0.5～1 h。

3. 过滤及洗涤

用慢速的定量滤纸过滤,使其与漏斗贴合,蒸馏水润湿,使漏斗颈内留有水柱。将漏斗放在漏斗架上,漏斗下放一只清洁的烧杯,小心地把沉淀上层的清液沿玻璃棒倾入漏斗中,再用稀 H_2SO_4洗液(2～4 mL 1 $mol \cdot L^{-1}$ H_2SO_4稀释至 200 mL 配制)洗涤沉淀三四次(每次 10 mL),用倾泻法过滤,然后小心将沉淀定量地转移至滤纸内。最后用一小片滤纸擦净玻璃棒和杯壁,将滤纸一并放入漏斗内,再用洗涤液洗涤沉淀,直至滤液中不含 Cl^- 为止(检验方法:用试管收集 2 mL 滤液,加 1 滴 2 $mol \cdot L^{-1}$ HNO_3酸化,加入 2 滴 $AgNO_3$,若无白色浑浊产生,说明 Cl^- 已洗净)。

4. 沉淀的灼烧及称量

将盛有沉淀的滤纸包好,放入已恒量的坩埚中,用酒精灯加热炭化后,放入马弗炉中,在 800～850 ℃下灼烧 1 h,取出置于干燥器内冷却、称量。然后在相同温度下再灼烧10～15 min,冷至室温后再称量。如此重复操作,直至恒量为止。根据样品和沉淀的质量,计算样品中的钡含量。

实验三十七　水泥熟料中 SiO_2、Fe_2O_3、Al_2O_3、CaO 和 MgO 的含量测定(18 学时)

一、实验目的

(1) 了解在同一份试样中进行多组分测定的系统分析方法。

(2) 掌握难溶试样的分解方法。

(3) 学习复杂样品中多组分测定方法的选择。

二、实验原理

水泥熟料是由水泥生料经 1400 ℃以上的高温煅烧而成的。通过熟料分析,可以检验熟料质量和烧成情况的好坏,根据分析结果,可及时调整原料的配比以控制生产。普通硅酸盐水泥熟料的主要化学成分及其控制范围大致如下:

化学成分	含量范围(质量分数)/%	一般控制范围(质量分数)/%
SiO_2	18~24	20~24
Fe_2O_3	2.0~5.5	3~5
Al_2O_3	4.0~9.5	5~7
CaO	60~68	63~68

同时,还要求 $w_{MgO} < 4.5\%$。

水泥熟料中碱性氧化物占 60%以上,因此易被酸分解。目前水泥分析中 SiO_2 的测定常用重量法,即取一份试样与固体 NH_4Cl 混匀后,再加 HCl 溶液,在水浴中分解,NH_4Cl 对硅酸溶胶起盐析作用,加热蒸发加速硅酸脱水凝聚,使 SiO_2 沉淀完全,沉淀经过滤、洗涤后,在 950 ℃下灼烧至恒量,计算试样中 SiO_2 的质量分数。

滤液中含有铁、铝、钙、镁等离子,它们都与 EDTA 形成稳定的配离子,但这些配离子的稳定性有较显著的差别,因此只要控制适当的酸度,就可用 EDTA 分别滴定它们。

三、试剂与仪器

1. 试剂

盐酸(36%),浓硝酸(分析纯),NaOH 溶液(10%),氯化铵(分析纯),三乙醇胺溶液($V_{三乙醇胺}:V_{水}=1:1$),H_2SO_4 溶液($V_{H_2SO_4}:V_{H_2O}=1:1$),HCl 溶液($V_{HCl}:V_{H_2O}=3:97$),氨水($V_{NH_3}:V_{H_2O}=1:1$),钙指示剂,酒石酸钾钠(10%),NH_4SCN 溶液(10%),EDTA 标准溶液(0.015 $mol \cdot L^{-1}$),硫酸铜标准溶液(0.015 $mol \cdot L^{-1}$),HAc-NaAc 缓冲溶液(pH=4.3),NH_3-NH_4Cl 缓冲溶液(pH=10),溴甲酚绿指示剂(0.05%),磺基水杨酸指示剂(10%),PAN 指示剂(0.2%),酸性铬蓝 K-萘酚绿 B(K-B 指示剂)。

2. 仪器

锥形瓶(250 mL),碱式滴定管,烧杯(50 mL),表面皿,容量瓶(250 mL),瓷坩埚。

四、实验内容

1. 各种溶液的配制

EDTA 标准溶液(0.015 $mol \cdot L^{-1}$):配制方法参见《基础化学实验(上册)》实验三

十二。

硫酸铜标准溶液(0.015 mol·L^{-1}):将 1.8726 g $CuSO_4 \cdot 5H_2O$ 溶于水中,加入 80 mL 冰醋酸,加水稀释至 500 mL。

HAc-NaAc 缓冲溶液(pH 为 4.3):将 33.7 g 无水乙酸钠溶于水中,加 2～3 滴 H_2SO_4(1∶1),用水稀释至 1 L,摇匀。

NH_3-NH_4Cl 缓冲溶液(pH 为 10):将 67 g NH_4Cl 溶于适量水后,加入 520 mL 浓氨水,稀释至 1 L。

溴甲酚绿指示剂(0.05%):将 0.05 g 溴甲酚绿溶于 100 mL 20%乙醇溶液中。

磺基水杨酸指示剂(10%):将 10 g 磺基水杨酸溶于 100 mL 水中。

PAN 指示剂(0.2%):称取 0.2 g PAN 溶于 100 mL 乙醇中。

酸性铬蓝 K-萘酚绿 B(K-B 指示剂):准确称取 1 g 酸性铬蓝 K、2.5 g 萘酚绿 B 与 50 g 已在 105 ℃烘干的硝酸钾混合研细,保存在磨口瓶中。

2. EDTA 溶液的标定

从滴定管放出 25 mL 0.015 mol·L^{-1} EDTA 标准溶液于锥形瓶中,用水稀释至约 100 mL,加入 15 mL pH 为 4.3 的 HAc-NaAc 缓冲溶液,加热至微沸,取下稍冷,加入 3 滴 0.2% PAN 指示剂,以 0.015 mol·L^{-1} $CuSO_4$标准溶液滴定至亮紫色。平行标定 3 次,计算 EDTA 的平均浓度。

3. 溶样

准确称取试样 0.5 g 左右,置于干燥的 50 mL 烧杯中,加 2 g 固体 NH_4Cl,用玻璃棒混合,加 2 mL 浓 HCl 和 1 滴 HNO_3,充分搅拌均匀,使所有深灰色试样变为浅黄色糊状物,盖上表面皿,置于沸水浴上蒸发至近干(10～15 min),加 10 mL 热的 HCl(3∶97)溶液搅拌以溶解可溶性盐,趁热用中速定量滤纸过滤,滤液用 250 mL 容量瓶盛接,用热的 HCl(3∶97)溶液洗涤烧杯五六次后,继续用热的 HCl(3∶97)溶液洗涤沉淀至无 Fe^{3+} 为止,冷却后,稀释至刻度,摇匀后保存,用于测定铝、铁、钙、镁等的含量。

4. SiO_2的测定

将沉淀连同滤纸放入已恒量的瓷坩埚中,低温干燥、炭化并灰化后,950 ℃灼烧 40 min取下,置于干燥器中冷却至室温,称量。再灼烧、称量,直至恒量。计算试样中 SiO_2的质量分数。

5. Fe^{3+} 的测定

吸取重量法中分离 SiO_2后的滤液 50 mL 于 400 mL 烧杯中,加 75 mL 水、2 滴 0.05%溴甲酚绿指示剂(其在 pH<3.8 时呈黄色,pH>5.4 时呈绿色),逐滴加入氨水(1∶1),使其呈绿色,然后用 HCl 溶液(1∶1)调至黄色后再过量 3 滴,此时溶液 pH 约为 2,加热至 60～70 ℃,取下,加 10 滴 10%的磺基水杨酸溶液,以 0.015 mol·L^{-1}

EDTA 标准溶液滴定至溶液由淡红紫色变为亮黄色，记录消耗 EDTA 标准溶液的体积。保存该溶液，供测定 Al^{3+} 用。

6. Al^{3+} 的测定

在滴定 Fe^{3+} 后的溶液中加入 0.015 mol · L^{-1} EDTA 标准溶液约 20 mL，加水稀释至约 200 mL，再加入 15 mL pH 为 4.3 的 HAc-NaAc 缓冲溶液，煮沸 1～2 min，取下稍冷至 90 ℃，加入 4 滴 0.2% PAN 指示剂，以 0.015 mol · L^{-1} $CuSO_4$ 标准溶液滴定，溶液逐渐由黄色变为蓝绿色再变为灰绿色，加 1 滴 $CuSO_4$ 溶液后突然变为亮紫色，即为终点，记录消耗 EDTA 标准溶液的体积。

7. Ca^{2+} 的测定

由于 Fe^{3+}、Al^{3+} 干扰 Ca^{2+}、Mg^{2+} 的测定，必须将它们预先分离。为此，取试液 100 mL于 200 mL 烧杯中，滴入氨水(1：1)至红棕色沉淀生成时，再滴入 2 mol · L^{-1} HCl 溶液使沉淀刚好溶解。然后加入 25 mL 尿素溶液，加热约 20 min，不断搅拌，使 Fe^{3+} 和 Al^{3+} 完全沉淀，趁热过滤，滤液用 250 mL 烧杯盛接，用 1% 的 NH_4NO_3 热水洗涤沉淀至无 Cl^- 为止(用 $AgNO_3$ 溶液检查)。滤液冷却后转移至 250 mL 容量瓶中，稀释至刻度，摇匀。滤液用于测定 Ca^{2+}、Mg^{2+}。

吸取分离 Fe^{3+} 和 Al^{3+} 后的滤液 25 mL 于 250 mL 锥形瓶中，加水稀释至约 50 mL，加 1：1 三乙醇胺 4 mL，充分搅拌后，加 10% NaOH 溶液 5 mL，摇匀，加入约 0.01 g 固体钙指示剂，用 0.015 mol · L^{-1} EDTA 标准溶液滴定至溶液由酒红色变纯蓝色即为终点，所用 EDTA 体积为 V_1。

8. Mg^{2+} 的测定

吸取分离 Fe^{3+} 和 Al^{3+} 后的滤液 25 mL 于 250 mL 锥形瓶中，加水稀释至约 50 mL，加 10%酒石酸钾钠溶液 1 mL 和三乙醇胺溶液(1：1)4 mL，搅拌 1 min，加入 5 mL pH 为 10 的 NH_3-NH_4Cl 缓冲溶液，再加入适量 K-B 指示剂，用 0.015 mol · L^{-1} EDTA 标准溶液滴定至溶液呈纯蓝色。计算溶液中 Ca^{2+}、Mg^{2+} 的总量，由此减去钙量即为镁量，所用 EDTA 体积为 V_2。

五、实验数据记录与处理

SiO_2 含量：

$$w_{SiO_2} = \frac{m_2 - m_1}{m_s} \times 100\%$$

Fe_2O_3 含量：

$$w_{Fe_2O_3} = \frac{\frac{1}{2} \times (cV)_{EDTA} \times M_{Fe_2O_3}}{m_s \times \frac{50}{250}}$$

Al_2O_3含量：

$$w_{Al_2O_3}=\frac{\frac{1}{2}[(cV)_{EDTA}-(cV)_{CuSO_4}]\times M_{Al_2O_3}}{m_s\times\frac{50}{250}}$$

CaO 含量：

$$w_{CaO}=\frac{(cV_1)_{EDTA}\times M_{CaO}}{m_s\times\frac{100}{250}\times\frac{25.00}{250}}$$

MgO 含量：

$$w_{MgO}=\frac{[(cV_2)_{EDTA}-(cV_1)_{EDTA}]\times M_{MgO}}{m_s\times\frac{100}{250}\times\frac{25.00}{250}}$$

实验三十八　磷钼蓝光度法测定钢铁中磷的含量(9 学时)

一、实验目的

(1) 掌握磷钼蓝光度法测定钢铁中磷的原理及方法。

(2) 掌握钢铁试样的处理方法。

二、实验原理

钢铁中的磷主要由原料引入，其在钢中以固溶体磷化物存在，有时呈磷酸盐夹杂形式存在。磷在钢中可以提高钢的抗拉强度和耐大气腐蚀作用，改善钢的切削加工性能；同时，磷又能降低钢的高温性能和增加脆性，影响塑性和韧性。因此，磷在钢铁中是作为有害元素存在的。一般钢中把磷含量控制在 0.06%以下，但易切削钢可达 0.4%左右，生铁和铸铁可高达 0.5%左右。

磷的测定方法有重量法、滴定法和分光光度法。但无论采用何种方法，试样都用氧化性酸溶解，将磷氧化为正磷酸。用钼酸铵与其反应生成磷钼杂多酸配合物，然后用不同方法测定磷的含量。重量法是在一定酸度下，磷钼酸与无机或有机沉淀剂沉淀后，灼烧称量测定磷含量，在实验过程中介质、酸度和温度等条件对结果影响较大。滴定法是在有或无 NH_4^+ 存在下，磷钼酸沉淀，沉淀溶于氢氧化钠后用酸滴定氢氧化钠，特点是干扰小。分光光度法有钒钼黄和钼蓝法两类。钒钼黄是磷酸与钒酸、钼酸作用形成磷钒钼黄杂多酸直接测定。钼蓝法是将磷钼杂多酸还原成钼蓝后进行测定，所用还原剂有氯化亚锡、抗坏血酸、硫酸联氨和亚硫酸盐等。由于钢铁中磷的含量较低，大都是采用磷钼蓝光度法进行测定。钢样用氧化性酸溶解，磷生成正磷酸和少量偏磷酸和亚磷酸。

$$3Fe_3P+41HNO_3 = 9Fe(NO_3)_3+3H_3PO_4+14NO\uparrow+16H_2O$$

$$3Fe_3P+41HNO_3 = 9Fe(NO_3)_3+3HPO_3+14NO\uparrow+19H_2O$$

$$Fe_3P + 13HNO_3 \longrightarrow 3Fe(NO_3)_3 + H_3PO_3 + 4NO\uparrow + 5H_2O$$

在煮沸过程中，偏磷酸能逐渐转变成正磷酸。由于亚磷酸不能与钼酸铵生成磷钼杂多酸，必须用过硫酸铵、高氯酸或高锰酸钾把可能生成的亚磷酸转化为正磷酸：

$$H_3PO_3 + (NH_4)_2S_2O_8 + 2HNO_3 + H_2O \longrightarrow H_3PO_4 + 2NH_4NO_3 + 2H_2SO_4$$

$$4H_3PO_3 + HClO_4 \longrightarrow 4H_3PO_4 + HCl$$

$$5H_3PO_3 + 2KMnO_4 + 6HNO_3 \longrightarrow 5H_3PO_4 + 2KNO_3 + 2Mn(NO_3)_2 + 3H_2O$$

氧化过程中，若有 MnO_2 生成，必须用过氧化氢或亚硝酸钠将其还原。

在一定酸度及温度下，加入钼酸铵，则磷酸和钼酸生成黄色磷钼杂多酸配合物磷钼黄：

$$H_3PO_4 + 12H_2MoO_4 \longrightarrow H_3[P(Mo_3O_{10})_4] + 12H_2O$$

然后用还原剂，如氯化亚锡、抗坏血酸、硫酸联氨和亚硫酸盐等还原磷钼杂多酸配合物分子中的部分配位钼原子，生成磷钼蓝配合物。

$$H_3[P(MoO_{10})_4] + 8H^+ + 4Sn^{2+} \longrightarrow (2Mo_2 \cdot 4MoO_3)_2 \cdot H_3PO_4 + 4Sn^{4+} + 4H_2\uparrow$$

生成的磷钼蓝配合物的蓝色深浅与磷的含量成正比，据此可比色测定磷的含量。

三、试剂与仪器

1. 试剂

高氯酸(分析纯)，硫代硫酸钠溶液($100\ g \cdot L^{-1}$)，抗坏血酸溶液($10\ g \cdot L^{-1}$)，钼酸铵溶液($2.5\ g \cdot L^{-1}$)，磷标准溶液，硫酸-硝酸混合酸，硝酸铋溶液($3\ g \cdot L^{-1}$)，过氧化氢($30\ g \cdot L^{-1}$)。

2. 仪器

721 分光光光度计，分析天平，移液管(10 mL、5 mL、3 mL、2 mL)，洗耳球，烧杯(100 mL 5 个，400 mL 1 个，500 mL 1 个)，容量瓶(50 mL 4 个)，容量瓶(100 mL 1 个)，量筒(10 mL 2 个，50 mL 1 个)，秒表。

四、实验内容

1. 溶液的配制

硫酸-硝酸混合酸：于 800 mL 蒸馏水中在不断搅拌下加入 50 mL 浓 H_2SO_4，冷却后加 8 mL HNO_3，然后用蒸馏水稀释至 1000 mL，摇匀。

硝酸铋溶液($3\ g \cdot L^{-1}$)：于 100 mL 蒸馏水中加入 4 mL 浓 H_2SO_4，然后加入0.3 g 硝酸铋，搅拌溶解。

过氧化氢($30\ g \cdot L^{-1}$)：取一份 30%的过氧化氢与 9 份蒸馏水混合。

2. 样品的消化

准确称取 0.2000 g 钢样置于 100 mL 小烧杯中，依次加入 2～3 g 过硫酸铵、45 mL

硫酸-硝酸混合酸，盖上表面皿，小火加热溶解。如有二氧化锰析出或溶液呈褐色，滴加 30 g · L^{-1}的过氧化氢至高价锰刚好被还原，煮沸 1 min 使过氧化氢分解，冷却至室温，转移至 100 mL 容量瓶中，用蒸馏水稀释至刻度，摇匀。如有沉淀，可进行干过滤，弃去开始流出的滤液约 10 mL，以后收集的滤液作为磷的待测试液。

3. 标准曲线的绘制

称取一定质量的磷酸二氢钾，加水溶解，使磷的含量为 6.0 μg · mL^{-1}，分别移取 1.00 mL、2.00 mL、4.00 mL、8.00 mL、10.00 mL 的溶液于 50 mL 容量瓶定容。用 1 cm比色皿在波长 680 nm 处以蒸馏水为参比测定吸光度。以磷的质量浓度为横坐标，吸光度值为纵坐标，绘制标准曲线。

4. 样品的测定

准确吸取 10.00 mL 上述试液于 100 mL 容量瓶中，依次加入 3 滴 100 g · L^{-1}硫代硫酸钠溶液、5 mL 10 g · L^{-1}抗坏血酸、5 mL 3 g · L^{-1}硝酸铋溶液和 20 mL 2.5 g · L^{-1}钼酸铵溶液，5 min 后用 1 cm 比色皿在波长 680 nm 处以试剂空白为参比进行测定，根据标准曲线，计算样品中磷的含量。

五、数据记录和处理

编号	1	2	3	4	5	钢样试液
磷质量浓度/(mg · L^{-1})						
吸光度 A						

六、注意事项

(1) 测定磷所用的锥形瓶必须专用且不接触磷酸，因磷酸在高温(100～150 ℃)时能侵蚀玻璃而形成 $SiO_2 \cdot P_2O_5$或 $SiO(PO_3)_2$，用水及清洁剂不易洗净，并使测定磷的结果增高。

(2) 铁、钛、锆的干扰可通过加入氟化钠掩蔽；有高价铬、钒存在时，加入亚硫酸钠将铬、钒还原为低价以消除影响。

(3) 测定范围：磷含量 0.0050%～0.10%。

实验三十九　乙酰乙酸乙酯的合成(6 学时)

一、实验目的

(1) 了解克莱森(Claisen)酯缩合反应的原理。

(2) 掌握乙酰乙酸乙酯的制备方法。

(3) 掌握无水操作及减压蒸馏操作。

二、实验原理

乙酰乙酸乙酯是无色至浅黄色的澄清液体,有类似醚和苹果味的香气。易溶于乙醚、乙醇,微溶于水。有刺激性和麻醉性。遇明火可燃,高热或接触氧化剂时有发生燃烧的危险。被广泛应用于食用香精、制药、染料、涂料等有机工业方面。

$$2CH_3COOC_2H_5 \xrightarrow{NaOC_2H_5} Na^+[CH_3COCHCOOC_2H_5]^-$$

$$\xrightarrow{CH_3COOH} CH_3COCH_2COOC_2H_5 + CH_3COONa$$

1. 反应机理

含有 α-氢的酯在碱性催化剂存在下,能和另一分子的酯发生克莱森缩合反应并生成 β-羰基酸酯,实验室常利用此原理制备乙酰乙酸乙酯。经常用到的碱性催化剂是乙醇钠,也可以用金属钠代替乙醇钠。由于金属钠和残留在乙酸乙酯中的少量乙醇(少于 2%)作用后就能生成乙醇钠。乙酰乙酸乙酯的生成经过如下一系列平衡反应。

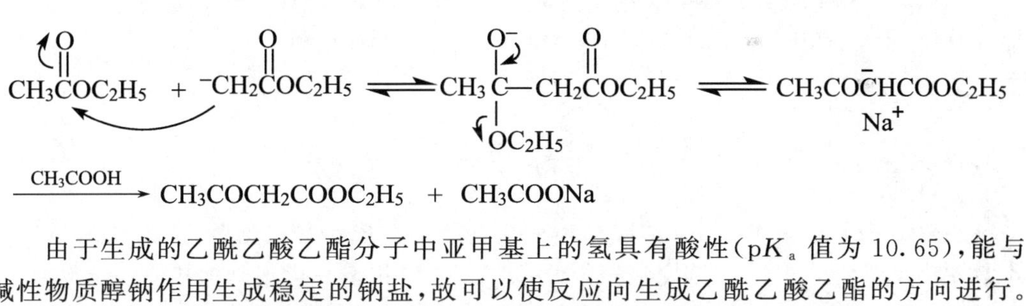

由于生成的乙酰乙酸乙酯分子中亚甲基上的氢具有酸性(pK_a 值为 10.65),能与碱性物质醇钠作用生成稳定的钠盐,故可以使反应向生成乙酰乙酸乙酯的方向进行。最后利用乙酰乙酸乙酯的钠盐与乙酸的作用,将其转化为乙酰乙酸乙酯。

乙酰乙酸乙酯是混合物,分子中同时存在酮式和烯醇式两种互变异构体,在室温条件下经测定乙酰乙酸乙酯分子含有 93%的酮式和 7%的烯醇式。

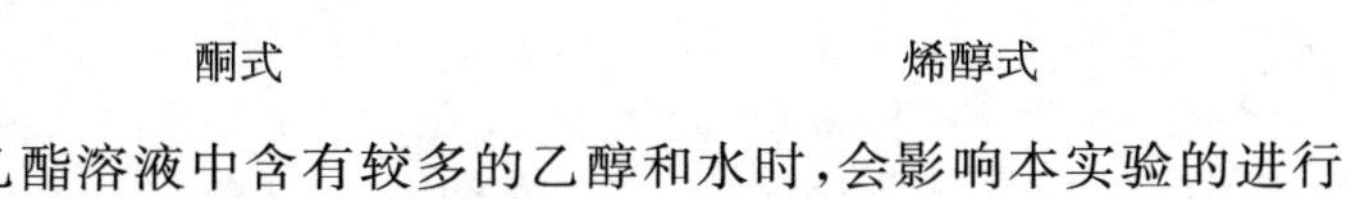

酮式　　　　烯醇式

如果乙酸乙酯溶液中含有较多的乙醇和水时,会影响本实验的进行,导致乙酰乙酸乙酯产率降低,因此反应前乙酸乙酯必须干燥,并除去过量的乙醇后方能使用。此外,乙酰乙酸乙酯存放时间太久或处于高温环境,会生成去水乙酸,也会导致产率降低,所以不能用常压蒸馏进行分离提纯,必须采用减压蒸馏。

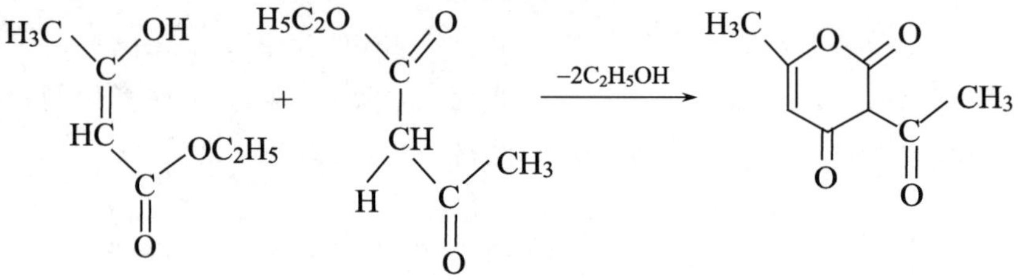

2. 减压蒸馏原理

参见《基础化学实验(上册)》2.1.11。

三、试剂与仪器

1. 试剂

乙酸乙酯(分析纯),钠,二甲苯(分析纯),苯(分析纯),乙酸溶液(50%),氯化钠溶液(饱和),无水硫酸钠(分析纯),无水氯化钙(分析纯)。

2. 仪器

圆底烧瓶(50 mL),表面皿,无水干燥回流装置,减压蒸馏装置,分液漏斗,电热套,温度计(100 ℃、200 ℃),烧杯(50 mL、100 mL、250 mL)。

四、实验内容

1. 制备钠珠

在表面皿上迅速将 0.9 g 清除掉表面氧化膜的金属钠切成薄片,立即放入带有无水氯化钙干燥管的 50 mL 圆底烧瓶中(内装 5 mL 二甲苯),电热套加热使钠全部熔融。用橡皮塞塞住瓶口后包在干毛巾中用力振摇,使钠分散成尽可能小而均匀的细珠。随着二甲苯逐渐冷却,钠珠迅速固化。

2. 回流反应

待二甲苯冷却至室温后,回收二甲苯(切勿倒入水槽或废物缸,以免引起火灾)。迅速向瓶中加入 10 mL 精制过的乙酸乙酯,装上带有无水氯化钙干燥管的回流冷凝管,反应随即开始,并有氢气逸出。若反应不开始或速率较慢,可稍加温热,保持反应液处于微沸状态,回流至所有金属钠消失,反应约需 1.5 h,此时生成的乙酰乙酸乙酯钠盐为橘红色透明溶液,有时可能会析出黄白色沉淀(均为乙酰乙酸乙酯钠盐)。

3. 酸处理

稍微冷却后，一边振荡一边加入 50%乙酸至反应液呈弱酸性（pH 为 5～6），固体溶完为止。

4. 分液、蒸馏

将反应液转入分液漏斗，加等体积饱和氯化钠溶液，用力振摇，静置，分出有机层（上层），水层用 8 mL 苯萃取。合并有机层和萃取液，用无水硫酸钠干燥后滤入蒸馏瓶，并用少量乙酸乙酯洗涤干燥剂，合并。小火加热蒸去苯和未反应的乙酸乙酯，当温度升至 95 ℃时停止蒸馏，改为减压蒸馏，减压蒸馏时必须缓慢加热，待残留的低沸物蒸出后，再升高温度，收集 54～55 ℃/931 Pa(7 mmHg)馏分，即为产品。称量，计算产率，做 FTIR 谱图和^{1}H NMR 谱图，并与标准谱图对照。

五、注意事项

（1）本实验要求无水操作，乙酸乙酯要精制，必须绝对无水。严禁金属钠与水接触，钠珠的制作过程中间一定不能停，且要来回振摇，不要转动。

（2）振摇时要注意安全，用手套或干布包裹住瓶颈。

（3）一般要求金属钠全部消耗完，但有极少量不影响进一步操作。酸化时要小心操作。

（4）酸化时，若 pH 已达 5～6 而固体未完全溶解，可加水使其溶解。

（5）乙酰乙酸乙酯常压蒸馏很易分解，产生“去水乙酸”，为棕黄色固体。

六、思考题

（1）为什么使用二甲苯作溶剂？可否改用苯或甲苯？

（2）克莱森酯缩合反应中的催化剂是什么？本实验为什么能用金属钠作催化剂？为什么计算产率时要以金属钠为基准？

（3）为什么用乙酸酸化，而不用稀盐酸或稀硫酸酸化？而且要将溶液调到弱酸性，不是中性？

（4）实验中加入饱和氯化钠溶液的目的是什么？

（5）中和过程开始析出的少量固体是什么？

（6）乙酰乙酸乙酯沸点并不高，为什么不用普通蒸馏而要用减压蒸馏分离提纯？

（7）所用仪器未经干燥处理，对反应将产生什么影响？

（8）如何通过实验方法证明乙酰乙酸乙酯是两种互变异构体的平衡混合物？

七、主要试剂及产物的物理常数

1. 物理常数

名称	摩尔质量/(g·mol⁻¹)	密度/(g·mL⁻¹)	熔点/℃	沸点/℃	溶解性		
					水	乙醇	乙醚
乙酸乙酯	88.12	0.899～0.901	−83.6	77.1	溶	∞	∞
乙酰乙酸乙酯	130.14	1.0212	−45	181	微溶	∞	∞
二甲苯	106.2	0.86～0.88	−47.9～13.2	138.36～144.43	不溶	∞	∞

2. 乙酰乙酸乙酯沸点与压力的关系表

p/Pa	101.3×10^3	106.64×10^2	79.98×10^2	53.32×10^2	39.99×10^2	26.66×10^2	23.99×10^2	18.66×10^2	15.99×10^2	13.33×10^2
p/mmHg	760	80	60	40	30	20	18	14	12	10
沸点/℃	181	100	97	92	88	82	78	74	71	67.3

八、标准 FTIR 谱图和¹H NMR 谱图

乙酰乙酸乙酯的 FTIR 谱图和¹H NMR 谱图分别如图 9-5 和图 9-6 所示。

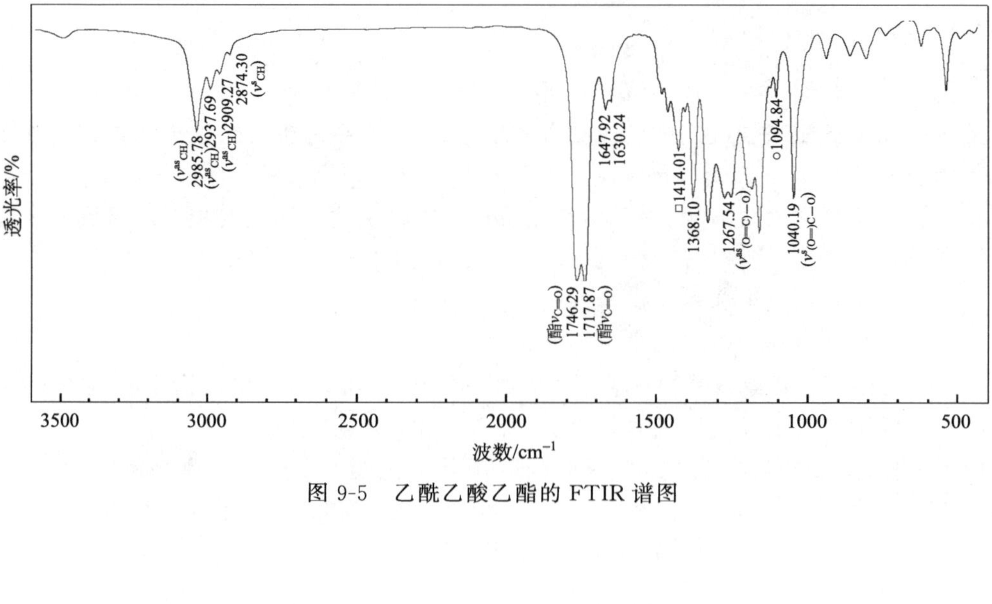

图 9-5　乙酰乙酸乙酯的 FTIR 谱图

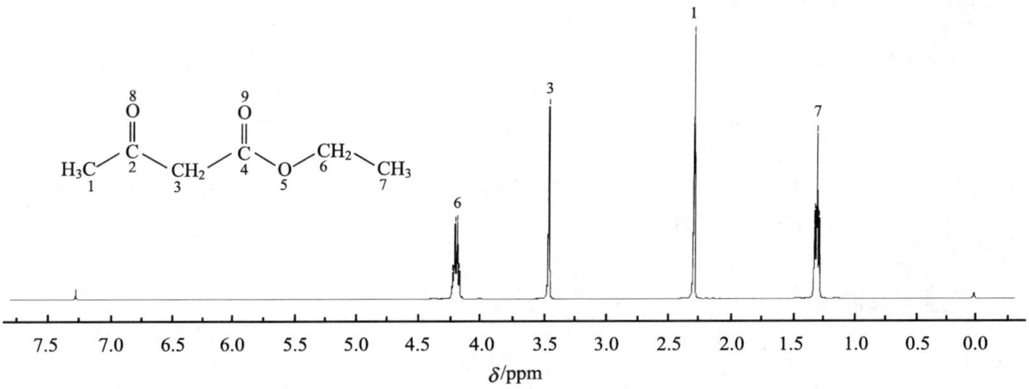

图 9-6　乙酰乙酸乙酯的 ^{1}H NMR 谱图

实验四十　2-庚酮的制备(4 学时)

一、实验目的

(1) 学习由乙酰乙酸乙酯烃基化制备酮的原理和方法。

(2) 进一步熟练掌握蒸馏、减压蒸馏、萃取的基本操作。

二、实验原理

2-庚酮微量存在于丁香油、肉桂油、椰子油中,具有强烈的水果香气,可用于香精。已在美国、欧洲等一些国家被批准用于食品,微量用于康乃馨等日用香精中,主要用途是配制香蕉、柑橘、桃子、椰子、草莓、奶酪等食用香精,广泛用于工业溶剂、纤维、医药、农药、香料、化工等领域。

2-庚酮易燃,具有强刺激性,尤其对鼻、眼有强烈刺激作用,高浓度蒸气具有麻醉作用,可致深度麻醉。2-庚酮是一种蜜蜂警戒信息素,可使工蜂聚集并对入侵者发起攻击。此外,2-庚酮的水溶液是活性较高、环境友好的除虫剂,可用来防治某些蔬菜中的蚜虫。

2-庚酮的合成是利用乙醇钠和乙酰乙酸乙酯的 α-H 反应形成乙酰乙酸乙酯碳负离子,后者与 1-溴丁烷进行亲核取代反应(S_N2),得到正丁基乙酰乙酸乙酯,再经过碱性水解得到正丁基乙酰乙酸钠,后者在硫酸作用下酮式分解得到粗品 2-庚酮,经过分离提纯后得到较纯的产品。

$$CH_3COCH_2COOCH_2CH_3 \xrightarrow[CH_3CH_2ONa]{CH_3CH_2OH} [CH_3COCHCOOCH_2CH_3]^-Na^+$$

$$[CH_3COCHCOOCH_2CH_3]^-Na^+ + CH_3CH_2CH_2CH_2Br \xrightarrow{KI} \begin{array}{l} CH_3CO\underset{|}{C}HCOOCH_2CH_3 \\ \quad\quad\ \ CH_2CH_2CH_2CH_3 \end{array}$$

$$\begin{array}{l} CH_3CO\underset{|}{C}HCOOCH_2CH_3 \\ \quad\quad\ \ CH_2CH_2CH_2CH_3 \end{array} \xrightarrow[②H_3O^+]{①NaOH/H_2O} CH_3COCH_2CH_2CH_2CH_2CH_3$$

三、试剂与仪器

1. 试剂

无水乙醇（分析纯），金属钠，邻苯二甲酸二甲酯（分析纯），氯化钙溶液（饱和），碘化钾（分析纯），乙酰乙酸乙酯（分析纯），正溴丁烷（分析纯），盐酸（1%），二氯甲烷（分析纯），氢氧化钠溶液（5%），硫酸溶液（20%），氯化钙溶液（40%），无水硫酸镁（分析纯）。

2. 仪器

圆底烧瓶（100 mL），三颈烧瓶（100 mL），冷凝管，干燥管，锥形瓶（100 mL），集热式恒温加热磁力搅拌器，分液漏斗，温度计（200 ℃），滴管。

四、实验内容

1. 绝对无水乙醇的制备

将 30 mL 无水乙醇加入 100 mL 圆底烧瓶，在烧瓶中加入两三粒沸石和 1 g 切成片状的金属钠，置于水浴上面加热回流约 30 min。往烧瓶中小心加入 2 g 邻苯二甲酸二甲酯，继续回流 1 h，冷却后改为蒸馏装置，收集 78 ℃馏分，得绝对无水乙醇，收集后立即密封保存。

2. 正丁基乙酰乙酸乙酯的制备

在干燥的 100 mL 三颈烧瓶中加入 1.15 g 剪成细条的金属钠，安装冷凝管和恒压滴液漏斗，冷凝管上装一氯化钙干燥管。由滴液漏斗逐滴加入 25 mL 无水乙醇，控制滴加速度使乙醇保持沸腾，待金属钠完全反应（约 20 min），加入 0.6 g 粉状碘化钾，加热至沸腾，直至固体溶解。然后加入 6.5 g 新蒸的干燥乙酰乙酸乙酯。在加热回流持续搅拌下，滴加 7.5 g 正溴丁烷，滴完后溶液略微显橘黄色，并有白色沉淀析出，继续搅拌回流 3 h 得正丁基乙酰乙酸乙酯粗产物。

反应液冷却后，倾出上层清液，析出的盐用少量乙醇洗涤一次，洗涤液与上层清液合并后，蒸出并回收乙醇，粗产物用 5 mL 1%的稀盐酸洗涤，分出有机层，水层用 5 mL 二氯甲烷萃取一次，将有机层与二氯甲烷萃取液合并，用 4 mL 水洗涤。

3. 2-庚酮的制备

分液后有机层中加入 30 mL 5% NaOH 溶液，室温搅拌 2.5 h，在搅拌下慢慢滴加 20%的硫酸溶液约 8 mL，调节 pH 为 2～3，待大量的二氧化碳气泡放完后，停止搅拌，改成蒸馏装置，收集馏出物。蒸馏毕，分出有机层，水层用二氯甲烷萃取两次（每次 5 mL），合并有机层，用 10 mL 40%的氯化钙溶液洗涤一次，分出有机层，再用无水硫酸镁充分干燥后，蒸出二氯甲烷，收集 145～152 ℃馏分，得 2-庚酮。称量，计算产率，做 FTIR 谱图和 ^{1}H NMR 谱图，与标准谱图对照。

五、注意事项

（1）操作过程中必须是无水操作，不允许仪器和乙醇中有水，否则会降低产率。乙酰乙酸乙酯使用前需减压重蒸。

（2）金属钠性质活泼，遇水立即剧烈反应，同时会燃烧并放出氢气，故操作时务必小心，注意安全。

（3）1-溴丁烷在使用前要经过干燥（可采用氯化钙作干燥剂），并重新蒸馏。

（4）实验中利用碘化钾可加快反应速率。

（5）高浓度 2-庚酮蒸气可致深度麻醉；对鼻、眼有强烈刺激性，操作要小心。

（6）制备 2-庚酮时，会生成一些二烷基丙酮衍生物，为提高产率可采用过量的乙酰乙酸乙酯。

六、思考题

（1）制备正丁基乙酰乙酸乙酯时，滴完后溶液略微显橘黄色，并有白色沉淀析出，是什么物质？

（2）实验中加入碘化钾可加快反应速率，试解释原因。

（3）是否可以选用其他有机试剂合成 2-庚酮，如 2-庚醇、丁醛与丙酮等？使用上述原料设计两种合成路线。

七、主要试剂及产物的物理常数

名称	摩尔质量 /(g·mol^{-1})	密度 /(g·mL^{-1})	熔点 /℃	沸点 /℃	溶解性		
					水	乙醇	乙醚
2-庚酮	114.19	0.8166	−35	150.2	微溶	∞	∞
乙酰乙酸乙酯	130.14	1.0212	−45	181	微溶	∞	∞
正溴丁烷	137.03	1.276	−112.4	106.1	不溶	∞	∞
二氯甲烷	84.93	1.325	−97	39.8	不溶	∞	∞

八、标准 FTIR 谱图和^{1}H NMR 谱图

2-庚酮的 FTIR 谱图和^{1}H NMR 谱图分别如图 9-7 和图 9-8 所示。

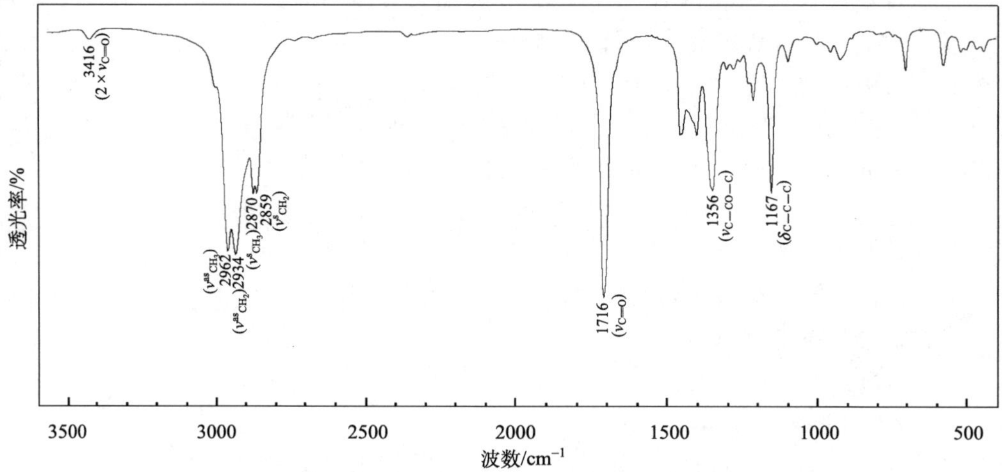

图 9-7　2-庚酮的 FTIR 谱图

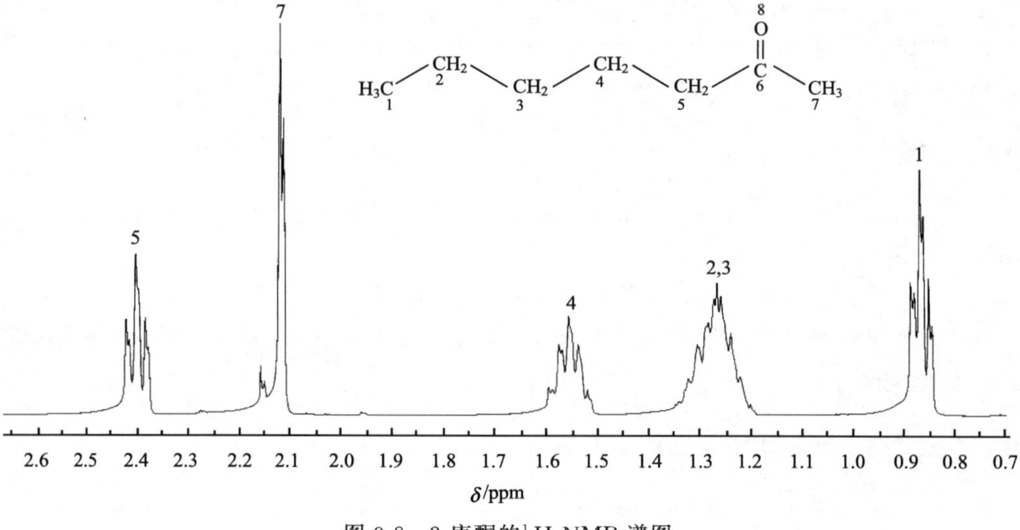

图 9-8　2-庚酮的^{1}H NMR 谱图

实验四十一　内型-降冰片烯-顺-5,6-二羧酸酐的合成(4 学时)

一、实验目的

(1) 掌握第尔斯-阿尔德(Diels-Alder)反应制备内型-降冰片烯-顺-5,6-二羧酸酐的

原理和方法。

(2) 熟练掌握处理固体产物的基本操作。

二、实验原理

共轭双烯与含活泼双键或叁键的化合物(称为亲双烯体)的 1,4-加成反应称为第尔斯-阿尔德反应,在有机实验中常利用这一反应合成六元环、桥环或骈合环。

第尔斯-阿尔德反应一般具有如下特点:

(1) 反应条件简单,通常在室温或在适当的溶剂中回流即可。

(2) 产率高,特别是当使用高纯度的试剂和溶剂时,反应几乎是定量进行的。

(3) 副反应少,产物易于分离纯化。

(4) 反应具有高度的立体专一性,这种立体专一性表现为:只有当共轭双烯处于顺(*s*-)位时才能反应;1,4-环加成反应是立体定向的顺式加成,共轭双烯与亲双烯体的构型在反应中保持不变;环状二烯与环状亲双烯体的加成主要生成内型产物。例如,环戊二烯与顺丁烯二酸酐的加成产物中,内型产物占绝对优势:

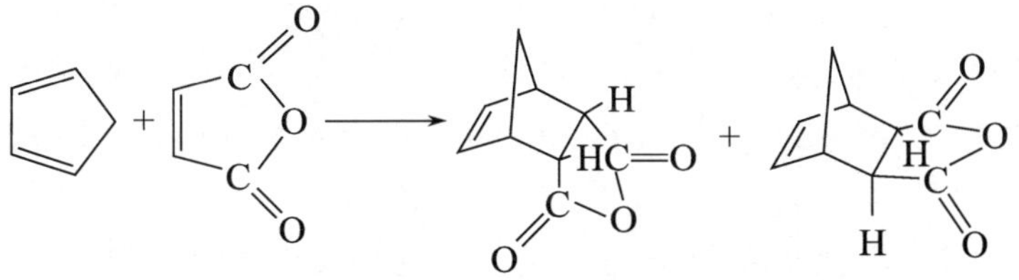

内型 (*endo*)　　外型 (*exo*)

>98.5%　　<1.5%

内型加成产物是指双烯体中的 C_2—C_3 键和亲双烯体中与烯键(或炔键)共轭的不饱和基团处于连接平面同侧时的产物。两者处于异侧时的生成物则称为外型产物。

本实验是环戊二烯与顺丁烯二酸酐的第尔斯-阿尔德加成,得到的是内型产物,也可命名为内型-降冰片烯-顺-5,6-二羧酸酐(*endo*-norbornene-*cis*-5,6-dicarboxylic anhydride)或降冰片烯二酸酐。产物为白色针状结晶,有潮解性,受热升华,能与水反应成酸。易溶于苯、甲苯、丙酮、四氯化碳、氯仿、乙醇和乙酸乙酯,微溶于石油醚。内型-降冰片烯-顺-5,6-二羧酸酐可用作环氧树脂、硬化玻璃固化剂,橡胶软化剂的中间体,塑料、钢丝、搪瓷及树脂等表面活化剂,也可用于合成润滑剂和纺织整理渗透剂。

三、试剂与仪器

1. 试剂

环戊二烯(新蒸),顺丁烯二酸酐(分析纯),乙酸乙酯(分析纯),石油醚(沸程 60～90 ℃)。

2. 仪器

锥形瓶(100 mL),布氏漏斗,抽滤瓶,表面皿,烧杯(250 mL),集热式恒温加热磁力搅拌器。

四、实验内容

在干燥的 100 mL 锥形瓶中加入 6 g 顺丁烯二酸酐和 20 mL 乙酸乙酯,在水浴上温热使其完全溶解,再加入 20 mL 石油醚(沸程 60～90 ℃),摇匀后置冰水浴中冷却。加入 6 mL 新蒸的环戊二烯,在冰水浴中振荡反应瓶,以防止环戊二烯挥发损失,直至放热反应完成,析出白色晶体。将反应混合物在水浴上加热使固体重新溶解,再让其缓缓冷却,得到内型-降冰片烯-顺-5,6-二羧酸酐的白色针状结晶,抽滤,干燥后称量,熔点为 164～165 ℃。

加成产物内型-降冰片烯-顺-5,6-二羧酸酐分子中仍保留双键,可使高锰酸钾溶液或溴的四氯化碳溶液褪色。

该产物易水解成相应的二元羧酸,故应保存在干燥器中。

五、注意事项

(1) 顺丁烯二酸酐及其加成产物都易水解成相应的二元羧酸,故所用全部仪器、试剂及溶剂均需干燥,并注意防止水或水汽进入反应系统。

(2) 环戊二烯在室温下易聚合为环戊二烯的二聚体,市售环戊二烯都是二聚体。二聚体在 170 ℃以上可解聚为环戊二烯,方法如下:

将二聚体置于圆底烧瓶中,瓶口安装 30 cm 长的韦氏分馏柱,缓缓加热解聚。产生的环戊二烯单体沸程为 40～42 ℃,因此需控制分馏柱顶的温度不超过 45 ℃,并用冰水浴冷却接收瓶。如果这样分馏所得环戊二烯浑浊,则是潮气侵入所致,可用无水氯化钙干燥。馏出的环戊二烯应尽快使用。如果需短期存放,可密封放置在冰箱中。

六、思考题

(1) 环戊二烯为什么容易二聚和发生第尔斯-阿尔德反应?

(2) 二聚环戊二烯解聚应注意些什么?

(3) 写出下列第尔斯-阿尔德反应的产物:

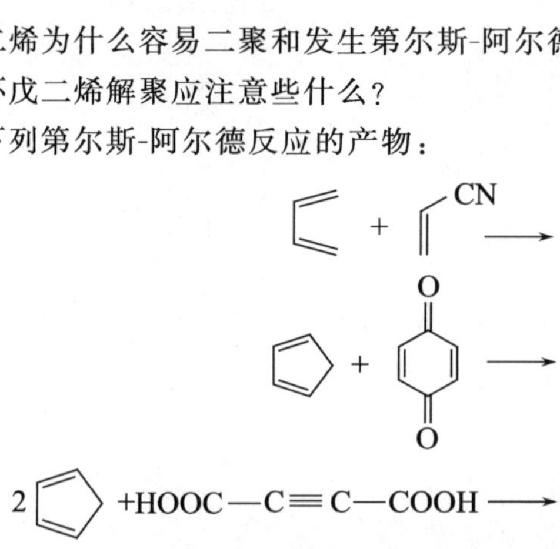

七、主要试剂及产物的物理常数

名称	摩尔质量 /(g·mol^{-1})	密度 /(g·mL^{-1})	熔点 /℃	沸点 /℃	溶解性		
					水	乙醇	乙醚
环戊二烯	66.10	0.80	−85	41.5～42	不溶	溶	溶
顺丁烯二酸酐	98.06	1.48	52.8	202	—	—	溶
内型-降冰片烯-顺-5,6-二羧酸酐	164.15	1.417	164～165	331.1	不溶(冷)	溶	溶

八、标准 FTIR 谱图和^{1}H NMR 谱图

内型-降冰片烯-顺-5,6-二羧酸酐的 FTIR 谱图和^{1}H NMR 谱图分别如图 9-9 和图 9-10 所示。

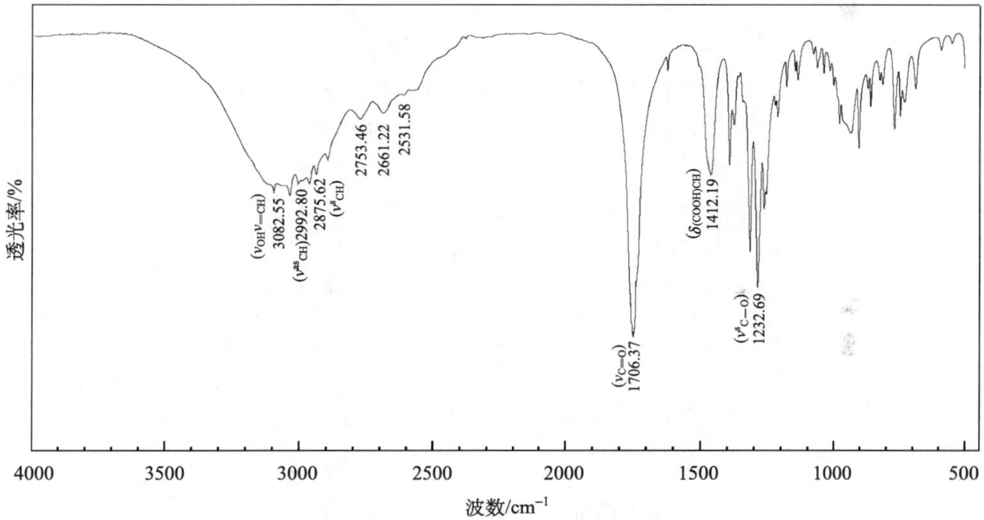

图 9-9　内型-降冰片烯-顺-5,6-二羧酸酐的 FTIR 谱图

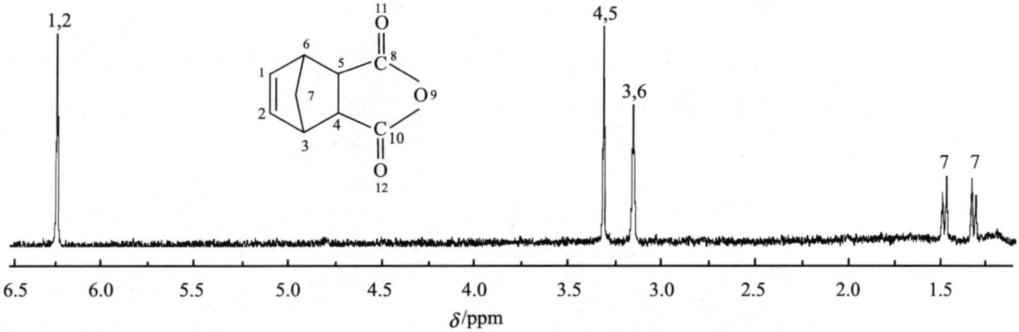

图 9-10　内型-降冰片烯-顺-5,6-二羧酸酐的^{1}H NMR 谱图

实验四十二　植物生长调节剂——2，4-二氯苯氧乙酸的合成(6 学时)

一、实验目的

(1) 掌握芳环上温和条件下的卤代反应及威廉姆逊(Williamson)醚合成法。

(2) 巩固机械搅拌、分液漏斗使用、重结晶和蒸馏等操作。

(3) 学习多步骤有机合成实验方法。

二、实验原理

2,4-二氯苯氧乙酸又称 2,4-D,是一种应用十分广泛的除草剂和植物生长素,并有防倒伏、促进水稻增产和早熟等功能。低浓度 2,4-二氯苯氧乙酸对植物生长具有刺激作用,能促进作物早熟增产,防止植物果实(如番茄等)早期落花落果,并可以导致无籽果实的形成。而高浓度 2,4-二氯苯氧乙酸对植物具有灭杀作用,对于双叶子杂草具有良好的防治效果,还可用作防腐剂。

2,4-二氯苯氧乙酸纯品为白色无臭晶体,熔点 138 ℃,难溶于水,溶于乙醇、乙醚、丙酮等有机溶剂。2,4-二氯苯氧乙酸的合成方法有多种,本实验是用先缩合后氯化的合成路线,以苯酚和氯乙酸为原料,在碱性溶液中进行威廉姆逊反应制得苯氧乙酸,然后用浓盐酸加过氧化氢和次氯酸钠在酸性介质中的分步氯化可得到对氯苯氧乙酸和 2,4-二氯苯氧乙酸。对氯苯氧乙酸又称防落素,能减少农作物落花落果。二者都是植物生长调节剂。具体反应步骤如下:

第一步是制备酚醚,这是一个亲核取代反应,在碱性条件下易于进行。

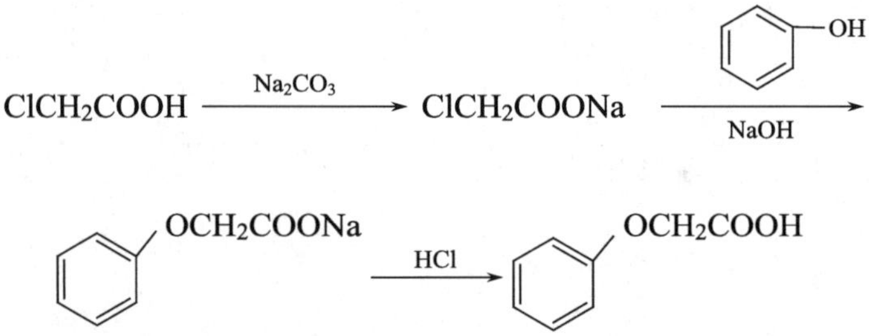

第二步是芳环上的氯代,芳环亲电取代反应一般是在氯化铁催化下与氯气反应。本实验通过浓盐酸加过氧化氢和用次氯酸钠在酸性介质中氯化,避免了直接使用氯气带来的危险和不便。这步以 $FeCl_3$ 作催化剂,氯化剂是 Cl^+,引入第一个 Cl。

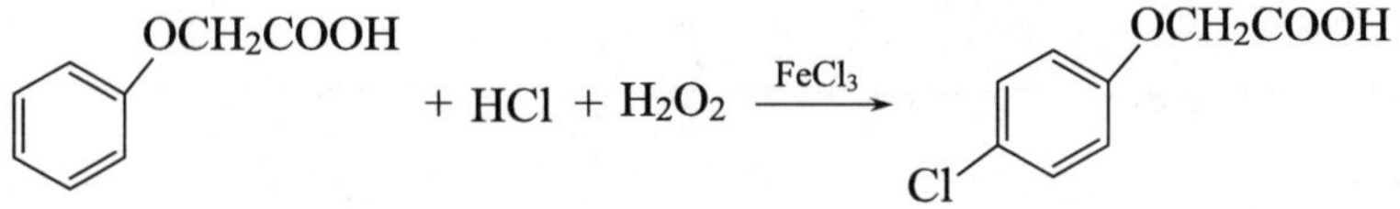

第三步仍是苯环上的亲电取代,从 HOCl 产生的 H_2O^+Cl 和 Cl_2O 作氯化剂,引入

第二个 Cl。

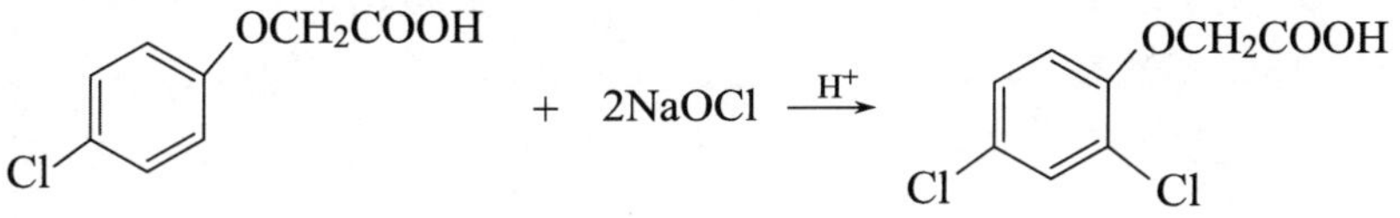

三、试剂与仪器

1. 试剂

氯乙酸(分析纯),苯酚(分析纯),氢氧化钠溶液(35%),碳酸氢钠溶液(饱和),碳酸钠溶液(10%),冰醋酸(分析纯),盐酸(36%),过氧化氢溶液(33%),次氯酸钠溶液(5%),乙醇水溶液($V_{乙醇}:V_{水}=1:3$),乙醚(分析纯),四氯化碳(分析纯),pH 试纸,刚果红试纸。

2. 仪器

三颈烧瓶(100 mL),锥形瓶(250 mL、100 mL),冷凝管,恒压滴液漏斗,表面皿,布氏漏斗,抽滤瓶,烧杯(250 mL、100 mL),分液漏斗,集热式恒温加热磁力搅拌器,电热套。

四、实验内容

1. 苯氧乙酸的制备

在装有回流冷凝管和恒压滴液漏斗的 100 mL 三颈烧瓶中加入 3.8 g 氯乙酸和 5 mL 水。搅拌下,慢慢滴加饱和碳酸氢钠溶液(约需 7 mL),至溶液 pH 为7~8,使氯乙酸转变为氯乙酸钠。然后在搅拌下向上述氯乙酸钠溶液中加入 2.5 g 苯酚,再慢慢滴加 35%的氢氧化钠溶液至反应混合物 pH 为 12,将反应物在沸水浴中加热约 0.5 h。反应过程中 pH 会下降,应补加氢氧化钠溶液,保持 pH 为 12,然后在沸水浴上继续加热 15 min。反应完毕后,将三颈烧瓶移出水浴,将反应混合物趁热转入烧杯中,在搅拌下用浓盐酸酸化至 pH 为 4。酸化后放入冰浴中冷却,有固体析出,待结晶完全后,抽滤,粗产物用冷水洗涤两三次,在 60~65 ℃下干燥,苯氧乙酸为无色针状结晶,测熔点。粗产物可直接用于对氯苯氧乙酸的制备。纯苯氧乙酸的熔点为 98~99 ℃。

2. 对氯苯氧乙酸的制备

在装有搅拌器、回流冷凝管和恒压滴液漏斗的 100 mL 三颈烧瓶中加入 3 g 上述制备的苯氧乙酸和 10 mL 冰醋酸。将三颈烧瓶置于水浴加热,同时开动搅拌。待水浴温度上升至 55 ℃时,加入少许(约 20 mg)三氯化铁和 10 mL 浓盐酸。当水浴温度升至 60~70 ℃时,在 10 min 内慢慢滴加 3 mL 33%的过氧化氢,滴加完毕后保持此温度再反应 20 min,有部分固体析出。升高温度使瓶内固体全溶,慢慢冷却,析出结晶。抽滤,粗产物用水洗涤 3 次。粗产物用乙醇水溶液(1∶3)重结晶,干燥后得纯对氯苯氧乙酸。纯对氯苯氧乙酸的熔点为 158～159 ℃。

3. 2,4-二氯苯氧乙酸的制备

在 250 mL 锥形瓶中,加入 2 g 干燥的对氯苯氧乙酸和 24 mL 冰醋酸,搅拌使固体溶解。将锥形瓶置于冰浴中冷却,在摇荡下分批加入 40 mL 5%的次氯酸钠溶液。然后将锥形瓶从冰浴中取出,待反应物升至室温后再保持 5 min,此时反应液颜色变深。向锥形瓶中加入 80 mL 水,并用 6 $mol \cdot L^{-1}$ 的盐酸酸化至刚果红试纸变蓝($pH<3$)。反应物用乙醚萃取两次(每次 20 mL)。合并乙醚萃取液,在分液漏斗中用 25 mL 水洗涤后,再用 25 mL 10%的碳酸钠溶液萃取产物(小心！有二氧化碳气体逸出)。将碱性萃取液移至烧杯中,加入 40 mL 水,用浓盐酸酸化至刚果红试纸变蓝,此时析出大量沉淀,抽滤,并用冷水洗涤两三次,干燥后得 2,4-二氯苯氧乙酸粗产物,粗产物用石油醚重结晶,得到纯 2,4-二氯苯氧乙酸白色晶体。纯 2,4-二氯苯氧乙酸的熔点为 138 ℃。

五、注意事项

(1) 先用饱和碳酸钠溶液将氯乙酸转变为氯乙酸钠,以防氯乙酸水解。因此,滴加碱液的速率要慢。

(2) 在减压过滤较强酸性溶液时为防止滤纸受吸而破裂,最好使用两层滤纸。

(3) 开始加浓盐酸时,$FeCl_3$ 水解会有 $Fe(OH)_3$ 沉淀生成。继续加盐酸不断搅拌后又会溶解。盐酸不能过量太多,否则会生成盐而溶于水。若未见沉淀生成,可再补加 2～3 mL浓盐酸。

(4) 滴加过氧化氢宜慢,严格控温,让生成的 Cl_2 充分参与亲核取代反应。Cl_2 有刺激性,特别是对眼睛、呼吸道和肺部器官。应注意操作,勿使其逸出,并注意开窗通风。

(5) 严格控制温度、pH 和试剂用量是 2,4-二氯苯氧乙酸制备实验的关键。这一步反应是在 20～25 ℃条件下进行,随着 NaOCl 溶液的滴入,反应液温度一般高于 30 ℃,要置于冰浴中冷却。研究发现,温度过高对产率会造成较大的影响。次氯酸钠用量勿过量,若次氯酸钠过量,会使产量降低。也可直接用市售洗涤漂白剂,不过由于含次氯酸钠不稳定,所以常会影响反应。反应保持在室温以下。

(6) 萃取的目的是将产物和钠盐层分离出来,并进行纯化。用水洗涤乙醚时,要及时分液出来,以免再加入 10%的碳酸钠溶液时产生大量气泡。

(7) 产物难溶于水,故可用水洗涤,粗产物为黄色晶体,重结晶后为白色晶体。

六、思考题

(1) 芳环上的卤代反应有哪些方法？本实验所用方法有什么优缺点？

(2) 什么是威廉姆逊醚合成法？对原料有什么要求？

(3) 从亲核取代反应、亲电取代反应和产品分离纯化的要求等方面说明本实验中各步反应调节 pH 的目的和作用。

(4) 以苯氧乙酸为原料,如何制备对-溴苯氧乙酸?为什么不能用本法制备对-碘苯氧乙酸?

(5) 2,4-二氯苯氧乙酸制备时温度应该控制在多少?萃取的目的是什么?

七、主要试剂及产物的物理常数

名称	摩尔质量 /(g · mol^{-1})	性状	密度 /(g · mL^{-1})	熔点 /℃	沸点 /℃	溶解性		
						水	乙醇	乙醚
苯酚	94.11	无色晶体	1.0576	43	181.75	热溶	溶	易
苯氧乙酸	152	白色晶体	—	98～99	285	热溶	溶	溶
氯乙酸	94.50	无色晶体	1.5800	63	189	易	溶	溶
乙醚	74.12	无色液体	0.7138	−116.2	34.6	微溶	∞	∞
4-氯苯氧乙酸	186.59	白色晶体	—	158～159	—	微溶	溶	溶
2,4-二氯苯氧乙酸	221.04	白色晶体	1.563	138	—	难溶	溶	溶

八、标准 FTIR 谱图和 ^{1}H NMR 谱图

2,4-二氯苯氧乙酸的 FTIR 谱图和 ^{1}H NMR 谱图分别如图 9-11 和图 9-12 所示。

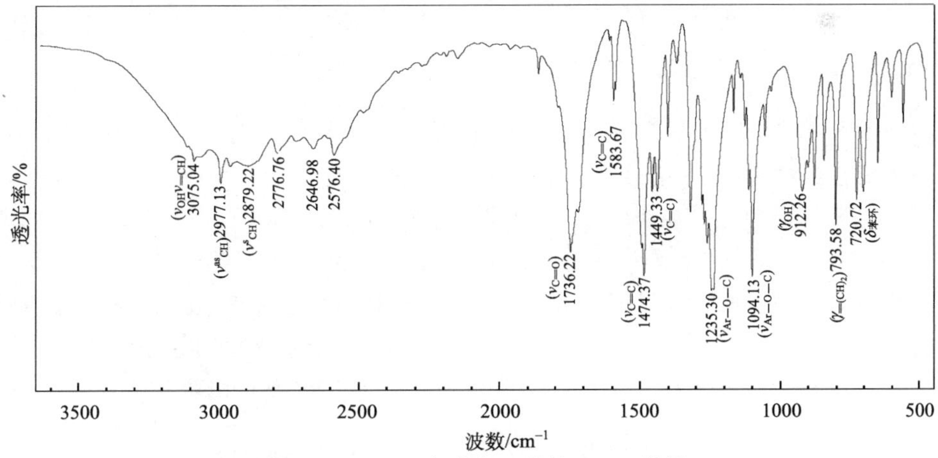

图 9-11　2,4-二氯苯氧乙酸的 FTIR 谱图

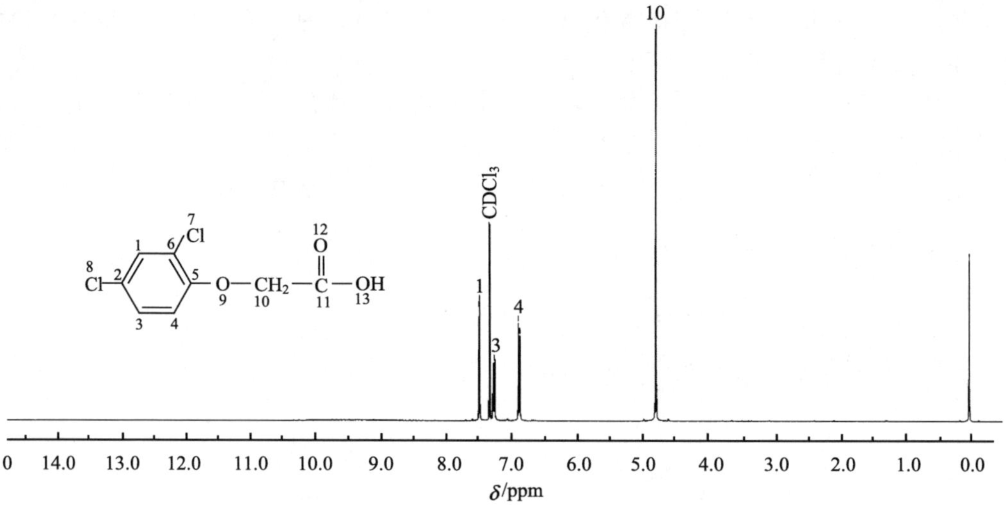

图 9-12　2,4-二氯苯氧乙酸的[1]H NMR 谱图

实验四十三　呋喃甲醇和呋喃甲酸的制备(6 学时)

一、实验目的

(1) 学习呋喃甲醛在浓碱条件下进行坎尼扎罗反应制得相应的醇和酸的原理和方法,加深对坎尼扎罗反应的认识。

(2) 进一步巩固分步纯化过程、常压蒸馏、减压过滤和重结晶操作。

(3) 巩固利用分液漏斗进行液体的萃取、洗涤操作。

(4) 了解芳香杂环衍生物的性质。

二、实验原理

在浓的强碱作用下,不含 α-活泼氢的醛类可以发生分子间自身氧化还原反应,一分子醛被氧化成酸,而另一分子醛则被还原为醇,此反应称为坎尼扎罗反应。

反应实质是羰基的亲核加成反应,反应涉及羟基负离子对一分子不含 α-H 醛的亲核加成,加成物的氢负离子与另一分子醛的亲核加成,最后进行酸碱交换反应。呋喃甲醇和呋喃甲酸就是由呋喃甲醛经坎尼扎罗反应制得。呋喃甲醛又名糠醛,是一种非常常用的工业原料,由戊糖与稀酸作用经水解、脱水和蒸馏而得到,工业上由玉米秆和谷壳中提取。在光、热、空气和无机酸作用下,颜色变为黄色,发生树脂化。反应式为

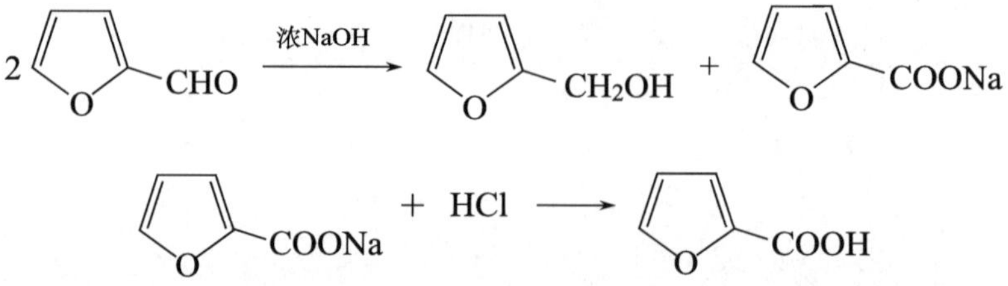

实验将呋喃甲醛滴加到质量分数 40%的浓氢氧化钠溶液中，其中碱的物质的量比醛的物质的量多一倍以上，以使醛尽可能地反应完全，如果反应不完全，未反应的醛与生成的醇混在一起，通过一般蒸馏很难分离。未反应的醛可以通过与饱和亚硫酸氢钠溶液反应除去。在碱的催化下，该反应结束后产物为呋喃甲醇和呋喃甲酸钠盐。容易看出，呋喃甲酸钠盐更易溶于水而呋喃甲醇则更易溶于有机溶剂，因此利用萃取的方法可以方便地分离二组分。有机层通过蒸馏可得到呋喃甲醇产品，水层通过盐酸酸化即可得到呋喃甲酸产品。

三、试剂与仪器

1．试剂

呋喃甲醛(新蒸)，氢氧化钠溶液(40%)，聚乙二醇(400)，乙醚(分析纯)，无水硫酸镁(分析纯)，盐酸(25%)。

2．仪器

磁力搅拌器，三颈烧瓶(100 mL)，温度计(200 ℃)，锥形瓶(50 mL)，恒压滴液漏斗，分液漏斗，抽滤瓶，布氏漏斗，烧杯(250 mL、100 mL)，常压和减压蒸馏装置。

四、实验内容

(1) 在 100 mL 三颈烧瓶中准确量取 9 mL 40%氢氧化钠溶液和 2 g 聚乙二醇(相对分子质量为 400)，充分摇匀，将三颈烧瓶置于冰水浴中冷却至 5 ℃左右。在不断搅拌下从滴液漏斗慢慢滴加 10 mL 新蒸的呋喃甲醛，反应开始后很剧烈，同时大量放热，溶液颜色会变暗。反应温度保持在 8～12 ℃，且控制滴加速度，约 15 min 滴加完毕，在室温下继续搅拌 25 min，反应即可完全，得淡黄色浆状物。

(2) 在搅拌下加入适量的水(约 15 mL)，至沉淀恰好完全溶解，得暗红色溶液。将反应液转入分液漏斗中，用乙醚萃取四次(每次 10 mL)。合并乙醚萃取液，用无水硫酸镁(约 2 g)干燥，塞紧，静置。

(3) 先在水浴上蒸去乙醚，再蒸馏呋喃甲醇，收集 169～172 ℃的馏分。纯呋喃甲醇为无色透明液体，沸点为 171 ℃。

(4) 乙醚萃取后的水溶液(主要含呋喃甲酸钠)，在搅拌下用约 18 mL 25%盐酸酸化，至 pH 为 2～3，充分冷却，使呋喃甲酸析出完全后，抽滤，用少量冷水洗涤一两次。粗产品用约 25 mL 水重结晶，得白色针状结晶体呋喃甲酸。纯呋喃甲酸为白色针状晶体，熔点为 133～134 ℃。

五、注意事项

(1) 呋喃甲醛存放过久会变成棕褐色或黑色，并可能带有水分，因此使用前需蒸馏提纯，常压蒸馏可以收集 155～162 ℃的馏分。最好采用减压蒸馏，收集 54～55 ℃/

2.3 kPa(17 mmHg)的馏分,减压蒸馏产品颜色更浅。新蒸过的呋喃甲醛为无色或浅黄色液体。

(2) 本反应在两相中进行,必须充分搅拌。用聚乙二醇(400)作相转移催化剂,与氢氧化钠要在冰水浴中混合。

(3) 滴加呋喃甲醛反应很剧烈,同时大量放热,温度高容易发生树脂化反应,要控制好温度。若反应温度高于 12 ℃时,则反应温度极易升高,难以控制,致使反应液呈深红色。若低于 8 ℃时,则反应速率过慢,可能使部分呋喃甲醛积累,一旦反应发生,反应就会过于剧烈,而使温度迅速升高,增加副反应,最终也可导致反应物变成深红色。

(4) 黄色浆状物中加入适量的水使呋喃甲酸钠溶解,若加水过量会导致部分产品损失。

(5) 在蒸馏乙醚时,因其沸点低,易挥发,易燃,蒸气可使人失去知觉,故要求:

① 蒸馏前首先要检查仪器各接口安装是否严密。

② 应在水浴上进行蒸馏,切忌直接用火焰加热。

③ 乙醚中含有一定量的过氧化物,在蒸馏时一定不能蒸干。

④ 蒸馏时,水浴加热,接收瓶用冷水浴冷却,尾气应用导管引入水槽。

(6) 盐酸酸化时酸量一定要加足,保证酸化后 pH 为 2~3,使呋喃甲酸充分游离出来。这是影响呋喃甲酸产率的关键。抽滤后可滴加少许盐酸到滤液中,检验是否还有呋喃甲酸析出。呋喃甲酸易溶于水,洗涤时若水量过大,易造成溶解损失。

(7) 重结晶呋喃甲酸可不用加活性炭,直接回流溶解、冷却结晶即可。注意不要长时间加热回流,否则部分呋喃甲酸将被破坏,出现焦油状物。

(8) 呋喃甲酸应在 80~85 ℃烘箱里慢慢烘干或自然晾干。

六、思考题

(1) 试比较坎尼扎罗反应与羟醛缩合反应的醛在结构上有何差异。

(2) 为什么呋喃甲醛要重新蒸馏?长期放置的呋喃甲醛可能含哪些杂质?若不先除去对本实验有何影响?

(3) 在制备过程中为什么要把反应温度保持在 8~12 ℃?

(4) 乙醚萃取后的水溶液用盐酸酸化,为什么要用刚果红试纸?如不用刚果红试纸,怎样知道酸化是否恰当?

(5) 影响产率的关键步骤有哪些?应如何保证完成?

(6) 本实验根据什么原理分离呋喃甲酸和呋喃甲醇?

(7) 实验中能否用硫酸代替盐酸来酸化溶液?

七、主要试剂及产物的物理常数

名称	性状	密度/(g·mL^{-1})	熔点/℃	沸点/℃	折光率	溶解性		
						水	乙醇	乙醚
呋喃甲醛	无色油状液体	1.1563	−36.5	161.8	1.5261	溶于热水	溶	溶
氢氧化钠	易潮解的白色晶体	2.130	318.4	1390	—	易溶	易溶	不溶
呋喃甲醇	无色液体	1.1296	−31	171	1.4869	微溶	易溶	∞
呋喃甲酸	白色晶体	1.322	129～133	230～232	1.531	1 g/26mL(15 ℃) 1 g/4mL(100 ℃)	溶	∞

八、标准 FTIR 谱图和^{1}H NMR 谱图

呋喃甲醇和呋喃甲酸的 FTIR 谱图分别如图 9-13 和图 9-14 所示，^{1}H NMR 谱图分别如图 9-15 和图 9-16 所示。

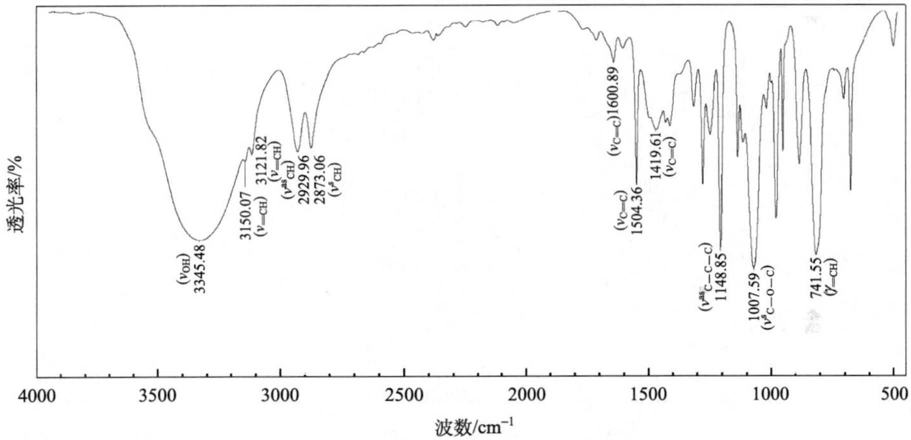

图 9-13　呋喃甲醇的 FTIR 谱图

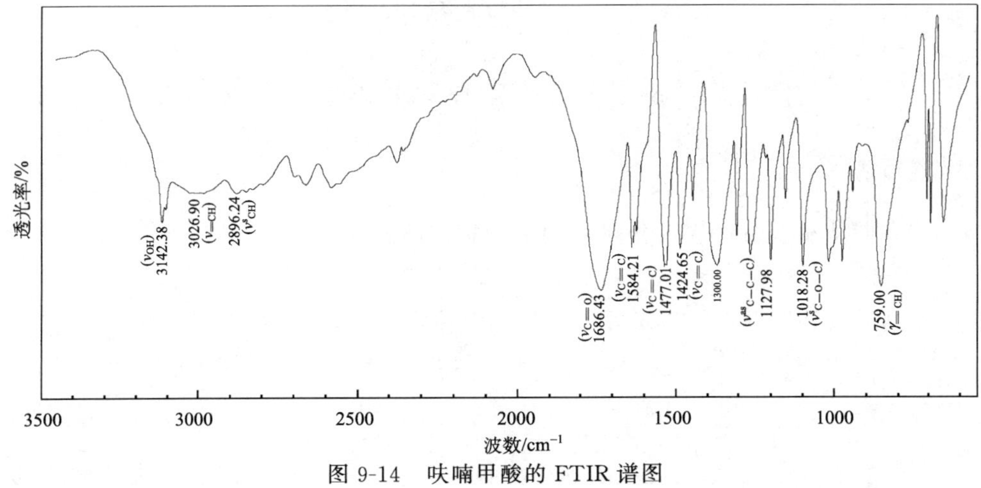

图 9-14　呋喃甲酸的 FTIR 谱图

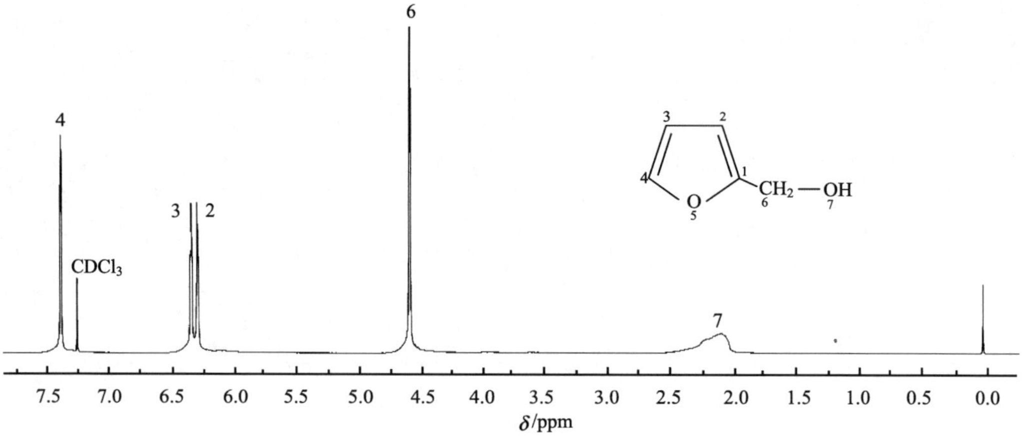

图 9-15 呋喃甲醇的^{1}H NMR 谱图

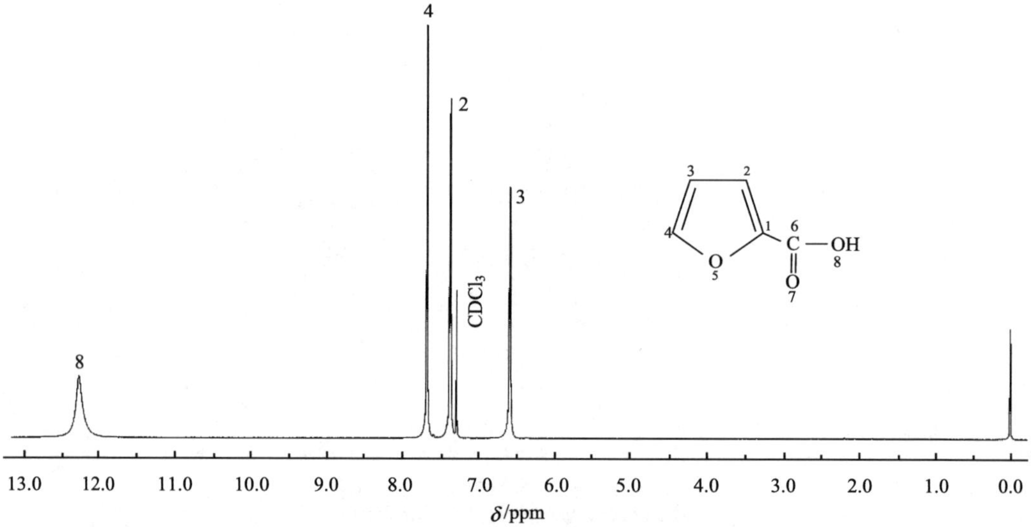

图 9-16 呋喃甲酸的^{1}H NMR 谱图

实验四十四 β-胡萝卜素的提取分离与测定(6 学时)

一、实验目的

(1) 掌握从胡萝卜中提取分离 β-胡萝卜素的原理和方法。

(2) 巩固柱色谱的装填和薄层层板的铺制技术。

(3) 巩固柱色谱和薄层色谱分离、分析有机化合物的实验技术。

(4) 学会用紫外-可见分光光度法定量测定 β-胡萝卜素含量的方法。

二、实验原理

β-胡萝卜素可通过化学合成、植物提取和微生物发酵三种方法生产,根据生产方式

不同分为化学合成 β-胡萝卜素和天然 β-胡萝卜素两大类。本实验是从胡萝卜中提取天然 β-胡萝卜素，提取方法选择色谱法。色谱法是分离、纯化和鉴定有机化合物的重要方法之一，具有极其广泛的用途。

1. 薄层色谱法

参见《基础化学实验(上册)》2.1.13 及实验十。

2. 柱色谱法

参见《基础化学实验(上册)》2.1.13 及实验五十。

3. 胡萝卜素的分离

β-胡萝卜素分子中的碳骨架是由 8 个异戊二烯单位连接而成的四萜类化合物。它的分子中都有一个较长的 π-π 共轭体系，能吸收不同波长的可见光，因而呈现一定的颜色，β-胡萝卜素是黄色物质，所以又把它称为多烯色素。β-胡萝卜素是研究得比较清楚的具有抗癌功效的类胡萝卜素。它的分子结构式如下：

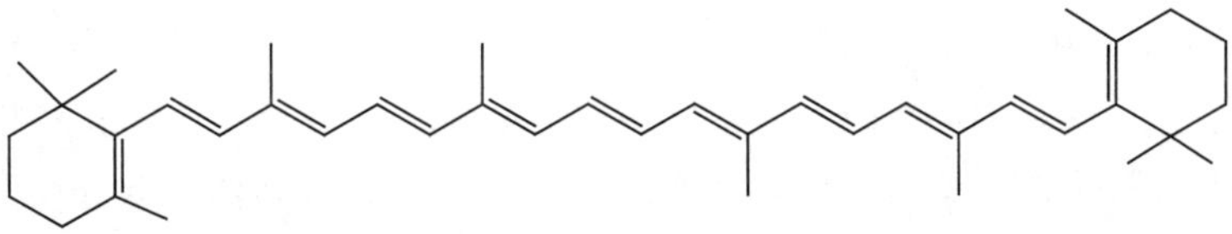

胡萝卜素广泛存在于植物的叶、花、果实中，尤以胡萝卜中含量最高。胡萝卜素有 α、β、γ 三种异构体，在生物体中以 β-异构体含量最多，生理活性最强。在动物体内，胡萝卜素在酶的作用下可转化为维生素 A，因此胡萝卜素又被称为维生素 A 原。胡萝卜素在人和高等动物体内具有重要的生理功能，对促进动物的生育与成长也具有较好的功效，是人和高等动物生存不可缺少的营养物质。

胡萝卜素是最早发现的一种多烯色素。后来，又发现了许多结构与胡萝卜素类似的色素，于是就把这类物质称为胡萝卜色素类化合物，或者称为类胡萝卜素。这类化合物大多难溶于水，易溶于弱极性或非极性有机溶剂，因此又把这类物质称为脂溶性色素。

β-胡萝卜素作为一种脂溶性色素，其本身的颜色因浓度的差异，可涵盖由红色至黄色的所有色系，因此受到食品业相当热烈的欢迎，非常适合油性产品及蛋白质产品的开发，如人造奶油、胶囊、鱼浆炼制品、素食产品、速食面的调色等。而经过微胶囊处理的 β-胡萝卜素可转化为水溶性色素，几乎所有的食品都可应用。另外，β-胡萝卜素在饲料、化妆品等方面也有重要用途。β-胡萝卜素的分子式均为 $C_{40}H_{56}$，摩尔质量为 536.85 $g \cdot mol^{-1}$，熔点为 184 ℃，深红紫至暗红色有光泽的斜六面体或板状微结晶的晶体或结晶性粉末。β-胡萝卜素具有两边反向对称的化学结构，分子结构中包含两个 β-紫罗酮环和四个异戊二烯。本实验的 β-胡萝卜素是全反式 β-胡萝卜素。β-胡萝卜素是不饱和碳氢化合物，难溶于甲醇、乙醇，可溶于乙醚、石油醚、正己烷、丙酮，易溶于氯仿、二硫化碳、苯等有机溶剂。

根据上面的性质,β-胡萝卜素常用的提取方法有有机溶剂提取法、酶反应法、微波辅助提取法、超声波辅助提取法、超临界流体萃取法等。本实验采用有机溶剂提取法,故可利用石油醚、丙酮、乙酸乙酯等弱极性溶剂作为提取剂将它们从植物材料中浸提出来。然后,根据它们对吸附剂吸附能力的差异,用柱色谱进行分离,用薄层色谱检测分离效果。本实验采用的是以丙酮为有机溶剂萃取类胡萝卜素,以石油醚为洗脱剂,柱内填充硅胶进行柱色谱分离,然后以乙醚-石油醚溶液(1∶9)为洗脱剂进行薄层色谱检测分离效果。并根据它在可见光区有强烈吸收的性质,用紫外-可见分光光度法进行测定,β-胡萝卜素的最大吸收波长为 451 nm。

三、试剂与仪器

1. 试剂

丙酮(分析纯),硅胶(层析用,200～300 目),无水硫酸钠(分析纯),石油醚(沸程 60～90 ℃),丙酮-石油醚($V_{丙酮}:V_{石油醚}=1:9$),乙醚-石油醚($V_{乙醚}:V_{石油醚}=1:9$),石英砂,胡萝卜。

2. 仪器

锥形瓶(50 mL),分液漏斗(150 mL),圆底烧瓶(100 mL),普通蒸馏装置,漏斗,色谱柱,硅胶薄层板,量筒(10 mL),容量瓶(25 mL、50 mL),烧杯(250 mL、100 mL),层析缸,紫外-可见分光光度计。

四、实验内容

1. 含胡萝卜素的石油醚溶液的制备

将新鲜胡萝卜洗净、擦干,切去尾部,切碎。称取碎鲜胡萝卜 10 g 于小研钵中,研碎。将碎胡萝卜移至 50 mL 锥形瓶中,用丙酮萃取两次,每次 10 mL;再用石油醚(沸程 60～90 ℃)萃取固体两次(每次 10 mL)。合并萃取液,分液漏斗中将萃取液与 50 mL 饱和氯化钠溶液振荡,分去下层,用蒸馏水洗涤上层液两次(每次 50 mL),分去水,用无水硫酸钠干燥有机相,移入 100 mL 圆底烧瓶,热水浴蒸馏除去大部分溶剂,待圆底烧瓶中所剩液体约为 3 mL时,停止加热,冷却后拌入 1 g 硅胶,通风橱内抽干,得黄色硅胶颗粒,待上柱。

2. 装柱和分离

取 20 cm×1 cm 色谱柱一根,垂直装置,以 50 mL 锥形瓶作洗脱液的接收器。用镊子取少许脱脂棉放于干净的色谱柱底部,轻轻塞紧,再在脱脂棉上盖一层 0.5 cm 厚的石英砂(或用一张比柱内径略小的滤纸代替),关闭活塞,向柱内倒入石油醚(沸程 60～90 ℃)至约为柱高的 3/4 处,打开活塞,控制流出速率为每秒 1 滴。通过一干燥的玻璃漏斗慢慢加入层析硅胶。用洗耳球轻轻敲打柱身,避免装柱过程中产生气泡。当装填到需要的柱高时,上面加一层 0.5 cm 厚的石英砂。操作时一直保持上述流速,注意不能使液面低于石英砂的上层。当液面流至离石英砂面 1 cm 时，立即从玻璃漏斗加入已制备好的含胡萝卜素的黄色硅胶，随后用 0.5 mL 石油醚洗下管壁的硅胶，如此连续两三次，直至洗净为止，然后在色谱柱上装滴液漏斗，内装 1∶9 丙酮-石油醚（沸程 60～90 ℃）洗脱剂，打开上、下两个活塞，让洗脱剂逐滴放出，洗速每秒 1 滴，层析即开始进行。用锥形瓶收集，当第一个有色圈（橙黄色）将滴出时取另一锥形瓶收集，即得胡萝卜素。待黄色组分大部分洗出时，换用另一瓶子接收。继续洗脱，注意观察这些物料通过柱子的移动情况，又可分出两个黄色组分，在锥形瓶中收集 3 份洗出液，薄层色谱用 1∶9 乙醚-石油醚溶液为洗脱剂对各段洗出液进行色谱分析。

3. β-胡萝卜素含量测定和标准曲线的绘制

取一定量的 β-胡萝卜素标准样品用石油醚稀释，在波长 200～800 nm 用紫外-可见分光光度计进行波谱扫描，测定 β-胡萝卜素的最大吸收波长为 451 nm，以此作为 β-胡萝卜素的测定波长。再准确称取 β-胡萝卜素标准样品 5 mg，用石油醚稀释定容到 50 mL容量瓶中，分别准确移取 1.00 mL、2.00 mL、3.00 mL、4.00 mL、5.00 mL、6.00 mL、7.00 mL、8.00 mL 定容至 25 mL，在最大吸收波长处测定吸光度，绘制标准曲线，得到相关系数。

取柱色谱分离后得到的橙黄色样品，用石油醚稀释试样，加到 1 cm 的比色皿中，以石油醚作空白试剂，在最大吸收波长处测定其吸光度值。根据其吸光度值从标准曲线上得出胡萝卜素含量。

五、主要试剂及产物的物理常数

名称	摩尔质量 /(g · mol^{-1})	性状	熔点 /℃	溶解性			
				水	乙醇	氯仿	石油醚
β-胡萝卜素	536.85	紫红/暗红色结晶或结晶粉末	184	不溶	难溶	溶	溶

六、数据记录和处理

（1）β-胡萝卜素含量的测定。

c/(mg · L^{-1}) \ A										
第一次测定值										
第二次测定值										
平均值										

测量波长 λ_{max}＝__________ nm；比色皿 b＝__________ cm。

（2）绘制标准曲线。

七、注意事项

（1）研磨时所用的仪器和量器必须是无水的，否则 β-胡萝卜素不能很好地提出来。

(2) 样品必须研磨仔细。

(3) 色谱柱填装紧密与否,对分离效果有很大影响。若柱中留有气泡或各部分松紧不匀(更不能有断层或暗沟)时,会影响渗滤速率和显色的均匀。但如果填装时过分敲击,又会因太紧密而流速太慢。

(4) 加入石英砂的目的是防止加料时把吸附剂冲起,影响分离效果。

(5) 为了保持色谱柱的均一性,使整个吸附剂浸泡在溶剂中是必要的。否则,当柱中溶液流干时,柱身干裂,影响渗滤和显色的均一性。

(6) 若不用滴液漏斗,也可用每次倒入 10 mL 洗脱剂的方法进行洗脱。

(7) 载玻片上涂层要均匀,既不应有纹路、带团粒,也不应有能看到玻璃的薄涂料点。

(8) 点样用的毛细管必须专用,不得弄混。

(9) 点样时,使毛细管液面刚好接触到薄层(滤纸)即可,点样过重可能会使薄层遭到破坏。

八、思考题

(1) 柱色谱法常用的吸附剂是什么?选择该吸附剂的原则是什么?

(2) 在柱色谱过程中,如果柱中存在气泡,对样品的分离有何影响?应如何避免?

(3) 简述薄层色谱的分离原理。

(4) 简述薄层色谱的实验过程及其中的注意事项。

(5) 薄层色谱法点样应注意些什么?

(6) 比移值 R_f 的计算公式是什么?

九、标准 FTIR 谱图和 ^{1}H NMR 谱图

β-胡萝卜素的 FTIR 谱图和 ^{1}H NMR 谱图分别如图 9-17 和图 9-18 所示。

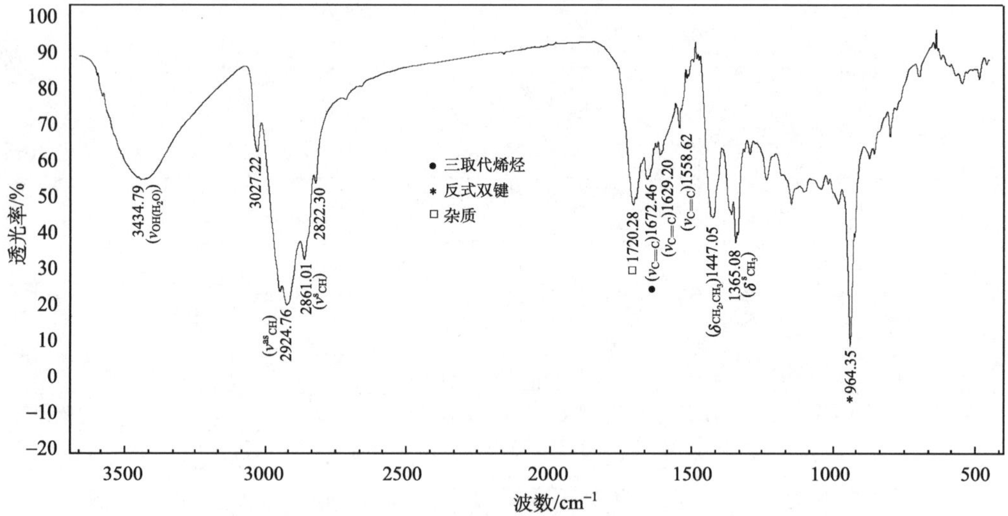

图 9-17　β-胡萝卜素的 FTIR 谱图

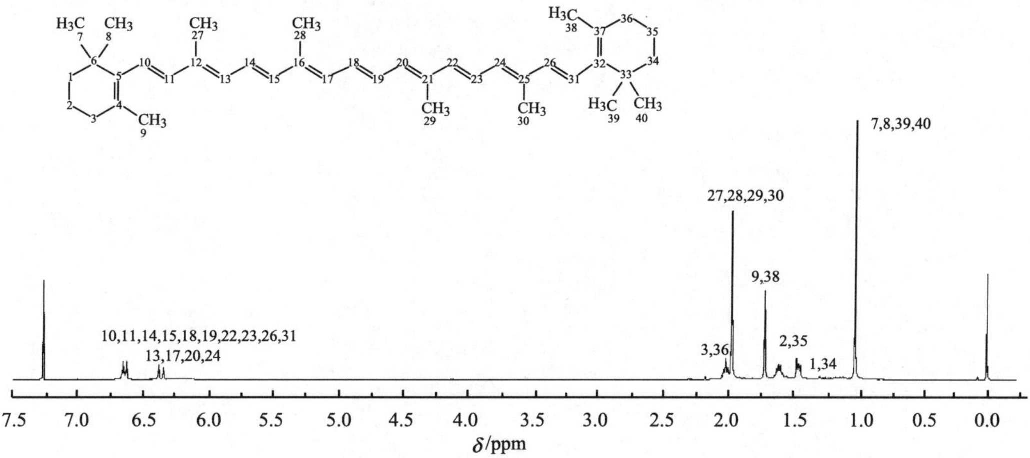

图 9-18　β-胡萝卜素的[1]H NMR 谱图

实验四十五　5-丁基巴比妥酸的制备(4 学时)

一、实验目的

(1) 通过巴比妥酸的合成了解药物合成的基本过程。

(2) 了解掌握巴比妥酸的制备原理和方法。

(3) 掌握无水操作技术以及多步骤有机合成方法。

二、实验原理

丙二酸和尿素缩合形成的环状丙二酰脲称为巴比妥酸，由德国著名化学家拜耳于 1863 年首次合成，一般为白色结晶或结晶性粉末，无臭，味微苦。难溶于水，易溶于沸水及乙醇，溶于乙醚、氯仿及丙酮。常用作分析试剂、有机合成原料、塑料和染料的中间体、聚合反应的催化剂。

巴比妥酸也是合成巴比妥类安眠药的母体，如二烃基取代的巴比妥酸为长时间作用的镇静催眠药，主要用于治疗神经过度兴奋、狂躁或忧虑引起的失眠。

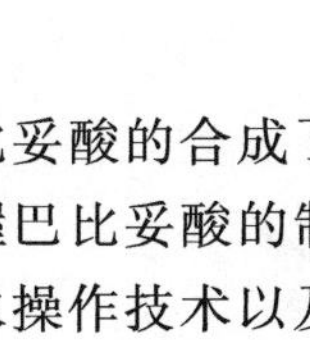

巴比妥酸

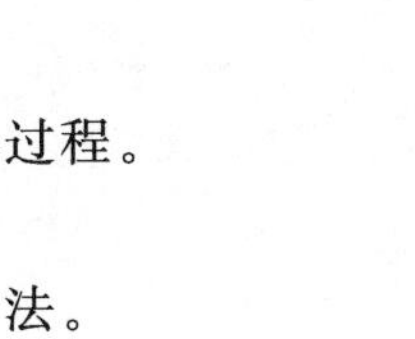

巴比妥(二取代巴比妥酸)

此类药物合成是利用丙二酸酯上 α-H 的酸性，与醇钠作用形成丙二酸酯碳负离子,再利用卤代烃的亲核取代反应,生成二取代丙二酸酯,后者和尿素发生缩合反应,氨解得到二取代巴比妥类药物。

5-丁基巴比妥酸合成路线如下:

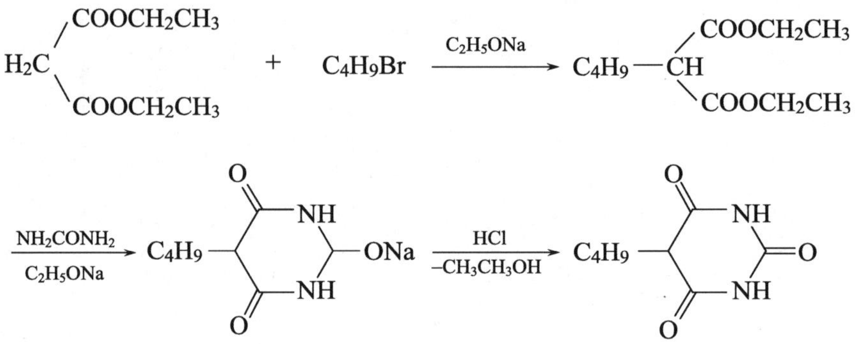

三、试剂与仪器

1. 试剂

无水乙醇(分析纯),金属钠,邻苯二甲酸二乙酯(分析纯),丙二酸二乙酯(分析纯),1-溴丁烷(分析纯),尿素(分析纯),无水碘化钾(分析纯),无水硫酸镁(分析纯),乙酸乙酯(分析纯),石油醚(沸程 60～90 ℃),盐酸(36%)。

2. 仪器

圆底烧瓶(100 mL),三颈烧瓶(250 mL),试管,恒压滴液漏斗,空气冷凝管,锥形瓶(250 mL、100 mL),干燥管,温度计(100 ℃),分液漏斗,普通蒸馏装置,减压蒸馏装置。

四、实验内容

1. 正丁基丙二酸二乙酯的制备

在装有搅拌器、滴液漏斗及球形冷凝器(顶端附有氯化钙干燥管)的 250 mL 三颈烧瓶中加入 20 mL 绝对无水乙醇,分次加入金属钠 1.4 g,小火加热(温度不超过 90 ℃)保持反应持续不间断,待反应结束后,加入 0.7 g 干燥的碘化钾固体,开始搅拌,加热至沸,由滴液漏斗缓慢滴加丙二酸二乙酯 7.5 mL,10～15 min 加完,再回流 15 min,将油浴温度降到 50 ℃以下时,慢慢滴加 1-溴丁烷 5.5 mL,约 10 min 加完,然后继续回流 40 min。将回流装置改为蒸馏装置,蒸去乙醇(但不要蒸干),放冷,固体剩余物用 50 mL 水溶解,转到分液漏斗中,分去酯层,水层以乙酸乙酯萃取两次(每次 20 mL),合并酯层与乙酸乙酯萃取液,用无水硫酸镁干燥,先常压蒸馏回收乙酸乙酯,然后减压蒸馏,收集 140～145 ℃/5.33 kPa(约 40 mmHg)馏分(用预先称量的 50 mL

锥形瓶接收)，称量。计算产率，密封储存。

2. 5-丁基巴比妥酸的制备

安装回流装置后，在 250 mL 三颈烧瓶中加入新制备的绝对无水乙醇 45 mL，分次加入金属钠 0.5 g，待反应缓慢时，开始搅拌。金属钠消失后，缓慢滴加正丁基丙二酸二乙酯 4.3 g，加入干燥的尿素 1.2 g，加完后，随即使内温升至 80～82 ℃。停止搅拌，保温反应 80 min(反应正常时，停止搅拌 5～10 min 后，料液中有小气泡逸出，并逐渐呈微沸状态，有时较剧烈)。反应完毕，将回流装置改为蒸馏装置。在搅拌下慢慢蒸去乙醇，至常压不易蒸出时，再减压蒸馏尽。剩余固体反应物用 20 mL 水溶解，用浓盐酸酸化至 pH 为 3～4，析出结晶，抽滤，得粗产物，称量。置于 150 mL 锥形瓶中，用水($16\ mL \cdot g^{-1}$)加热溶解，加入少许活性炭，加热脱色 15 min，趁热抽滤，滤液冷至室温，析出白色结晶，抽滤，冷水洗涤，烘干，计算产率。薄层色谱检查 5-丁基巴比妥酸的纯度。

五、注意事项

(1) 制备绝对无水乙醇需用 99.5%以上的无水乙醇，否则制备相当困难。实验中所用仪器均需彻底干燥。由于绝对无水乙醇有很强的吸水性，因此制备和存放时必须防止水分侵入。

(2) 金属钠遇水爆炸、燃烧，易被氧化。取用金属钠时需用镊子，先用滤纸吸去黏附的油后，用小刀切去表面的氧化层，再切成小片。切下来的钠屑应放回原瓶中，切勿与滤纸一起投入废物缸内，以免引起燃烧爆炸事故。

(3) 无水碘化钾需烘干(110 ℃，2 h)，丙二酸二乙酯需提前重蒸。

(4) 溴乙烷的用量也要随室温而变。当室温为 30 ℃左右时，应加 28 mL 溴乙烷，滴加溴乙烷的时间应适当延长，若室温在 30 ℃以下，可按本实验投料。加入时需内温降到 50 ℃，再慢慢滴加，以避免溴乙烷的挥发及生成乙醚的副反应。

(5) 尿素需在 60 ℃干燥 4 h，放到干燥器中备用。

六、思考题

(1) 制备无水试剂时应注意什么问题？为什么在加热回流和蒸馏时冷凝管的顶端和接收器支管上要安装氯化钙干燥管？

(2) 制备绝对无水乙醇加入邻苯二甲酸二乙酯的目的是什么？

(3) 本实验多次用到金属钠，它在各反应中所起作用分别是什么？

(4) 对于液体产物，通常如何精制？本实验用水洗涤提取液的目的是什么？

实验四十六　农业秸秆燃烧热的测定(8 学时)

一、实验目的

(1) 通过测定样品的燃烧热，掌握有关热化学实验的一般知识和技术。

(2) 明确燃烧热的定义,了解等压燃烧热与等容燃烧热的区别。

(3) 了解热量计中主要部分的作用,掌握氧弹热量计的实验技术。

(4) 学会雷诺图解法校正温度改变值。

二、实验原理

燃烧热是秸秆能源化、资源化利用的重要参考与指导数据,根据秸秆的热值不同,可以对秸秆进行分类有效利用,从而取得最大化的经济、社会和环保效益。目前,热量计法是国际通用的燃烧热测定方法,该实验方法原理简单,检测快速,结果准确,操作易行,仪器设备简单,成本也较低,从而大大拓展了氧弹式热量法的应用范围,将该实验由单纯的验证性实验转变为有实际应用价值的研究性实验,提高了学生理论联系实际的能力。

(1) 燃烧与量热。

燃烧热是指 1 mol 物质完全氧化时的反应热,在等容条件下测得的燃烧热为等容热效应(Q_V),等容热效应等于这个过程的系统热力学能变化(ΔU)。在等压条件下测得的燃烧热称为等压热效应(Q_p),等压热效应等于这个过程的系统焓变化(ΔH)。若把参加反应的气体和反应生成的气体作为理想气体处理,则存在下列关系式:

$$Q_p = Q_V + \sum \nu_B(g)RT \tag{9-1}$$

式中,$\sum \nu_B$ 为生成物和反应物气体的物质的量之差;R 为摩尔气体常量;T 为反应前后的热力学温度(可取反应前后温度的平均值计算 Q_p)。若测得某物质等容燃烧热或等压燃烧热中的任何一个,就可根据式(9-1)计算另一个数据。必须指出,化学反应的热效应(包括燃烧热)通常是用等压热效应(ΔH)表示的。

热量计的种类很多,本实验所用氧弹热量计是一种环境恒温式热量计。氧弹热量计的基本原理是能量守恒定律。在盛有定量水的容器中,放入内装有一定量样品和氧气的密闭氧弹,然后使样品完全燃烧,放出的热量传给水及仪器,引起温度上升。通过测定燃烧前后热量计(包括氧弹周围介质)温度的变化值 ΔT,就可以求出该样品的燃烧热。其关系如下:

$$-\frac{m_{样}}{M}Q_V - lQ_l = (m_{水} C_{水} + C_{计})\Delta T \tag{9-2}$$

式中,$m_{样}$ 和 M 分别为样品的质量和摩尔质量;Q_V 为样品的恒容燃烧热;l 和 Q_l 分别为引燃丝的长度和单位长度燃烧热;$m_{水}$ 和 $C_{水}$ 分别为水的质量和比热容;$C_{计}$ 为热量计的热容量,即除水之外,热量计升高 1 ℃所需热量;ΔT 为样品燃烧前后水温的变化值。热容量 $C_{计}$ 的求算,用已知燃烧热标准物质(如苯甲酸,它的等容燃烧热 $Q_V = 26434\ J \cdot g^{-1}$)来标定:将其放在热量计中燃烧,测其始、末温度,按式(9-2)即可求得。因每次的水量相同,可再次通过式(9-2)确定秸秆的等容燃烧热。在较精确的实验中,辐射热与铁丝的燃烧热添加物的燃烧热等都应予以考虑。

(2) 用雷诺图(温度-时间曲线)确定实验中的 ΔT。

尽管在仪器上进行了各种改进，但在实验过程中环境与体系间的热量传递仍不可避免。这种传递使得我们不能准确地由温差测定仪上读出由于燃烧反应引起的温升 ΔT。而用雷诺作图法进行温度校正，能较好地解决这一问题，如图 9-19 所示。

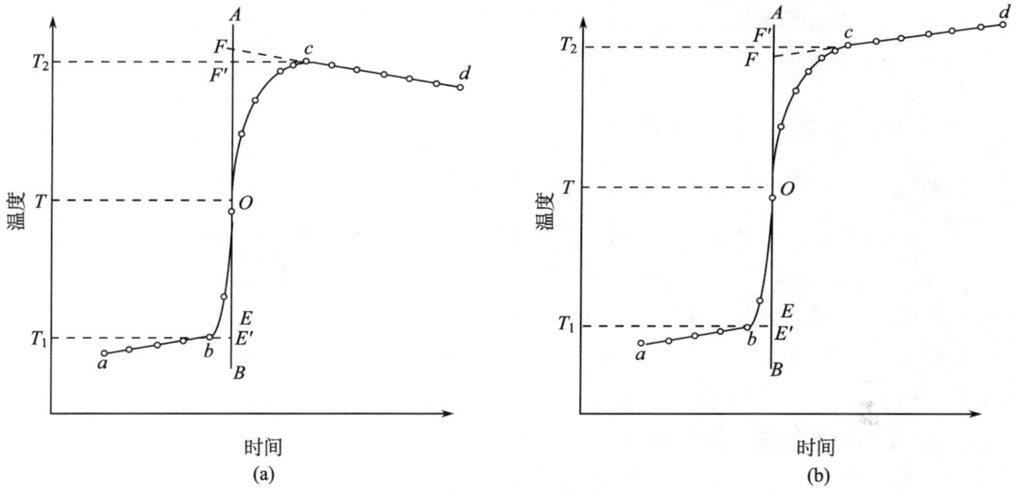

图 9-19　雷诺校正图

图 9-19 中 b 点相当于开始燃烧的点，c 点为观察到的最高点的温度读数，作相当于环境温度的平行线 TO，于 T-t 线相交于 O 点，过 O 点作垂直线 AB，此线与 ab 线和 cd 线的延长线交于 E、F 两点，则 E 点和 F 点所表示的温度差即为欲求温度的升高值 ΔT。图中 EE' 为开始燃烧到温度升至环境温度这一段时间 Δt_1 内，因环境辐射和搅拌引起的能量造成热量计温度的升高，必须扣除。FF' 为温度由环境温度升到最高温度 c 这一段时间 Δt_2 内，热量计向环境辐射出能量而造成的温度降低，故需添上。由此可见，E、F 两点的温度差较客观地表示了样品燃烧后，使热量计温度升高的值。

有时热量计绝热情况良好，热漏小，但搅拌不断引进少量能量，使燃烧后最高点不出现，如图 9-19(b) 所示，这时 ΔT 仍可按相同原理校正。

三、试剂与仪器

1. 试剂

苯甲酸（分析纯），燃烧丝，氧气，秸秆（玉米芯、玉米秆、小麦秆、稻草）。

2. 仪器

热量计，氧气钢瓶，充氧仪，压片机，万用表，精密天平，电子台秤，分析天平，高速粉碎机。

四、实验内容

1. 实验前准备

实验前检查各实验用具是否干净,如压片钢模、内筒以及氧弹内部。若不干净或者有水将影响实验结果。

2. 热量计热容量($C_{计}$)的测定

(1) 压片前先检查压片用钢模,若发现钢模有铁锈油污或尘土等,必须擦净后才能进行压片,用电子台秤称取约 0.9 g 苯甲酸,从模具的上面倒入已称好的苯甲酸样品,徐徐旋紧压片机的螺杆,直到将样品压成片状为止。抽出模底的托板,再继续向下压,使模底和样品一起脱落,将此样品表面的碎屑除去,用分析天平精确称量压片质量。

(2) 拧开氧弹盖,将氧弹内壁擦净,特别是电极下端的不锈钢接线柱更应擦干净,用万用表欧姆挡检查两电极是否通路,若通路,将已量好的引燃丝(记录引燃丝的长度)绕两圈后放入坩埚底部,然后将制好的样品片压好,旋紧弹盖再用万用表检查两电极之间是否通路,若通路则可充氧进行测量。使用高压钢瓶时必须严格遵守操作规则。将氧弹放在充氧仪台架上,拉动扳手充入氧气(1.5～2.0 MPa)。氧弹结构如图 9-20 所示。

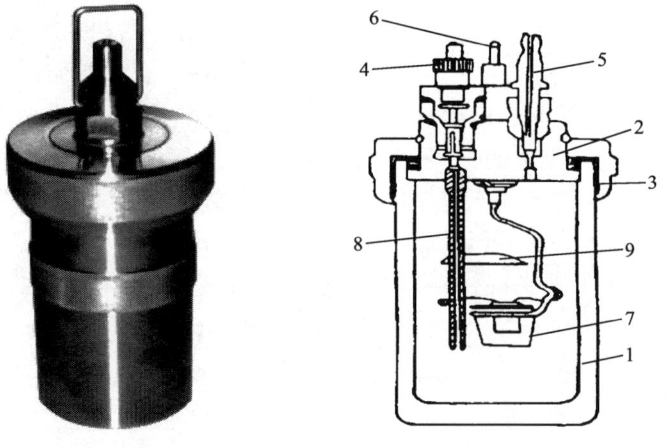

(a)实际装置图　　(b)示意图

图 9-20　氧弹结构

1. 厚壁圆筒;2. 弹盖;3. 螺帽;4. 进气孔;5. 排气孔;6. 电极;7. 燃烧皿;8. 电极(进气管);9. 火焰遮板

充好氧气后,再用万用表检查两电极间是否通路,若通路将氧弹放入热量计内筒。热量计结构参见图 9-21。

(3) 燃烧热和温度的测定。

测量并读取环境温度(氧弹外筒内的温度,对应雷诺校正图中的 T 点)。利用温差计测量预置的自来水，用热水及冰块调节水温使其低于室温 1.3 ℃左右。将内筒固定，把氧弹放入内筒中，用容量瓶准确量取 3000 mL 调节好温度的水倒入内筒。插上点火电极，盖上绝热盖。将温差计的探头插入内筒的水中。待读数近似稳定后开始采集数据。

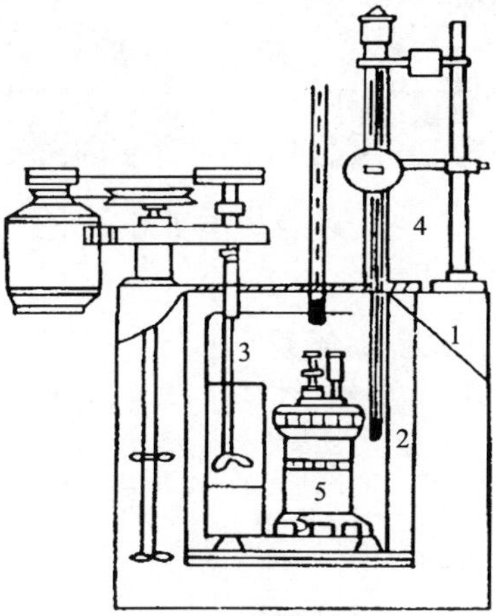

图 9-21　氧弹热量计

1. 温度夹套；2. 挡板；3. 盛水桶；4. 温度传感器；5. 氧弹

将仪器安装好后，开启搅拌器，开始读点火前最初阶段的温度，每分钟读一次(准确至 0.001 ℃)，读 10 个间隔，读数完毕，立即按下点火按钮，点火指示灯熄灭表示点火成功(如不着火可适当增大电流，重新点火)，再将点火按钮扳回原位置，然后每 15 s 读一次温度读数，至温度开始平稳后(两次读数差小于 0.005 ℃)，每隔 1 min 再读取最后阶段的 10 次读数，便可停止实验。温度上升很快阶段的温度读数可较粗略，最初阶段和最后阶段则需精密到 0.002 ℃。点火完成后注意关闭点火开关，以免下次实验时自动提前点火。

停止实验后关闭搅拌器，先取下温度计，再打开热量计盖，取出氧弹将其拭干，打开放气阀门缓缓放气。放完气后，拧开弹盖，检查燃烧是否完全。若弹内有炭黑或未燃烧的试样时，则应认为实验失败。若燃烧完全，量取燃烧后剩下的引火丝，并用少量蒸馏水洗涤氧弹内壁，最后倒去桶中的水，用吹风机吹干全部设备。用上述方法也可测定蔗糖的燃烧热，称取 1.5 g 左右蔗糖，重复以上实验。

3. 秸秆燃烧热的测量

(1) 秸秆的预处理。将玉米芯、玉米秆、小麦秆、稻草如图 9-22 所示处理。然后经粉末筛过滤大颗粒，放于干燥器中备用。粉末状秸秆有利于提高压片紧密度与点火的成功率。

(2) 准确称取适量的农业秸秆压片重复上述操作，测定燃烧热。

五、注意事项

(1) 将引燃丝两端固定在两个电极柱上并与样片接触良好，不得使其与坩埚接触。

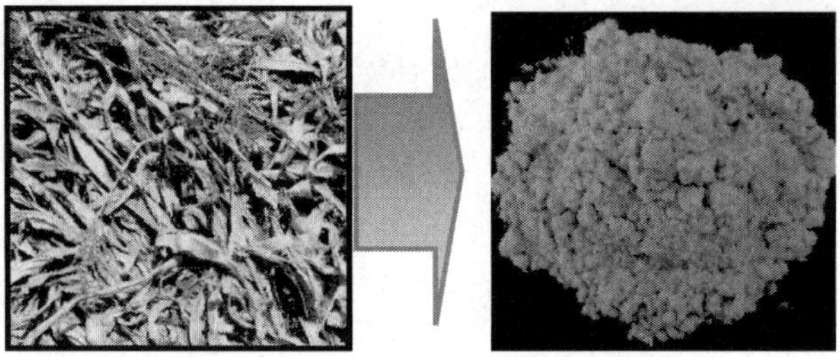

图 9-22　秸秆粉碎前后的照片

(2) 氧弹充完氧后一定要检查确信其不漏气,并用万用表检查两极间是否通路。

(3) 将氧弹放入热量计前,一定要先检查点火控制键是否处于“关”的位置。点火结束后,应立即将其关上。

六、数据处理

(1) 记录环境温度、大气压、样品质量、引燃丝长度和剩余引燃丝长度(引燃丝的燃烧值为$-2.9\ J \cdot cm^{-1}$)。

(2) 列表记录温度随时间变化数据。

时间/ s	温差/ ℃	时间/ s	温差/ ℃
		点火后	
(点火)			

(3) 画出雷诺图进行温度读数校正，求出在绝热条件下的真实温度改变值 ΔT_e 和 ΔT_x。

(4) 计算热量计热容量 $C_{计}$ 及苯甲酸、蔗糖和农业秸秆的等容燃烧热(计算热量时需减去引燃丝燃烧放出的热量)。

七、思考题

(1) 说明等容热效应(Q_V)和等压热效应(Q_p)的相互关系。

(2) 在这个实验中，哪些是体系，哪些是环境？实验过程中有无热损耗？这些热损耗对实验结果有何影响？

(3) 加入内筒中水的温度为什么要选择比外筒水温低？低多少合适？为什么？

(4) 实验中，哪些因素容易造成误差？如果要提高实验的准确度应从哪几方面考虑？

实验四十七　布朗斯台德酸性离子液体催化合成乙酸丁酯的化学动力学研究(8 学时)

一、实验目的

(1) 了解离子液体的含义及其在酯化反应中的应用。

(2) 熟悉布朗斯台德酸性离子液体的制备方法。

(3) 熟悉化学反应动力学的常用研究手段。

二、实验原理

假设此反应方程为

$$CH_3COOH + C_4H_9OH \underset{k_{-1}}{\overset{k_1}{\rightleftharpoons}} CH_3COOC_4H_9 + H_2O$$

式中，k_1、k_{-1}分别为正、逆反应速率常数，此过程的正、逆反应都是二级反应。则速率方程为

$$v = k_1[CH_3COOH][C_4H_9OH] - k_{-1}[CH_3COOC_4H_9][H_2O]$$

若乙酸与丁醇的初始浓度 c_0相同，则速率常数为

$$k_1 = \frac{K^{1/2}}{2c_0 t}\ln\frac{c_0 + (\alpha - 1)c_x}{c_0 - (\alpha + 1)c_x} \tag{9-3}$$

$$K = \frac{k_1}{k_{-1}} \tag{9-4}$$

经验平衡常数：

$$K = \frac{c_e^2}{(c_0 - c_e)^2} \tag{9-5}$$

式中,k_1为正反应速率常数,$L \cdot mol^{-1} \cdot min^{-1}$;$k_{-1}$为逆反应速率常数,$L \cdot mol^{-1} \cdot min^{-1}$;$c_e$为平衡时的乙酸浓度降低量,$mol \cdot L^{-1}$;$c_0$为乙酸的初始浓度,$mol \cdot L^{-1}$;$t$ 为反应时间,min;c_x 为产物某时刻 t 时的浓度,$mol \cdot L^{-1}$;K 为平衡常数;$\alpha = (1/K)^{1/2}$。

已知初始浓度 c_0,只要由实验测得不同时刻 t 时的 c_x,就可以由式(9-3)、式(9-5)算出不同时刻 t 时的正反应速率常数 k_1值和平衡常数 K;逆反应速率常数 k_{-1}可根据式(9-4)求得。如果 k_1和 K 均为常数,就可以证明该反应的正、逆反应都是二级反应。

本实验采用气相色谱法测定反应混合物的峰面积,经面积归一化和校正因子处理得到各组分的组成。

根据阿伦尼乌斯公式计算该反应的活化能。

$$\frac{\mathrm{d}\ln k}{\mathrm{d}T} = \frac{E_a}{RT^2}$$

式中,E_a为反应的活化能,$J \cdot mol^{-1}$;R 为摩尔气体常量,8.314 $J \cdot mol \cdot K^{-1}$;T 为热力学温度,K。若温度变化范围不大,E_a可看作常数,则有

$$\ln k = -\frac{E_a}{RT} + \ln A$$

式中,A 为指前因子。将温度和正、逆反应的速率常数代入上式,以 $\ln k$ 对 $1/T$ 作图应得一直线,斜率为$-E_a/R$,由此可求得 E_a。

三、试剂与仪器

1. 试剂

正丁醇(分析纯),冰醋酸(分析纯),N-甲基吡咯烷酮(分析纯),甲磺酸(分析纯),布朗斯台德酸性离子液体。

2. 仪器

圆底烧瓶(100 mL),三颈圆底烧瓶(250 mL),球形冷凝管,滴液漏斗,温度计(100 ℃),恒温磁力器,SP-6890 型气相色谱仪,N2000 气相色谱工作站,微量注射器。

四、实验内容

1. 布朗斯台德酸性离子液体甲基吡咯烷酮甲磺酸盐的合成

将 0.2 mol N-甲基吡咯烷酮加入带有搅拌磁子的 100 mL 圆底烧瓶中,在冰水浴中搅拌,缓慢滴加 0.2 mol 甲磺酸,加料完毕后,逐步升温至 50 ℃,搅拌反应 2 h。在滴加酸的过程中,有白雾产生,搅拌过程中反应物逐渐变成透明澄清液体,最后冷却至室温,成透明液体,即得布朗斯台德酸性离子液体甲基吡咯烷酮甲磺酸盐。

在一个 250 mL 三颈圆底烧瓶中依次加入 60.05 g 乙酸、74.12 g 正丁醇和 0.99 g

离子液体作为催化剂，在三颈圆底烧瓶中间出口安装回流冷凝管，一个侧口连接温度计，另一侧口为采样口，使用磁力搅拌，反应温度由恒温油浴控制。当反应温度升高至所需温度时开始计时，保持温度恒定(± 0.5 ℃)。每间隔一定的时间，从三颈烧瓶中取样进行气相色谱分析。

2. 气相色谱定量分析

在反应过程中，用微量进样器定时从反应体系中取出微量样品进入气相色谱做组分分析。通过色谱柱的分离作用，将反应混合体系中的原料乙酸、丁醇，产物乙酸丁酯、水分别分离，并在流动相的带动下依次经过热导检测器，得到各组分的出峰时间及峰面积。各组分依照相对分子质量大小分别流出。最小的水最先出峰；最大的乙酸丁酯的出峰时间最长，色谱峰在最后。由于各个反应组分的导热系数不同，色谱分析所得到的色谱峰与物质在反应混合体系中的真实质量分数也不同，需通过相应的校正因子校正后得到相应组分在体系中的质量分数。

在色谱分析中，不同气相色谱仪结构不同，且操作条件(包括色谱柱温、载气流速、固定相种类及填充密度等)也不同，导致文献所查得的校正因子与实际值存在一定的偏差。因此，利用色谱纯的标样，用面积归一化法计算本实验中的各组分在气相色谱分析中的相对质量校正因子(以丁醇为参考物质，分别测得乙酸-丁醇、水-丁醇、乙酸丁酯-丁醇的相对校正因子)。

在不同温度下做多次比较实验，可确定反应级数，求得相应温度下的速率常数、平衡常数和活化能，并得出酯化反应随温度变化的规律。

五、数据处理

(1) 测定不同温度下不同催化体系的产物乙酸乙酯的浓度。

65℃			70℃			80℃		
t/min	c_x/(mol · L^{-1})	K_1	t/min	c_x/(mol · L^{-1})	K_1	t/min	c_x/(mol · L^{-1})	K_1
1			1			1		
10			10			10		
20			20			20		

(2) 计算活化能。

六、思考题

(1) 与浓硫酸比较，离子液体催化酯化反应有什么优势？

(2) 催化剂的特征有哪些？催化剂可以改变化学平衡吗？

(3) 根据实验结果写出该反应的动力学方程，讨论温度对该反应的平衡及动力学的影响规律。

实验四十八　废干电池的综合利用(12 学时)

一、实验目的

(1) 熟悉无机物的实验室制备、提纯、分析等方法与技能。

(2) 分析废干电池黑色粉体中二氧化锰、氯化锌、氯化铵、二氯化锰的含量,测定锌片纯度。

(3) 利用黑色粉体制备二氧化锰、氯化铵,用废锌片制备七水硫酸锌。

(4) 分析氯化铵、二氧化锰、七水硫酸锌的产率和纯度。

二、实验原理

环境保护是当今国际上最关心的重大课题之一。关注废旧电池的回收再利用,创建无污染、无公害的绿色环境已迫在眉睫,刻不容缓。目前,干电池用完后一般都当作垃圾扔掉,其中的酸、碱等电解质溶液及重金属对环境造成了严重的污染。存在于生活垃圾中的电池经填埋及焚烧时,造成水、土壤、空气等严重污染,危害人类健康。因此,保护环境、节约能源、变废为宝是我们的基本原则。

日常生活中用的干电池为锌锰电池,其构造如图 9-23 所示,负极为电池壳体的锌电极,正极是被二氧化锰(为增强导电性,填充有炭粉)包围的石墨电极,电解质是氯化锌及氯化铵的糊状物。在使用过程中,锌皮消耗最多,二氧化锰只起氧化作用,糊状氯化铵作为电解质不会消耗,炭粉是填料。

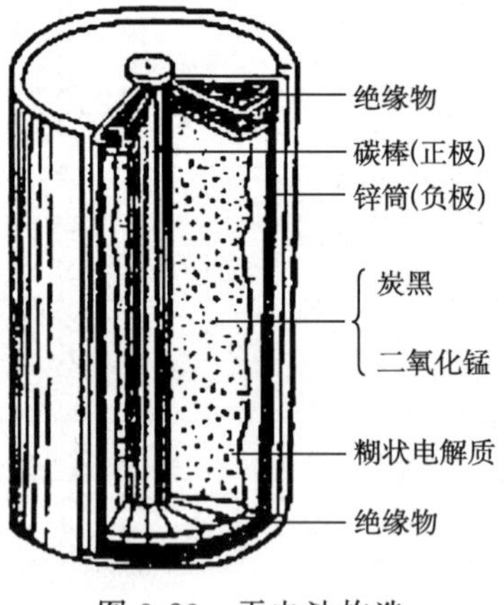

图 9-23　干电池构造

锌锰电池包括正极碳棒、二氧化锰、乙炔黑、石墨、炭粉,负极主要是含有少量铅、镉、汞的锌,加入少量铅、镉、汞的目的是降低锌电极的腐蚀速率。中性锌锰电池的电解质溶液为氯化铵和氯化锌;碱性锌锰电池的电解液为氢氧化钾。此外,电池还有封口材料铁、塑料、沥青等和外壳铁、塑料、纸等组成材料。例如,1 号废旧锌锰电池的组成,质量 70 g 左右，其中碳棒 5.2 g，锌皮 7.0 g，锰粉 25 g，铜帽 0.5 g，其他 32 g。

实验流程如下：

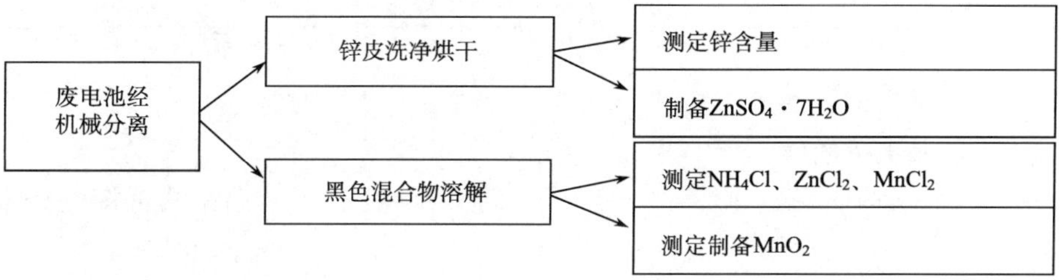

1. 成分测定

（1）锌分析。

样品经过酸分解后，在 pH 5.8～6.0 的条件下，硫代硫酸钠掩蔽铜，氟化物掩蔽铝，二甲酚橙作指示剂，EDTA 滴定锌。

（2）氯化锌、氯化铵、二氯化锰的含量。

混合体系中加入 Na_2S，沉淀其中的锌和锰以及其他杂质。分离沉淀和溶液后分别进行锰、锌和氯化铵的含量测定。

沉淀用酸溶解，用碳酸钠沉淀锰，分别获得锰、锌待测物。二甲酚橙作指示剂，EDTA 滴定锌。以酸性铬蓝 K 为指示剂，EDTA 滴定 Mn^{2+}。NH_4Cl 含量可以由酸碱滴定法测定，NH_4Cl 先与甲醛作用生成六亚甲基四胺和盐酸，后者可以用 NaOH 标准溶液滴定，有关反应如下：

$$4NH_4Cl + 6HCHO \longrightarrow (CH_2)_6N_4 + 4HCl + 6H_2O$$

（3）二氧化锰的含量。

应用草酸盐滴定法测定四价锰的含量。草酸盐滴定法是基于在硫酸介质中，用过量的草酸盐将四价的锰还原成二价后再用高锰酸钾溶液滴定过量的草酸盐，从而计算二氧化锰的含量，酸度和光照对本方法影响较大。

主要反应式如下：

$$Na_2C_2O_4 + 2H_2SO_4 + MnO_2 \longrightarrow MnSO_4 + Na_2SO_4 + 2CO_2\uparrow + 2H_2O$$

$$5H_2C_2O_4 + 2KMnO_4 + 3H_2SO_4 \longrightarrow 2MnSO_4 + K_2SO_4 + 10CO_2\uparrow + 8H_2O$$

2. 产品制备

（1）制备二氧化锰。

用过量草酸在硫酸介质中溶解黑色固体，再用碳酸钠沉淀锰，最后将沉淀在空气中焙烧生成二氧化锰。

（2）制备氯化铵。

通过用硫化钠沉淀溶液体系中的锌后，用结晶的方法制备氯化铵。

氯化铵溶解度如下：

温度/℃	0	10	20	30	40	60	80	90	100
氯化铵 [g·(100 g 水)$^{-1}$]	29.4	33.2	37.2	31.4	45.8	55.3	65.6	71.2	77.3

100 ℃时氯化铵开始显著挥发,338 ℃ 时解离,350 ℃时升华。

(3) 制备七水硫酸锌。

用硫酸溶解锌片,通过过滤除去锌中的其他难溶物。用结晶方法沉淀制备七水硫酸锌。

三、试剂与仪器

1. 试剂

废电池,蒸馏水, Na_2S(0.5 mol·L^{-1}),甲醛(中性),酚酞,NaOH 溶液(2.0 mol·L^{-1}、0.0500 mol·L^{-1}),HCl(1.8 mol·L^{-1}),Na_2CO_3 溶液, EDTA(0.0500 mol·L^{-1}),铬黑 T,酸性铬蓝 K,硫酸(2.0 mol·L^{-1}),草酸溶液,$KMnO_4$溶液(0.05 mol·L^{-1}),氨水(2 mol·L^{-1}),过氧化氢(3%),三乙醇胺(分析纯), NaF(0.1 mol·L^{-1}),硫代硫酸钠(分析纯),氯化铵(分析纯)。

2. 仪器

小刀,螺丝刀,钳子,酸度计,布氏漏斗,抽滤瓶,离心沉淀器,滴定管(酸式和碱式),移液管(5 mL、20 mL),锥形瓶(250 mL),铁架台,容量瓶(100 mL、250 mL)、烧杯(100 mL、200 mL)。

四、实验内容

1. 材料准备

取废干电池一个,剥去外层包装纸,用螺丝刀撬去顶盖,用小刀挖去沥青层,用钳子或剪刀把废干电池外壳剥开,即可取出里面的黑色固体物质,其为二氧化锰、炭粉、氯化铵、氯化锌等的混合物,电池的锌壳可用以回收金属锌或制备 $ZnSO_4 \cdot 7H_2O$。

准确称取 20.00 g 黑色混合物于烧杯。用 100 mL 蒸馏水溶解,搅拌,待固体全部溶解。加热溶解,抽滤,滤液用以提取氯化铵,滤渣留用,以制备二氧化锰的化合物。

2. 氯化锌、氯化铵、二氯化锰和锌的含量测定

向滤液中加入 Na_2S,直至溶液中不再有沉淀生成。离心分离得滤液和沉淀。

(1) 氯化铵的含量测定。

将离心分离溶液置于 250 mL 容量瓶中定容,取 5.00 mL,并加入过量的甲醛(注意将甲醛的 pH 调至 7),充分反应后,以酚酞为指示剂,用 0.0500 mol·L^{-1} NaOH 平

行滴定 3 次。

(2) 二氯化锰的含量测定。

向离心分离沉淀中加入 1.8 mol · L^{-1}盐酸使沉淀充分溶解，加入 Na_2CO_3溶液至溶液中不再有沉淀生成，离心分离，取沉淀(留溶液测定锌含量)。再用盐酸溶解沉淀，用 150 mL 容量瓶定容，取 20.00 mL，以酸性铬蓝 K 为指示剂，用 0.1000 mol · L^{-1} EDTA 进行滴定，平行滴定 3 次。

(3) 氯化锌的含量测定。

取(2)步所留溶液，加入氨水至 pH 约为 10 即可，离心分离沉淀，弃去沉淀，保留溶液测定锌含量。将滤液置于 250 mL 容量瓶定容，取 20.00 mL，以铬黑 T 为指示剂(由红色变为浅蓝色为滴定终点)，同时加入三乙醇胺、0.1000 mol · L^{-1} NaF、硫代硫酸钠作掩蔽剂，用 0.0500 mol · L^{-1} EDTA 进行滴定，平行滴定 3 次。

(4) 锌片中锌的含量测定。

准确称取约 1.09 g 锌片，用足量的硫酸溶解，用 250 mL 容量瓶定容，取 10.00 mL，以铬黑 T 为指示剂，同时加入三乙醇胺、0.1000 mol · L^{-1} NaF、硫代硫酸钠作掩蔽剂，氨水-氯化铵缓冲溶液，用 0.0500 mol · L^{-1} EDTA 进行滴定，平行滴定 3 次。

3. 产品制备

(1) 制备二氧化锰。

取 15.0 g 黑色固体，用 80 mL 蒸馏水溶解后，减压抽滤，取过滤固体后(留下滤液制备氯化铵)，用草酸-硫酸溶液充分溶解，过滤不溶物，用蒸馏水洗涤。再用 Na_2CO_3 溶液充分沉淀。过滤，洗涤至滤液中不再含有 SO_4^{2-}(用氯化钡检验)。最后，把滤渣在空气中充分焙烧至不冒火星时，再灼烧 5～10 min，所得产品为二氧化锰。冷却、称量。

(2) 制备氯化铵。

取(1)步所留滤液于 100 mL 烧杯中，向滤液中加入 Na_2S，直至溶液中不再有沉淀生成。抽滤，除去沉淀，取溶液加热蒸发，浓缩至表面有晶膜为止，冷却、结晶、抽滤、称量。

(3) 制备七水硫酸锌。

取 5.56 g 锌皮，用硫酸溶液在微热条件下充分溶解。然后加入 3%的过氧化氢，再加入 NaOH 溶液，用酸度计调节溶液 pH＝3.00，通过过滤除去锌中的其他难溶物，不断搅拌下滴加 2.0 mol · L^{-1} NaOH 溶液，逐渐有大量白色 $Zn(OH)_2$沉淀生成，调节溶液 pH＝8，过滤后白色沉淀用去离子水充分洗涤 3 次，再用 2.0 mol · L^{-1}硫酸溶解滤液置于蒸发皿中蒸发结晶，当液面上出现晶膜时，小火加热，至有较多的晶膜出现时，自然冷却结晶、抽滤、称量即得产品 $ZnSO_4 \cdot 7H_2O$。

4. 产品纯度分析

(1) 准确称取 1.000 g 二氧化锰(3 份)，并称取 $C_2H_2O_4 \cdot 2H_2O$ 固体 0.7000 g，用

10 mL H_2O 将样品和 $C_2H_2O_4 \cdot 2H_2O$ 固体溶解，加入 2.000 mol · L^{-1} H_2SO_4 20 mL，充分反应后用 0.0500 mol · L^{-1} $KMnO_4$ 滴定剩余的草酸，平行滴定 3 次。

(2) 准确称取 1.000 g 七水硫酸锌，水溶，用 100 mL 容量瓶定容，取 20.00 mL，以铬黑 T 作指示剂，用 0.05000 mol · L^{-1} EDTA 进行锌的滴定，平行滴定 3 次。

(3) 准确称取 1.000 g 氯化铵，水溶，向溶液中加入过量的甲醛，充分反应后，用 100 mL 容量瓶定容。取 20.00 mL，以酚酞为指示剂，用 0.0500 mol · L^{-1} NaOH 滴定，平行滴定 3 次。

五、思考题

(1) 测定锌含量时加入三乙醇胺、0.1000 mol · L^{-1} NaF、硫代硫酸钠分别掩蔽哪些物质？

(2) 测定氯化铵的实验中，加入过量甲醛的目的是什么？

附　　录

附录1　一些物理和化学的基本常数(1986年国际推荐制)

量	符号	数值	单位	相对不确定度(1×10^6)
光速	c	299792458	$m\cdot s^{-1}$	定义值
真空磁导率	μ_0	4π	$10^{-7}\ N\cdot A^{-2}$	定义值
真空电容率,$1/(\mu_0C^2)$	ε_0	8.854187817…	$10^{-12}\ F\cdot m^{-1}$	定义值
牛顿引力常数	G	6.67259(85)	$10^{-11}\ m^3\cdot kg^{-1}\cdot s^{-2}$	128
普朗克常量	h	6.6260755(40)	$10^{-34}\ J\cdot s$	0.60
$h/2\pi$	$\hbar$	1.05457266(63)	$10^{-34}\ J\cdot s$	0.60
基本电荷	e	1.60217733(49)	$10^{-19}\ C$	0.30
电子质量	m_e	0.91093897(54)	$10^{-30}\ kg$	0.59
质子质量	m_p	1.6726231(10)	$10^{-27}\ kg$	0.59
质子-电子质量比	m_p/m_e	1836.152701(37)		0.020
精细结构常数	α	7.29735308(33)	10^{-3}	0.045
精细结构常数的倒数	α^{-1}	137.0359895(61)		0.045
里德伯常量	R_∞	10973731.534(13)	m^{-1}	0.0012
阿伏伽德罗常量	L,N_A	6.0221367(36)	$10^{23}\ mol^{-1}$	0.59
法拉第常量	F	96485.309(29)	$C\cdot mol^{-1}$	0.30
摩尔气体常量	R	8.314510(70)	$J\cdot mol^{-1}\cdot K^{-1}$	8.4
玻耳兹曼常量,R/N_A	k	1.380658(12)	$10^{-23}\ J\cdot K^{-1}$	8.5
斯特藩-玻耳兹曼常量 $\pi^2k^4/60h^3c^2$	σ	5.67051(12)	$10^{-8}\ W\cdot m^{-2}\cdot K^{-4}$	34
电子伏,$(e/C)J=\{e\}J$	eV	1.60217733(49)	$10^{-19}\ J$	0.30
(统一)原子质量单位 原子质量常数,$1/12m(^{12}C)$	u	1.6605402(10)	$10^{-27}\ kg$	0.59

附录 2　压力单位换算表

单位	Pa(帕)	bar(巴)	kgf/cm^2	atm	at	Torr	mmH_2O	mmHg
1 Pa(帕)	1	0.00001	0.00001	0.00001	0.00001	0.0075	0.10197	0.0075
1 bar(巴)	100000	1	1.01972	0.9869	1.01972	750.062	10.1972	750.062
1 kgf/cm^2	98066.5	0.98067	1	0.9678	1	735.6	10.000	735.6
1 atm	101325	1.01325	1.0332	1		760	10.332	760
1 Torr(托)	133.3	0.00133	0.00136	0.00132	0.00136	1	13.6	1
1 mmH_2O	9.8067	0.000098	0.0001	0.0000968	0.0001	0.07356	1	0.07356
1 mmHg	133.322	0.00133	0.00136	0.00132	0.00136	1	13.5951	1

注:mmH_2O 是指 4 ℃状态的水柱高度,mmHg 是指 0 ℃状态的汞柱高度。

1 atm=1.0332 kgf/cm^2=10.34 mAg=760 mmHg=29.92 inHg。

1 atm=760 mmHg = 101325 Pa。

附录 3　能量、功及热量单位换算表

基本能量单位的定义及换算关系:

1 N·m=1 J=1 W·s

1 kgf·m=9.807 N·m=9.807 J

1 dyn·cm=1 erg

1. 单位换算参考表一

能量单位名称	英热单位	lb·ft	hp·h	J
1 英热单位	1	777.9	3.929×10^{-4}	1055
1 erg	9.481×10^{-11}	7.376×10^{-8}	3.725×10^{-14}	10^{-7}
1 lb·ft	1.285×10^{-3}	1	5.051×10^{-7}	1.356
1 hp·h	2545	1.980×10^{6}	1	2.685×10^{6}
1 J	9.481×10^{-4}	0.7376	3.725×10^{-7}	1
1 cal	3.968×10^{-3}	3.087	1.559×10^{-6}	4.186
1 kW·h	3413	2.655×10^{6}	1.341	3.6×10^{6}
1 eV	1.519×10^{-22}	1.182×10^{-19}	5.967×10^{-26}	1.602×10^{-19}
1 MeV	1.519×10^{-16}	1.182×10^{-13}	5.967×10^{-20}	1.602×10^{-13}
1 千克能量	8.521×10^{13}	6.629×10^{16}	3.348×10^{10}	8.987×10^{16}
1 统一原子质量单位	1.415×10^{-13}	1.100×10^{-17}	5.558×10^{-17}	1.492×10^{-10}

2. 单位换算参考表二

cal	kW·h	eV	千克能量	u
252.0	2.930×10^{-4}	6.585×10^{21}	1.174×10^{-14}	7.074×10^{12}
2.389×10^{-8}	2.778×10^{-14}	6.242×10^{11}	1.113×10^{-24}	670.5
0.3239	3.766×10^{-7}	8.464×10^{13}	1.509×10^{-17}	9.092×10^{9}
6.414×10^{5}	0.7457	1.676×10^{25}	2.988×10^{-11}	1.800×10^{16}
0.2389	2.778×10^{-7}	6.242×10^{18}	1.113×10^{-17}	6.705×10^{9}
1	1.163×10^{-6}	2.613×10^{19}	4.659×10^{-17}	2.807×10^{10}
8.601×10^{5}	1	2.247×10^{25}	4.007×10^{11}	2.414×10^{16}
3.827×10^{-20}	4.450×10^{-26}	1	1.783×10^{-36}	1.074×10^{-9}
3.827×10^{-14}	4.450×10^{-20}	10^{6}	1.783×10^{-30}	1.074×10^{-3}
2.147×10^{16}	2.497×10^{10}	5.610×10^{35}	1	6.025×10^{26}
3.564×10^{-11}	4.145×10^{-17}	9.310×10^{8}	1.660×10^{-27}	1

注：千克能量和统一原子质量单位(u)并非正式的能量单位，列于此为参考方便，它们由相对论的质能等效公式$E=mc^2$而来，代表当 1 kg 物质或 1u 的物质完全消灭时所释放的能量。

附录 4　无机酸在水溶液中的解离常数(25 ℃)

名称	化学式	K_a	pK_a
偏铝酸	$HAlO_2$	6.3×10^{-13}	12.20
亚砷酸	H_3AsO_3	6.0×10^{-10}	9.22
砷酸	H_3AsO_4	$6.3\times10^{-3}(K_1)$	2.20
		$1.05\times10^{-7}(K_2)$	6.98
		$3.2\times10^{-12}(K_3)$	11.50
硼酸	H_3BO_3	$5.8\times10^{-10}(K_1)$	9.24
		$1.8\times10^{-13}(K_2)$	12.74
		$1.6\times10^{-14}(K_3)$	13.80
次溴酸	HBrO	2.4×10^{-9}	8.62
氢氰酸	HCN	6.2×10^{-10}	9.21
碳酸	H_2CO_3	$4.2\times10^{-7}(K_1)$	6.38
		$5.6\times10^{-11}(K_2)$	10.25
次氯酸	HClO	3.2×10^{-8}	7.50
氢氟酸	HF	6.61×10^{-4}	3.18

续表

名称	化学式	K_a	pK_a
锗酸	H_2GeO_3	$1.7\times10^{-9}(K_1)$	8.78
		$1.9\times10^{-13}(K_2)$	12.72
高碘酸	HIO_4	2.8×10^{-2}	1.56
亚硝酸	HNO_2	5.1×10^{-4}	3.29
次磷酸	H_3PO_2	5.9×10^{-2}	1.23
亚磷酸	H_3PO_3	$5.0\times10^{-2}(K_1)$	1.30
		$2.5\times10^{-7}(K_2)$	6.60
磷酸	H_3PO_4	$7.52\times10^{-3}(K_1)$	2.12
		$6.31\times10^{-8}(K_2)$	7.20
		$4.4\times10^{-13}(K_3)$	12.36
焦磷酸	$H_4P_2O_7$	$3.0\times10^{-2}(K_1)$	1.52
		$4.4\times10^{-3}(K_2)$	2.36
		$2.5\times10^{-7}(K_3)$	6.60
		$5.6\times10^{-10}(K_4)$	9.25
氢硫酸	H_2S	$1.3\times10^{-7}(K_1)$	6.88
		$7.1\times10^{-15}(K_2)$	14.15
亚硫酸	H_2SO_3	$1.23\times10^{-2}(K_1)$	1.91
		$6.6\times10^{-8}(K_2)$	7.18
硫酸	H_2SO_4	$1.0\times10^{3}(K_1)$	−3.0
		$1.02\times10^{-2}(K_2)$	1.99
硫代硫酸	$H_2S_2O_3$	$2.52\times10^{-1}(K_1)$	0.60
		$1.9\times10^{-2}(K_2)$	1.72
氢硒酸	H_2Se	$1.3\times10^{-4}(K_1)$	3.89
		$1.0\times10^{-11}(K_2)$	11.0
亚硒酸	H_2SeO_3	$2.7\times10^{-3}(K_1)$	2.57
		$2.5\times10^{-7}(K_2)$	6.60
硒酸	H_2SeO_4	$1\times10^{3}(K_1)$	−3.0
		$1.2\times10^{-2}(K_2)$	1.92
硅酸	H_2SiO_3	$1.7\times10^{-10}(K_1)$	9.77
		$1.6\times10^{-12}(K_2)$	11.80
亚碲酸	H_2TeO_3	$2.7\times10^{-3}(K_1)$	2.57
		$1.8\times10^{-8}(K_2)$	7.74

附录5　有机酸在水溶液中的解离常数(25 ℃)

名称	化学式	K_a	pK_a
甲酸	$HCOOH$	1.8×10^{-4}	3.75
乙酸	CH_3COOH	1.74×10^{-5}	4.76
乙醇酸	$CH_2(OH)COOH$	1.48×10^{-4}	3.83
草酸	$(COOH)_2$	$5.4\times10^{-2}(K_1)$	1.27
		$5.4\times10^{-5}(K_2)$	4.27
甘氨酸	$CH_2(NH_2)COOH$	1.7×10^{-10}	9.78
一氯乙酸	$CH_2ClCOOH$	1.4×10^{-3}	2.86
二氯乙酸	$CHCl_2COOH$	5.0×10^{-2}	1.30
三氯乙酸	CCl_3COOH	2.0×10^{-1}	0.70
丙酸	CH_3CH_2COOH	1.35×10^{-5}	4.87
丙烯酸	$CH_2{=}CHCOOH$	5.5×10^{-5}	4.26
乳酸(丙醇酸)	$CH_3CH(OH)COOH$	1.4×10^{-4}	3.86
丙二酸	$HOOCCH_2COOH$	$1.4\times10^{-3}(K_1)$	2.85
		$2.2\times10^{-6}(K_2)$	5.66
2-丙炔酸	$HC{\equiv}CCOOH$	1.29×10^{-2}	1.89
甘油酸	$HOCH_2CHOHCOOH$	2.29×10^{-4}	3.64
丙酮酸	$CH_3COCOOH$	3.2×10^{-3}	2.49
α-丙氨酸	CH_3CHNH_2COOH	1.35×10^{-10}	9.87
β-丙氨酸	$CH_2NH_2CH_2COOH$	4.4×10^{-11}	10.36
正丁酸	$CH_3(CH_2)_2COOH$	1.52×10^{-5}	4.82
异丁酸	$(CH_3)_2CHCOOH$	1.41×10^{-5}	4.85
3-丁烯酸	$CH_2{=}CHCH_2COOH$	2.1×10^{-5}	4.68
异丁烯酸	$CH_2{=}C(CH_3)COOH$	2.2×10^{-5}	4.66
反丁烯二酸(富马酸)	$HOOCCH{=}CHCOOH$	$9.3\times10^{-4}(K_1)$	3.03
		$3.6\times10^{-5}(K_2)$	4.44
顺丁烯二酸(马来酸)	$HOOCCH{=}CHCOOH$	$1.2\times10^{-2}(K_1)$	1.92
		$5.9\times10^{-7}(K_2)$	6.23
酒石酸	$HOOCCH(OH)CH(OH)COOH$	$1.04\times10^{-3}(K_1)$	2.98
		$4.55\times10^{-5}(K_2)$	4.34
正戊酸	$CH_3(CH_2)_3COOH$	1.4×10^{-5}	4.86
异戊酸	$(CH_3)_2CHCH_2COOH$	1.67×10^{-5}	4.78

续表

名称	化学式	K_a	pK_a
2-戊烯酸	$CH_3CH_2CH{=}CHCOOH$	2.0×10^{-5}	4.70
3-戊烯酸	$CH_3CH{=}CHCH_2COOH$	3.0×10^{-5}	4.52
4-戊烯酸	$CH_2{=}CHCH_2CH_2COOH$	2.10×10^{-5}	4.677
戊二酸	$HOOC(CH_2)_3COOH$	$1.7\times10^{-4}(K_1)$	3.77
		$8.3\times10^{-7}(K_2)$	6.08
谷氨酸	$HOOCCH_2CH_2CH(NH_2)COOH$	$7.4\times10^{-3}(K_1)$	2.13
		$4.9\times10^{-5}(K_2)$	4.31
		$4.4\times10^{-10}(K_3)$	9.358
正己酸	$CH_3(CH_2)_4COOH$	1.39×10^{-5}	4.86
异己酸	$(CH_3)_2CH(CH_2)_3COOH$	1.43×10^{-5}	4.85
(*E*)-2-己烯酸	$CH_3(CH_2)_2CH{=}CHCOOH$	1.8×10^{-5}	4.74
(*E*)-3-己烯酸	$CH_3CH_2CH{=}CHCH_2COOH$	1.9×10^{-5}	4.72
己二酸	$HOOCCH_2CH_2CH_2CH_2COOH$	$3.8\times10^{-5}(K_1)$	4.42
		$3.9\times10^{-6}(K_2)$	5.41
柠檬酸	$HOOCCH_2C(OH)(COOH)CH_2COOH$	$7.4\times10^{-4}(K_1)$	3.13
		$1.7\times10^{-5}(K_2)$	4.76
		$4.0\times10^{-7}(K_3)$	6.40
苯酚	C_6H_5OH	1.1×10^{-10}	9.96
邻苯二酚	$o\text{-}C_6H_4(OH)_2$	3.6×10^{-10}	9.45
		1.6×10^{-13}	12.8
间苯二酚	$m\text{-}C_6H_4(OH)_2$	$3.6\times10^{-10}(K_1)$	9.30
		$8.71\times10^{-12}(K_2)$	11.06
对苯二酚	$p\text{-}C_6H_4(OH)_2$	1.1×10^{-10}	9.96
2,4,6-三硝基苯酚	$2,4,6\text{-}(NO_2)_3C_6H_2OH$	5.1×10^{-1}	0.29
葡萄糖酸	$CH_2OH(CHOH)_4COOH$	1.4×10^{-4}	3.86
苯甲酸	C_6H_5COOH	6.3×10^{-5}	4.20
水杨酸	$C_6H_4(OH)COOH$	$1.05\times10^{-3}(K_1)$	2.98
		$4.17\times10^{-13}(K_2)$	12.38
邻硝基苯甲酸	$o\text{-}NO_2C_6H_4COOH$	6.6×10^{-3}	2.18
间硝基苯甲酸	$m\text{-}NO_2C_6H_4COOH$	3.5×10^{-4}	3.46
对硝基苯甲酸	$p\text{-}NO_2C_6H_4COOH$	3.6×10^{-4}	3.44
邻苯二甲酸	$o\text{-}C_6H_4(COOH)_2$	$1.1\times10^{-3}(K_1)$	2.96
		$4.0\times10^{-6}(K_2)$	5.40
间苯二甲酸	$m\text{-}C_6H_4(COOH)_2$	$2.4\times10^{-4}(K_1)$	3.62
		$2.5\times10^{-5}(K_2)$	4.60

续表

名称	化学式	K_a	pK_a
对苯二甲酸	p-$C_6H_4(COOH)_2$	$2.9\times10^{-4}(K_1)$	3.54
		$3.5\times10^{-5}(K_2)$	4.46
1,3,5-苯三甲酸	$C_6H_3(COOH)_3$	$7.6\times10^{-3}(K_1)$	2.12
		$7.9\times10^{-5}(K_2)$	4.10
		$6.6\times10^{-6}(K_3)$	5.18
苯基六羧酸	$C_6(COOH)_6$	$2.1\times10^{-1}(K_1)$	0.68
		$6.2\times10^{-3}(K_2)$	2.21
		$3.0\times10^{-4}(K_3)$	3.52
		$8.1\times10^{-6}(K_4)$	5.09
		$4.8\times10^{-7}(K_5)$	6.32
		$3.2\times10^{-8}(K_6)$	7.49
癸二酸	$HOOC(CH_2)_8COOH$	$2.6\times10^{-5}(K_1)$	4.59
		$2.6\times10^{-6}(K_2)$	5.59
乙二胺四乙酸(EDTA)	$CH_2—N(CH_2COOH)_2$ | $CH_2—N(CH_2COOH)_2$	$1.0\times10^{-2}(K_1)$	2.0
		$2.14\times10^{-3}(K_2)$	2.67
		$6.92\times10^{-7}(K_3)$	6.16
		$5.5\times10^{-11}(K_4)$	10.26

附录 6　无机碱在水溶液中的解离常数(25 ℃)

名称	化学式	K_b	pK_b
氢氧化铝	$Al(OH)_3$	$1.38\times10^{-9}(K_3)$	8.86
氢氧化银	$AgOH$	1.10×10^{-4}	3.96
氢氧化钙	$Ca(OH)_2$	3.72×10^{-3}	2.43
		3.98×10^{-2}	1.40
氨水	NH_3+H_2O	1.78×10^{-5}	4.75
肼(联氨)	$N_2H_4+H_2O$	$9.55\times10^{-7}(K_1)$	6.02
		$1.26\times10^{-15}(K_2)$	14.9
羟胺	NH_2OH+H_2O	9.12×10^{-9}	8.04
氢氧化铅	$Pb(OH)_2$	$9.55\times10^{-4}(K_1)$	3.02
		$3.0\times10^{-8}(K_2)$	7.52
氢氧化锌	$Zn(OH)_2$	9.55×10^{-4}	3.02

附录 7　有机碱在水溶液中的解离常数(25 ℃)

名称	化学式	K_b	pK_b
甲胺	CH_3NH_2	4.17×10^{-4}	3.38
尿素(脲)	$CO(NH_2)_2$	1.5×10^{-14}	13.82
乙胺	$CH_3CH_2NH_2$	4.27×10^{-4}	3.37
乙醇胺	$H_2N(CH_2)_2OH$	3.16×10^{-5}	4.50
乙二胺	$H_2N(CH_2)_2NH_2$	$8.51\times10^{-5}(K_1)$	4.07
		$7.08\times10^{-8}(K_2)$	7.15
二甲胺	$(CH_3)_2NH$	5.89×10^{-4}	3.23
三甲胺	$(CH_3)_3N$	6.31×10^{-5}	4.20
三乙胺	$(C_2H_5)_3N$	5.25×10^{-4}	3.28
丙胺	$C_3H_7NH_2$	3.70×10^{-4}	3.432
异丙胺	$i\text{-}C_3H_7NH_2$	4.37×10^{-4}	3.36
1,3-丙二胺	$NH_2(CH_2)_3NH_2$	$2.95\times10^{-4}(K_1)$	3.53
		$3.09\times10^{-6}(K_2)$	5.51
1,2-丙二胺	$CH_3CH(NH_2)CH_2NH_2$	$5.25\times10^{-5}(K_1)$	4.28
		$4.05\times10^{-8}(K_2)$	7.393
三丙胺	$(CH_3CH_2CH_2)_3N$	4.57×10^{-4}	3.34
三乙醇胺	$(HOCH_2CH_2)_3N$	5.75×10^{-7}	6.24
丁胺	$C_4H_9NH_2$	4.37×10^{-4}	3.36
异丁胺	$C_4H_9NH_2$	2.57×10^{-4}	3.59
叔丁胺	$C_4H_9NH_2$	4.84×10^{-4}	3.315
己胺	$CH_3(CH_2)_5NH_2$	4.37×10^{-4}	3.36
辛胺	$CH_3(CH_2)_7NH_2$	4.47×10^{-4}	3.35
苯胺	$C_6H_5NH_2$	3.98×10^{-10}	9.40
苄胺	C_7H_9N	2.24×10^{-5}	4.65
环己胺	$C_6H_{11}NH_2$	4.37×10^{-4}	3.36
吡啶	C_5H_5N	1.48×10^{-9}	8.83
六亚甲基四胺	$(CH_2)_6N_4$	1.35×10^{-9}	8.87
2-氯酚	C_6H_5ClO	3.55×10^{-6}	5.45
3-氯酚	C_6H_5ClO	1.26×10^{-5}	4.90
4-氯酚	C_6H_5ClO	2.69×10^{-5}	4.57
邻氨基苯酚	$o\text{-}H_2NC_6H_4OH$	5.2×10^{-5}	4.28
		1.9×10^{-5}	4.72

续表

名称	化学式	K_b	pK_b
间氨基苯酚	m-$H_2NC_6H_4OH$	7.4×10^{-5}	4.13
		6.8×10^{-5}	4.17
对氨基苯酚	p-$H_2NC_6H_4OH$	2.0×10^{-4}	3.70
		3.2×10^{-6}	5.50
邻甲苯胺	o-$CH_3C_6H_4NH_2$	2.82×10^{-10}	9.55
间甲苯胺	m-$CH_3C_6H_4NH_2$	5.13×10^{-10}	9.29
对甲苯胺	p-$CH_3C_6H_4NH_2$	1.20×10^{-9}	8.92
8-羟基喹啉(20 ℃)	8-HO—C_9H_6N	6.5×10^{-5}	4.19
二苯胺	$(C_6H_5)_2NH$	7.94×10^{-14}	13.1
联苯胺	$H_2NC_6H_4C_6H_4NH_2$	$5.01\times10^{-10}(K_1)$	9.30
		$4.27\times10^{-11}(K_2)$	10.37

附录 8　pH 标准缓冲溶液

名称	配制	不同温度时的 pH								
草酸盐标准缓冲溶液	$c[KH_3(C_2O_4)_2\cdot2H_2O]$为0.05 mol·$L^{-1}$。称取 12.71 g 四草酸钾$[KH_3(C_2O_4)_2\cdot2H_2O]$溶于无二氧化碳的水中，稀释至1000 mL	0 ℃	5 ℃	10 ℃	15 ℃	20 ℃	25 ℃	30 ℃	35 ℃	40 ℃
		1.67	1.67	1.67	1.67	1.68	1.68	1.69	1.69	1.69
		45 ℃	50 ℃	55 ℃	60 ℃	70 ℃	80 ℃	90 ℃	95 ℃	—
		1.70	1.71	1.72	1.72	1.74	1.77	1.79	1.81	—
酒石酸盐标准缓冲溶液	在 25 ℃时，用无二氧化碳的水溶解外消旋的酒石酸氢钾($KHC_4H_4O_6$)，并剧烈振摇至成饱和溶液	0 ℃	5 ℃	10 ℃	15 ℃	20 ℃	25 ℃	30 ℃	35 ℃	40 ℃
		—	—	—	—	—	3.56	3.55	3.55	3.55
		45 ℃	50 ℃	55 ℃	60 ℃	70 ℃	80 ℃	90 ℃	95 ℃	—
		3.55	3.55	3.55	3.56	3.58	3.61	3.65	3.67	—
苯二甲酸氢盐标准缓冲溶液	$c(C_6H_4CO_2HCO_2K)$为 0.05 mol·L^{-1}，称取于(115.0±5.0)℃干燥 2～3 h 的邻苯二甲酸氢钾($KHC_8H_4O_4$)10.21 g，溶于无CO_2的蒸馏水，并稀释至1000 mL(注：可用于酸度计校准)	0 ℃	5 ℃	10 ℃	15 ℃	20 ℃	25 ℃	30 ℃	35 ℃	40 ℃
		4.00	4.00	4.00	4.00	4.00	4.01	4.01	4.02	4.04
		45 ℃	50 ℃	55 ℃	60 ℃	70 ℃	80 ℃	90 ℃	95 ℃	—
		4.05	4.06	4.08	4.09	4.13	4.16	4.21	4.23	—

续表

名称	配制	不同温度时的 pH								
磷酸盐标准缓冲溶液	分别称取在(115.0±5.0)℃干燥 2～3 h 的磷酸氢二钠(Na_2HPO_4)(3.53±0.01)g 和磷酸二氢钾(KH_2PO_4)(3.39±0.01)g,溶于预先煮沸 15～30 min并迅速冷却的蒸馏水中,并稀释至 1000 mL(注:可用于酸度计校准)	0 ℃	5 ℃	10 ℃	15 ℃	20 ℃	25 ℃	30 ℃	35 ℃	40 ℃
		6.98	6.95	6.92	6.90	6.88	6.86	6.85	6.84	6.84
		45 ℃	50 ℃	55 ℃	60 ℃	70 ℃	80 ℃	90 ℃	95 ℃	—
		6.83	6.83	6.83	6.84	6.85	6.86	6.88	6.89	—
硼酸盐标准缓冲溶液	称取硼砂($Na_2B_4O_7 \cdot 10H_2O$)(3.80± 0.01)g(注意:不能烘干),溶于预先煮沸 15～30 min 并迅速冷却的蒸馏水中,稀释至 1000 mL。置聚乙烯塑料瓶中密闭保存。存放时要防止空气中 CO_2 的进入(注:可用于酸度计校准)	0 ℃	5 ℃	10 ℃	15 ℃	20 ℃	25 ℃	30 ℃	35 ℃	40 ℃
		9.46	9.40	9.33	9.27	9.22	9.18	9.14	9.10	9.06
		45 ℃	50 ℃	55 ℃	60 ℃	70 ℃	80 ℃	90 ℃	95 ℃	—
		9.04	9.01	8.99	8.96	8.92	8.89	8.85	8.83	—
氢氧化钙标准缓冲溶液	在 25 ℃,用无二氧化碳的蒸馏水制备氢氧化钙的饱和溶液。氢氧化钙溶液的浓度 $c[1/2\ Ca(OH)_2]$ 应在 0.0400 ～ 0.0412 $mol \cdot L^{-1}$。氢氧化钙溶液浓度可以酚红为指示剂,用盐酸标准溶液[$c(HCl)=0.1\ mol \cdot L^{-1}$]滴定测出。存放时要防止空气中二氧化碳的进入。出现浑浊应弃去重新配制	0 ℃	5 ℃	10 ℃	15 ℃	20 ℃	25 ℃	30 ℃	35 ℃	40 ℃
		13.42	13.21	13.00	12.81	12.63	12.45	12.30	12.14	11.98
		45 ℃	50 ℃	55 ℃	60 ℃	70 ℃	80 ℃	90 ℃	95 ℃	—
		11.84	11.71	11.57	11.45	—	—	—	—	—

附录 9　难溶化合物的溶度积常数

序号	分子式	K_{sp}	pK_{sp} $(-\lg K_{sp})$	序号	分子式	K_{sp}	pK_{sp} $(-\lg K_{sp})$
1	Ag_3AsO_4	1.0×10^{-22}	22.0	6	Ag_2CO_3	8.1×10^{-12}	11.09
2	AgBr	5.0×10^{-13}	12.3	7	$Ag_2C_2O_4$	3.5×10^{-11}	10.46
3	$AgBrO_3$	5.50×10^{-5}	4.26	8	Ag_2CrO_4	1.2×10^{-12}	11.92
4	AgCl	1.8×10^{-10}	9.75	9	$Ag_2Cr_2O_7$	2.0×10^{-7}	6.70
5	AgCN	1.2×10^{-16}	15.92	10	AgI	8.3×10^{-17}	16.08

续表

序号	分子式	K_{sp}	pK_{sp} ($-\lg K_{sp}$)	序号	分子式	K_{sp}	pK_{sp} ($-\lg K_{sp}$)
11	$AgIO_3$	3.1×10^{-8}	7.51	44	$CaCO_3$	2.8×10^{-9}	8.54
12	$AgOH$	2.0×10^{-8}	7.71	45	$CaC_2O_4\cdot H_2O$	4.0×10^{-9}	8.4
13	Ag_2MoO_4	2.8×10^{-12}	11.55	46	CaF_2	2.7×10^{-11}	10.57
14	Ag_3PO_4	1.4×10^{-16}	15.84	47	$CaMoO_4$	4.17×10^{-8}	7.38
15	Ag_2S	6.3×10^{-50}	49.2	48	$Ca(OH)_2$	5.5×10^{-6}	5.26
16	$AgSCN$	1.0×10^{-12}	12.00	49	$Ca_3(PO_4)_2$	2.0×10^{-29}	28.70
17	Ag_2SO_3	1.5×10^{-14}	13.82	50	$CaSO_4$	3.16×10^{-7}	5.04
18	Ag_2SO_4	1.4×10^{-5}	4.84	51	$CaSiO_3$	2.5×10^{-8}	7.60
19	Ag_2Se	2.0×10^{-64}	63.7	52	$CaWO_4$	8.7×10^{-9}	8.06
20	Ag_2SeO_3	1.0×10^{-15}	15.00	53	$CdCO_3$	5.2×10^{-12}	11.28
21	Ag_2SeO_4	5.7×10^{-8}	7.25	54	$CdC_2O_4\cdot 3H_2O$	9.1×10^{-8}	7.04
22	$AgVO_3$	5.0×10^{-7}	6.3	55	$Cd_3(PO_4)_2$	2.5×10^{-33}	32.6
23	Ag_2WO_4	5.5×10^{-12}	11.26	56	CdS	8.0×10^{-27}	26.1
24	$Al(OH)_3$①	4.57×10^{-33}	32.34	57	$CdSe$	6.31×10^{-36}	35.2
25	$AlPO_4$	6.3×10^{-19}	18.24	58	$CdSeO_3$	1.3×10^{-9}	8.89
26	Al_2S_3	2.0×10^{-7}	6.7	59	CeF_3	8.0×10^{-16}	15.1
27	$Au(OH)_3$	5.5×10^{-46}	45.26	60	$CePO_4$	1.0×10^{-23}	23.0
28	$AuCl_3$	3.2×10^{-25}	24.5	61	$Co_3(AsO_4)_2$	7.6×10^{-29}	28.12
29	AuI_3	1.0×10^{-46}	46.0	62	$CoCO_3$	1.4×10^{-13}	12.84
30	$Ba_3(AsO_4)_2$	8.0×10^{-51}	50.1	63	CoC_2O_4	6.3×10^{-8}	7.2
31	$BaCO_3$	5.1×10^{-9}	8.29	64	$Co(OH)_2$(蓝)	6.31×10^{-15}	14.2
32	BaC_2O_4	1.6×10^{-7}	6.79		$Co(OH)_2$（粉红，新沉淀）	1.58×10^{-15}	14.8
33	$BaCrO_4$	1.2×10^{-10}	9.93				
34	$Ba_3(PO_4)_2$	3.4×10^{-23}	22.44		$Co(OH)_2$（粉红，陈化）	2.00×10^{-16}	15.7
35	$BaSO_4$	1.1×10^{-10}	9.96				
36	BaS_2O_3	1.6×10^{-5}	4.79	65	$CoHPO_4$	2.0×10^{-7}	6.7
37	$BaSeO_3$	2.7×10^{-7}	6.57	66	$Co_3(PO_4)_2$	2.0×10^{-35}	34.7
38	$BaSeO_4$	3.5×10^{-8}	7.46	67	$CrAsO_4$	7.7×10^{-21}	20.11
39	$Be(OH)_2$②	1.6×10^{-22}	21.8	68	$Cr(OH)_3$	6.3×10^{-31}	30.2
40	$BiAsO_4$	4.4×10^{-10}	9.36	69	$CrPO_4\cdot 4H_2O$(绿)	2.4×10^{-23}	22.62
41	$Bi_2(C_2O_4)_3$	3.98×10^{-36}	35.4		$CrPO_4\cdot 4H_2O$(紫)	1.0×10^{-17}	17.0
42	$Bi(OH)_3$	4.0×10^{-31}	30.4	70	$CuBr$	5.3×10^{-9}	8.28
43	$BiPO_4$	1.26×10^{-23}	22.9	71	$CuCl$	1.2×10^{-6}	5.92

续表

序号	分子式	K_{sp}	pK_{sp} ($-\lg K_{sp}$)	序号	分子式	K_{sp}	pK_{sp} ($-\lg K_{sp}$)
72	CuCN	3.2×10^{-20}	19.49	105	HgS(红)	4.0×10^{-53}	52.4
73	$CuCO_3$	2.34×10^{-10}	9.63	106	HgS(黑)	1.6×10^{-52}	51.8
74	CuI	1.1×10^{-12}	11.96	107	Hg_2WO_4	1.1×10^{-17}	16.96
75	$Cu(OH)_2$	4.8×10^{-20}	19.32	108	$Ho(OH)_3$	5.0×10^{-23}	22.30
76	$Cu_3(PO_4)_2$	1.3×10^{-37}	36.9	109	$In(OH)_3$	1.3×10^{-37}	36.9
77	Cu_2S	2.5×10^{-48}	47.6	110	$InPO_4$	2.3×10^{-22}	21.63
78	Cu_2Se	1.58×10^{-61}	60.8	111	In_2S_3	5.7×10^{-74}	73.24
79	CuS	6.3×10^{-36}	35.2	112	$La_2(CO_3)_3$	3.98×10^{-34}	33.4
80	CuSe	7.94×10^{-49}	48.1	113	$LaPO_4$	3.98×10^{-23}	22.43
81	$Dy(OH)_3$	1.4×10^{-22}	21.85	114	$Lu(OH)_3$	1.9×10^{-24}	23.72
82	$Er(OH)_3$	4.1×10^{-24}	23.39	115	$Mg_3(AsO_4)_2$	2.1×10^{-20}	19.68
83	$Eu(OH)_3$	8.9×10^{-24}	23.05	116	$MgCO_3$	3.5×10^{-8}	7.46
84	$FeAsO_4$	5.7×10^{-21}	20.24	117	$MgCO_3\cdot3H_2O$	2.14×10^{-5}	4.67
85	$FeCO_3$	3.2×10^{-11}	10.50	118	$Mg(OH)_2$	1.8×10^{-11}	10.74
86	$Fe(OH)_2$	8.0×10^{-16}	15.1	119	$Mg_3(PO_4)_2\cdot8H_2O$	6.31×10^{-26}	25.2
87	$Fe(OH)_3$	4.0×10^{-38}	37.4	120	$Mn_3(AsO_4)_2$	1.9×10^{-29}	28.72
88	$FePO_4$	1.3×10^{-22}	21.89	121	$MnCO_3$	1.8×10^{-11}	10.74
89	FeS	6.3×10^{-18}	17.2	122	$Mn(IO_3)_2$	4.37×10^{-7}	6.36
90	$Ga(OH)_3$	7.0×10^{-36}	35.15	123	$Mn(OH)_4$	1.9×10^{-13}	12.72
91	$GaPO_4$	1.0×10^{-21}	21.0	124	MnS(粉红)	2.5×10^{-10}	9.6
92	$Gd(OH)_3$	1.8×10^{-23}	22.74	125	MnS(绿)	2.5×10^{-13}	12.6
93	$Hf(OH)_4$	4.0×10^{-26}	25.4	126	$Ni_3(AsO_4)_2$	3.1×10^{-26}	25.51
94	Hg_2Br_2	5.6×10^{-23}	22.24	127	$NiCO_3$	6.6×10^{-9}	8.18
95	Hg_2Cl_2	1.3×10^{-18}	17.88	128	NiC_2O_4	4.0×10^{-10}	9.4
96	HgC_2O_4	1.0×10^{-7}	7.0	129	$Ni(OH)_2$(新)	2.0×10^{-15}	14.7
97	Hg_2CO_3	8.9×10^{-17}	16.05	130	$Ni_3(PO_4)_2$	5.0×10^{-31}	30.3
98	$Hg_2(CN)_2$	5.0×10^{-40}	39.3	131	α-NiS	3.2×10^{-19}	18.5
99	Hg_2CrO_4	2.0×10^{-9}	8.70	132	β-NiS	1.0×10^{-24}	24.0
100	Hg_2I_2	4.5×10^{-29}	28.35	133	γ-NiS	2.0×10^{-26}	25.7
101	HgI_2	2.82×10^{-29}	28.55	134	$Pb_3(AsO_4)_2$	4.0×10^{-36}	35.39
102	$Hg_2(IO_3)_2$	2.0×10^{-14}	13.71	135	$PbBr_2$	4.0×10^{-5}	4.41
103	$Hg_2(OH)_2$	2.0×10^{-24}	23.7	136	$PbCl_2$	1.6×10^{-5}	4.79
104	HgSe	1.0×10^{-59}	59.0	137	$PbCO_3$	7.4×10^{-14}	13.13

续表

序号	分子式	K_{sp}	pK_{sp} ($-\lg K_{sp}$)	序号	分子式	K_{sp}	pK_{sp} ($-\lg K_{sp}$)
138	$PbCrO_4$	2.8×10^{-13}	12.55	169	$SrCO_3$	1.1×10^{-10}	9.96
139	PbF_2	2.7×10^{-8}	7.57	170	$SrC_2O_4\cdot H_2O$	1.6×10^{-7}	6.80
140	$PbMoO_4$	1.0×10^{-13}	13.0	171	SrF_2	2.5×10^{-9}	8.61
141	$Pb(OH)_2$	1.2×10^{-15}	14.93	172	$Sr_3(PO_4)_2$	4.0×10^{-28}	27.39
142	$Pb(OH)_4$	3.2×10^{-66}	65.49	173	$SrSO_4$	3.2×10^{-7}	6.49
143	$Pb_3(PO_4)_2$	8.0×10^{-43}	42.10	174	$SrWO_4$	1.7×10^{-10}	9.77
144	PbS	1.0×10^{-28}	28.00	175	$Tb(OH)_3$	2.0×10^{-22}	21.7
145	$PbSO_4$	1.6×10^{-8}	7.79	176	$Te(OH)_4$	3.0×10^{-54}	53.52
146	PbSe	7.94×10^{-43}	42.1	177	$Th(C_2O_4)_2$	1.0×10^{-22}	22.0
147	$PbSeO_4$	1.4×10^{-7}	6.84	178	$Th(IO_3)_4$	2.5×10^{-15}	14.6
148	$Pd(OH)_2$	1.0×10^{-31}	31.0	179	$Th(OH)_4$	4.0×10^{-45}	44.4
149	$Pd(OH)_4$	6.3×10^{-71}	70.2	180	$Ti(OH)_3$	1.0×10^{-40}	40.0
150	PdS	2.03×10^{-58}	57.69	181	TlBr	3.4×10^{-6}	5.47
151	$Pm(OH)_3$	1.0×10^{-21}	21.0	182	TlCl	1.7×10^{-4}	3.76
152	$Pr(OH)_3$	6.8×10^{-22}	21.17	183	Tl_2CrO_4	9.77×10^{-13}	12.01
153	$Pt(OH)_2$	1.0×10^{-35}	35.0	184	TlI	6.5×10^{-8}	7.19
154	$Pu(OH)_3$	2.0×10^{-20}	19.7	185	TlN_3	2.2×10^{-4}	3.66
155	$Pu(OH)_4$	1.0×10^{-55}	55.0	186	Tl_2S	5.0×10^{-21}	20.3
156	$RaSO_4$	4.2×10^{-11}	10.37	187	$TlSeO_3$	2.0×10^{-39}	38.7
157	$Rh(OH)_3$	1.0×10^{-23}	23.0	188	$UO_2(OH)_2$	1.1×10^{-22}	21.95
158	$Ru(OH)_3$	1.0×10^{-36}	36.0	189	$VO(OH)_2$	5.9×10^{-23}	22.13
159	Sb_2S_3	1.5×10^{-93}	92.8	190	$Y(OH)_3$	8.0×10^{-23}	22.1
160	ScF_3	4.2×10^{-18}	17.37	191	$Yb(OH)_3$	3.0×10^{-24}	23.52
161	$Sc(OH)_3$	8.0×10^{-31}	30.1	192	$Zn_3(AsO_4)_2$	1.3×10^{-28}	27.89
162	$Sm(OH)_3$	8.2×10^{-23}	22.08	193	$ZnCO_3$	1.4×10^{-11}	10.84
163	$Sn(OH)_2$	1.4×10^{-28}	27.85	194	$Zn(OH)_2$③	2.09×10^{-16}	15.68
164	$Sn(OH)_4$	1.0×10^{-56}	56.0	195	$Zn_3(PO_4)_2$	9.0×10^{-33}	32.04
165	SnO_2	3.98×10^{-65}	64.4	196	α-ZnS	1.6×10^{-24}	23.8
166	SnS	1.0×10^{-25}	25.0	197	β-ZnS	2.5×10^{-22}	21.6
167	SnSe	3.98×10^{-39}	38.4	198	$ZrO(OH)_2$	6.3×10^{-49}	48.2
168	$Sr_3(AsO_4)_2$	8.1×10^{-19}	18.09				

注:①～③形态均为无定形。

附录10　标准电极电势(298 K,101.325 kPa)

序号	电极过程	$\varphi^{\ominus}$/V
1	$Ag^{+}+e^{-}=Ag$	0.7996
2	$Ag^{2+}+e^{-}=Ag^{+}$	1.980
3	$AgBr+e^{-}=Ag+Br^{-}$	0.0713
4	$AgBrO_3+e^{-}=Ag+BrO_3^{-}$	0.546
5	$AgCl+e^{-}=Ag+Cl^{-}$	0.222
6	$AgCN+e^{-}=Ag+CN^{-}$	−0.017
7	$Ag_2CO_3+2e^{-}=2Ag+CO_3^{2-}$	0.470
8	$Ag_2C_2O_4+2e^{-}=2Ag+C_2O_4^{2-}$	0.465
9	$Ag_2CrO_4+2e^{-}=2Ag+CrO_4^{2-}$	0.447
10	$AgF+e^{-}=Ag+F^{-}$	0.779
11	$Ag_4[Fe(CN)_6]+4e^{-}=4Ag+[Fe(CN)_6]^{4-}$	0.148
12	$AgI+e^{-}=Ag+I^{-}$	−0.152
13	$AgIO_3+e^{-}=Ag+IO_3^{-}$	0.354
14	$Ag_2MoO_4+2e^{-}=2Ag+MoO_4^{2-}$	0.457
15	$[Ag(NH_3)_2]^{+}+e^{-}=Ag+2NH_3$	0.373
16	$AgNO_2+e^{-}=Ag+NO_2^{-}$	0.564
17	$Ag_2O+H_2O+2e^{-}=2Ag+2OH^{-}$	0.342
18	$2AgO+H_2O+2e^{-}=Ag_2O+2OH^{-}$	0.607
19	$Ag_2S+2e^{-}=2Ag+S^{2-}$	−0.691
20	$Ag_2S+2H^{+}+2e^{-}=2Ag+H_2S$	−0.0366
21	$AgSCN+e^{-}=Ag+SCN^{-}$	0.0895
22	$Ag_2SeO_4+2e^{-}=2Ag+SeO_4^{2-}$	0.363
23	$Ag_2SO_4+2e^{-}=2Ag+SO_4^{2-}$	0.654
24	$Ag_2WO_4+2e^{-}=2Ag+WO_4^{2-}$	0.466
25	$Al^{3+}+3e^{-}=Al$	−1.662
26	$AlF_6^{3-}+3e^{-}=Al+6F^{-}$	−2.069
27	$Al(OH)_3+3e^{-}=Al+3OH^{-}$	−2.31
28	$AlO_2^{-}+2H_2O+3e^{-}=Al+4OH^{-}$	−2.35
29	$Am^{3+}+3e^{-}=Am$	−2.048
30	$Am^{4+}+e^{-}=Am^{3+}$	2.60
31	$AmO_2^{2+}+4H^{+}+3e^{-}=Am^{3+}+2H_2O$	1.75

续表

序号	电极过程	$\varphi^{\ominus}$/V
32	$As+3H^{+}+3e^{-}=AsH_3$	−0.608
33	$As+3H_2O+3e^{-}=AsH_3+3OH^{-}$	−1.37
34	$As_2O_3+6H^{+}+6e^{-}=2As+3H_2O$	0.234
35	$HAsO_2+3H^{+}+3e^{-}=As+2H_2O$	0.248
36	$AsO_2^{-}+2H_2O+3e^{-}=As+4OH^{-}$	−0.68
37	$H_3AsO_4+2H^{+}+2e^{-}=HAsO_2+2H_2O$	0.560
38	$AsO_4^{3-}+2H_2O+2e^{-}=AsO_2^{-}+4OH^{-}$	−0.71
39	$AsS_2^{-}+3e^{-}=As+2S^{2-}$	−0.75
40	$AsS_4^{3-}+2e^{-}=AsS_2^{-}+2S^{2-}$	−0.60
41	$Au^{+}+e^{-}=Au$	1.692
42	$Au^{3+}+3e^{-}=Au$	1.498
43	$Au^{3+}+2e^{-}=Au^{+}$	1.401
44	$AuBr_2^{-}+e^{-}=Au+2Br^{-}$	0.959
45	$AuBr_4^{-}+3e^{-}=Au+4Br^{-}$	0.854
46	$AuCl_2^{-}+e^{-}=Au+2Cl^{-}$	1.15
47	$AuCl_4^{-}+3e^{-}=Au+4Cl^{-}$	1.002
48	$AuI+e^{-}=Au+I^{-}$	0.50
49	$[Au(SCN)_4]^{-}+3e^{-}=Au+4SCN^{-}$	0.66
50	$Au(OH)_3+3H^{+}+3e^{-}=Au+3H_2O$	1.45
51	$BF_4^{-}+3e^{-}=B+4F^{-}$	−1.04
52	$H_2BO_3^{-}+H_2O+3e^{-}=B+4OH^{-}$	−1.79
53	$B(OH)_3+7H^{+}+8e^{-}=BH_4^{-}+3H_2O$	−0.0481
54	$Ba^{2+}+2e^{-}=Ba$	−2.912
55	$Ba(OH)_2+2e^{-}=Ba+2OH^{-}$	−2.99
56	$Be^{2+}+2e^{-}=Be$	−1.847
57	$Be_2O_3^{2-}+3H_2O+4e^{-}=2Be+6OH^{-}$	−2.63
58	$Bi^{+}+e^{-}=Bi$	0.5
59	$Bi^{3+}+3e^{-}=Bi$	0.308
60	$BiCl_4^{-}+3e^{-}=Bi+4Cl^{-}$	0.16
61	$BiOCl+2H^{+}+3e^{-}=Bi+Cl^{-}+H_2O$	0.16
62	$Bi_2O_3+3H_2O+6e^{-}=2Bi+6OH^{-}$	−0.46
63	$Bi_2O_4+4H^{+}+2e^{-}=2BiO^{+}+2H_2O$	1.593
64	$Bi_2O_4+H_2O+2e^{-}=Bi_2O_3+2OH^{-}$	0.56
65	Br_2(水溶液,aq)$+2e^{-}=2Br^{-}$	1.087

续表

序号	电极过程	$\varphi^{\ominus}$/V
66	Br_2(液体)$+2e^- = 2Br^-$	1.066
67	$BrO^- + H_2O + 2e^- = Br^- + 2OH$	0.761
68	$BrO_3^- + 6H^+ + 6e^- = Br^- + 3H_2O$	1.423
69	$BrO_3^- + 3H_2O + 6e^- = Br^- + 6OH^-$	0.61
70	$2BrO_3^- + 12H^+ + 10e^- = Br_2 + 6H_2O$	1.482
71	$HBrO + H^+ + 2e^- = Br^- + H_2O$	1.331
72	$2HBrO + 2H^+ + 2e^- = Br_2$(水溶液,aq)$+2H_2O$	1.574
73	$CH_3OH + 2H^+ + 2e^- = CH_4 + H_2O$	0.59
74	$HCHO + 2H^+ + 2e^- = CH_3OH$	0.19
75	$CH_3COOH + 2H^+ + 2e^- = CH_3CHO + H_2O$	−0.12
76	$(CN)_2 + 2H^+ + 2e^- = 2HCN$	0.373
77	$(CNS)_2 + 2e^- = 2CNS^-$	0.77
78	$CO_2 + 2H^+ + 2e^- = CO + H_2O$	−0.12
79	$CO_2 + 2H^+ + 2e^- = HCOOH$	−0.199
80	$Ca^{2+} + 2e^- = Ca$	−2.868
81	$Ca(OH)_2 + 2e^- = Ca + 2OH^-$	−3.02
82	$Cd^{2+} + 2e^- = Cd$	−0.403
83	$Cd^{2+} + 2e^- = Cd(Hg)$	−0.352
84	$[Cd(CN)_4]^{2-} + 2e^- = Cd + 4CN^-$	−1.09
85	$CdO + H_2O + 2e^- = Cd + 2OH^-$	−0.783
86	$CdS + 2e^- = Cd + S^{2-}$	−1.17
87	$CdSO_4 + 2e^- = Cd + SO_4^{2-}$	−0.246
88	$Ce^{3+} + 3e^- = Ce$	−2.336
89	$Ce^{3+} + 3e^- = Ce(Hg)$	−1.437
90	$CeO_2 + 4H^+ + e^- = Ce^{3+} + 2H_2O$	1.4
91	Cl_2(气体)$+2e^- = 2Cl^-$	1.358
92	$ClO^- + H_2O + 2e^- = Cl^- + 2OH^-$	0.89
93	$HClO + H^+ + 2e^- = Cl^- + H_2O$	1.482
94	$2HClO + 2H^+ + 2e^- = Cl_2 + 2H_2O$	1.611
95	$ClO_2^- + 2H_2O + 4e^- = Cl^- + 4OH^-$	0.76
96	$2ClO_3^- + 12H^+ + 10e^- = Cl_2 + 6H_2O$	1.47
97	$ClO_3^- + 6H^+ + 6e^- = Cl^- + 3H_2O$	1.451
98	$ClO_3^- + 3H_2O + 6e^- = Cl^- + 6OH^-$	0.62
99	$ClO_4^- + 8H^+ + 8e^- = Cl^- + 4H_2O$	1.38

续表

序号	电极过程	$\varphi^{\ominus}/V$
100	$2ClO_4^- + 16H^+ + 14e^- = Cl_2 + 8H_2O$	1.39
101	$Cm^{3+} + 3e^- = Cm$	−2.04
102	$Co^{2+} + 2e^- = Co$	−0.28
103	$[Co(NH_3)_6]^{3+} + e^- = [Co(NH_3)_6]^{2+}$	0.108
104	$[Co(NH_3)_6]^{2+} + 2e^- = Co + 6NH_3$	−0.43
105	$Co(OH)_2 + 2e^- = Co + 2OH^-$	−0.73
106	$Co(OH)_3 + e^- = Co(OH)_2 + OH^-$	0.17
107	$Cr^{2+} + 2e^- = Cr$	−0.913
108	$Cr^{3+} + e^- = Cr^{2+}$	−0.407
109	$Cr^{3+} + 3e^- = Cr$	−0.744
110	$[Cr(CN)_6]^{3-} + e^- = [Cr(CN)_6]^{4-}$	−1.28
111	$Cr(OH)_3 + 3e^- = Cr + 3OH^-$	−1.48
112	$Cr_2O_7^{2-} + 14H^+ + 6e^- = 2Cr^{3+} + 7H_2O$	1.232
113	$CrO_2^- + 2H_2O + 3e^- = Cr + 4OH^-$	−1.2
114	$HCrO_4^- + 7H^+ + 3e^- = Cr^{3+} + 4H_2O$	1.350
115	$CrO_4^{2-} + 4H_2O + 3e^- = Cr(OH)_3 + 5OH^-$	−0.13
116	$Cs^+ + e^- = Cs$	−2.92
117	$Cu^+ + e^- = Cu$	0.521
118	$Cu^{2+} + 2e^- = Cu$	0.342
119	$Cu^{2+} + 2e^- = Cu(Hg)$	0.345
120	$Cu^{2+} + Br^- + e^- = CuBr$	0.66
121	$Cu^{2+} + Cl^- + e^- = CuCl$	0.57
122	$Cu^{2+} + I^- + e^- = CuI$	0.86
123	$Cu^{2+} + 2CN^- + e^- = [Cu(CN)_2]^-$	1.103
124	$CuBr_2^- + e^- = Cu + 2Br^-$	0.05
125	$CuCl_2^- + e^- = Cu + 2Cl^-$	0.19
126	$CuI_2^- + e^- = Cu + 2I^-$	0.00
127	$Cu_2O + H_2O + 2e^- = 2Cu + 2OH^-$	−0.360
128	$Cu(OH)_2 + 2e^- = Cu + 2OH^-$	−0.222
129	$2Cu(OH)_2 + 2e^- = Cu_2O + 2OH^- + H_2O$	−0.080
130	$CuS + 2e^- = Cu + S^{2-}$	−0.70
131	$CuSCN + e^- = Cu + SCN^-$	−0.27
132	$Dy^{2+} + 2e^- = Dy$	−2.2
133	$Dy^{3+} + 3e^- = Dy$	−2.295

续表

序号	电极过程	$\varphi^{\ominus}$/V
134	$Er^{2+}+2e^{-}=Er$	−2.0
135	$Er^{3+}+3e^{-}=Er$	−2.331
136	$Es^{2+}+2e^{-}=Es$	−2.23
137	$Es^{3+}+3e^{-}=Es$	−1.91
138	$Eu^{2+}+2e^{-}=Eu$	−2.812
139	$Eu^{3+}+3e^{-}=Eu$	−1.991
140	$F_2+2H^{+}+2e^{-}=2HF$	3.053
141	$F_2O+2H^{+}+4e^{-}=H_2O+2F^{-}$	2.153
142	$Fe^{2+}+2e^{-}=Fe$	−0.447
143	$Fe^{3+}+3e^{-}=Fe$	−0.037
144	$[Fe(CN)_6]^{3-}+e^{-}=[Fe(CN)_6]^{4-}$	0.358
145	$[Fe(CN)_6]^{4-}+2e^{-}=Fe+6CN^{-}$	−1.5
146	$FeF_6^{3-}+e^{-}=Fe^{2+}+6F^{-}$	0.4
147	$Fe(OH)_2+2e^{-}=Fe+2OH^{-}$	−0.877
148	$Fe(OH)_3+e^{-}=Fe(OH)_2+OH^{-}$	−0.56
149	$Fe_3O_4+8H^{+}+2e^{-}=3Fe^{2+}+4H_2O$	1.23
150	$Fm^{3+}+3e^{-}=Fm$	−1.89
151	$Fr^{+}+e^{-}=Fr$	−2.9
152	$Ga^{3+}+3e^{-}=Ga$	−0.549
153	$H_2GaO_3^{-}+H_2O+3e^{-}=Ga+4OH^{-}$	−1.29
154	$Gd^{3+}+3e^{-}=Gd$	−2.279
155	$Ge^{2+}+2e^{-}=Ge$	0.24
156	$Ge^{4+}+2e^{-}=Ge^{2+}$	0.0
157	$GeO_2+2H^{+}+2e^{-}=GeO$(棕色)$+H_2O$	−0.118
158	$GeO_2+2H^{+}+2e^{-}=GeO$(黄色)$+H_2O$	−0.273
159	$H_2GeO_3+4H^{+}+4e^{-}=Ge+3H_2O$	−0.182
160	$2H^{+}+2e^{-}=H_2$	0.0000
161	$H_2+2e^{-}=2H^{-}$	−2.25
162	$2H_2O+2e^{-}=H_2+2OH^{-}$	−0.8277
163	$Hf^{4+}+4e^{-}=Hf$	−1.55
164	$Hg^{2+}+2e^{-}=Hg$	0.851
165	$Hg_2^{2+}+2e^{-}=2Hg$	0.797
166	$2Hg^{2+}+2e^{-}=Hg_2^{2+}$	0.920
167	$Hg_2Br_2+2e^{-}=2Hg+2Br^{-}$	0.1392

续表

序号	电极过程	$\varphi^{\ominus}/V$
168	$HgBr_4^{2-}+2e^- = Hg+4Br^-$	0.21
169	$Hg_2Cl_2+2e^- = 2Hg+2Cl^-$	0.2681
170	$2HgCl_2+2e^- = Hg_2Cl_2+2Cl^-$	0.63
171	$Hg_2CrO_4+2e^- = 2Hg+CrO_4^{2-}$	0.54
172	$Hg_2I_2+2e^- = 2Hg+2I^-$	−0.0405
173	$Hg_2O+H_2O+2e^- = 2Hg+2OH^-$	0.123
174	$HgO+H_2O+2e^- = Hg+2OH^-$	0.0977
175	HgS(红色)$+2e^- = Hg+S^{2-}$	−0.70
176	HgS(黑色)$+2e^- = Hg+S^{2-}$	−0.67
177	$Hg_2(SCN)_2+2e^- = 2Hg+2SCN^-$	0.22
178	$Hg_2SO_4+2e^- = 2Hg+SO_4^{2-}$	0.613
179	$Ho^{2+}+2e^- = Ho$	−2.1
180	$Ho^{3+}+3e^- = Ho$	−2.33
181	$I_2+2e^- = 2I^-$	0.5355
182	$I_3^-+2e^- = 3I^-$	0.536
183	$2IBr+2e^- = I_2+2Br^-$	1.02
184	$ICN+2e^- = I^-+CN^-$	0.30
185	$2HIO+2H^++2e^- = I_2+2H_2O$	1.439
186	$HIO+H^++2e^- = I^-+H_2O$	0.987
187	$IO^-+H_2O+2e^- = I^-+2OH^-$	0.485
188	$2IO_3^-+12H^++10e^- = I_2+6H_2O$	1.195
189	$IO_3^-+6H^++6e^- = I^-+3H_2O$	1.085
190	$IO_3^-+2H_2O+4e^- = IO^-+4OH^-$	0.15
191	$IO_3^-+3H_2O+6e^- = I^-+6OH^-$	0.26
192	$2IO_3^-+6H_2O+10e^- = I_2+12OH^-$	0.21
193	$H_5IO_6+H^++2e^- = IO_3^-+3H_2O$	1.601
194	$In^++e^- = In$	−0.14
195	$In^{3+}+3e^- = In$	−0.338
196	$In(OH)_3+3e^- = In+3OH^-$	−0.99
197	$Ir^{3+}+3e^- = Ir$	1.156
198	$IrBr_6^{2-}+e^- = IrBr_6^{3-}$	0.99
199	$IrCl_6^{2-}+e^- = IrCl_6^{3-}$	0.867
200	$K^++e^- = K$	−2.931
201	$La^{3+}+3e^- = La$	−2.379

续表

序号	电极过程	$\varphi^\ominus$/V
202	$La(OH)_3+3e^- \rightleftharpoons La+3OH^-$	−2.90
203	$Li^++e^- \rightleftharpoons Li$	−3.040
204	$Lr^{3+}+3e^- \rightleftharpoons Lr$	−1.96
205	$Lu^{3+}+3e^- \rightleftharpoons Lu$	−2.28
206	$Md^{2+}+2e^- \rightleftharpoons Md$	−2.40
207	$Md^{3+}+3e^- \rightleftharpoons Md$	−1.65
208	$Mg^{2+}+2e^- \rightleftharpoons Mg$	−2.372
209	$Mg(OH)_2+2e^- \rightleftharpoons Mg+2OH^-$	−2.690
210	$Mn^{2+}+2e^- \rightleftharpoons Mn$	−1.185
211	$Mn^{3+}+3e^- \rightleftharpoons Mn$	1.542
212	$MnO_2+4H^++2e^- \rightleftharpoons Mn^{2+}+2H_2O$	1.224
213	$MnO_4^-+4H^++3e^- \rightleftharpoons MnO_2+2H_2O$	1.679
214	$MnO_4^-+8H^++5e^- \rightleftharpoons Mn^{2+}+4H_2O$	1.507
215	$MnO_4^-+2H_2O+3e^- \rightleftharpoons MnO_2+4OH^-$	0.595
216	$Mn(OH)_2+2e^- \rightleftharpoons Mn+2OH^-$	−1.56
217	$Mo^{3+}+3e^- \rightleftharpoons Mo$	−0.200
218	$MoO_4^{2-}+4H_2O+6e^- \rightleftharpoons Mo+8OH^-$	−1.05
219	$N_2+2H_2O+6H^++6e^- \rightleftharpoons 2NH_4OH$	0.092
220	$2NH_3OH^++H^++2e^- \rightleftharpoons N_2H_5^++2H_2O$	1.42
221	$2NO+H_2O+2e^- \rightleftharpoons N_2O+2OH^-$	0.76
222	$2HNO_2+4H^++4e^- \rightleftharpoons N_2O+3H_2O$	1.297
223	$NO_3^-+3H^++2e^- \rightleftharpoons HNO_2+H_2O$	0.934
224	$NO_3^-+H_2O+2e^- \rightleftharpoons NO_2^-+2OH^-$	0.01
225	$2NO_3^-+2H_2O+2e^- \rightleftharpoons N_2O_4+4OH^-$	−0.85
226	$Na^++e^- \rightleftharpoons Na$	−2.713
227	$Nb^{3+}+3e^- \rightleftharpoons Nb$	−1.099
228	$NbO_2+4H^++4e^- \rightleftharpoons Nb+2H_2O$	−0.690
229	$Nb_2O_5+10H^++10e^- \rightleftharpoons 2Nb+5H_2O$	−0.644
230	$Nd^{2+}+2e^- \rightleftharpoons Nd$	−2.1
231	$Nd^{3+}+3e^- \rightleftharpoons Nd$	−2.323
232	$Ni^{2+}+2e^- \rightleftharpoons Ni$	−0.257
233	$NiCO_3+2e^- \rightleftharpoons Ni+CO_3^{2-}$	−0.45
234	$Ni(OH)_2+2e^- \rightleftharpoons Ni+2OH^-$	−0.72
235	$NiO_2+4H^++2e^- \rightleftharpoons Ni^{2+}+2H_2O$	1.678

续表

序号	电极过程	$\varphi^{\ominus}$/V
236	$No^{2+}+2e^{-}$ ══ No	−2.50
237	$No^{3+}+3e^{-}$ ══ No	−1.20
238	$Np^{3+}+3e^{-}$ ══ Np	−1.856
239	$NpO_2+H_2O+H^{+}+e^{-}$ ══ $Np(OH)_3$	−0.962
240	$O_2+4H^{+}+4e^{-}$ ══ $2H_2O$	1.229
241	$O_2+2H_2O+4e^{-}$ ══ $4OH^{-}$	0.401
242	$O_3+H_2O+2e^{-}$ ══ O_2+2OH^{-}	1.24
243	$Os^{2+}+2e^{-}$ ══ Os	0.85
244	$OsCl_6^{3-}+e^{-}$ ══ $Os^{2+}+6Cl^{-}$	0.4
245	$OsO_2+2H_2O+4e^{-}$ ══ $Os+4OH^{-}$	−0.15
246	$OsO_4+8H^{+}+8e^{-}$ ══ $Os+4H_2O$	0.838
247	$OsO_4+4H^{+}+4e^{-}$ ══ OsO_2+2H_2O	1.02
248	$P+3H_2O+3e^{-}$ ══ $PH_3(g)+3OH^{-}$	−0.87
249	$H_2PO_2^{-}+e^{-}$ ══ $P+2OH^{-}$	−1.82
250	$H_3PO_3+2H^{+}+2e^{-}$ ══ $H_3PO_2+H_2O$	−0.499
251	$H_3PO_3+3H^{+}+3e^{-}$ ══ $P+3H_2O$	−0.454
252	$H_3PO_4+2H^{+}+2e^{-}$ ══ $H_3PO_3+H_2O$	−0.276
253	$PO_4^{3-}+2H_2O+2e^{-}$ ══ $HPO_3^{2-}+3OH^{-}$	−1.05
254	$Pa^{3+}+3e^{-}$ ══ Pa	−1.34
255	$Pa^{4+}+4e^{-}$ ══ Pa	−1.49
256	$Pb^{2+}+2e^{-}$ ══ Pb	−0.126
257	$Pb^{2+}+2e^{-}$ ══ $Pb(Hg)$	−0.121
258	$PbBr_2+2e^{-}$ ══ $Pb+2Br^{-}$	−0.284
259	$PbCl_2+2e^{-}$ ══ $Pb+2Cl^{-}$	−0.268
260	$PbCO_3+2e^{-}$ ══ $Pb+CO_3^{2-}$	−0.506
261	PbF_2+2e^{-} ══ $Pb+2F^{-}$	−0.344
262	PbI_2+2e^{-} ══ $Pb+2I^{-}$	−0.365
263	$PbO+H_2O+2e^{-}$ ══ $Pb+2OH^{-}$	−0.580
264	$PbO+4H^{+}+2e^{-}$ ══ $Pb+H_2O$	0.25
265	$PbO_2+4H^{+}+2e^{-}$ ══ $Pb^{2+}+2H_2O$	1.455
266	$HPbO_2^{-}+H_2O+2e^{-}$ ══ $Pb+3OH^{-}$	−0.537
267	$PbO_2+SO_4^{2-}+4H^{+}+2e^{-}$ ══ $PbSO_4+2H_2O$	1.691
268	$PbSO_4+2e^{-}$ ══ $Pb+SO_4^{2-}$	−0.359
269	$Pd^{2+}+2e^{-}$ ══ Pd	0.915

续表

序号	电极过程	$\varphi^{\ominus}$/V
270	$PdBr_4^{2-}+2e^- = Pd+4Br^-$	0.6
271	$PdO_2+H_2O+2e^- = PdO+2OH^-$	0.73
272	$Pd(OH)_2+2e^- = Pd+2OH^-$	0.07
273	$Pm^{2+}+2e^- = Pm$	−2.20
274	$Pm^{3+}+3e^- = Pm$	−2.30
275	$Po^{4+}+4e^- = Po$	0.76
276	$Pr^{2+}+2e^- = Pr$	−2.0
277	$Pr^{3+}+3e^- = Pr$	−2.353
278	$Pt^{2+}+2e^- = Pt$	1.18
279	$[PtCl_6]^{2-}+2e^- = [PtCl_4]^{2-}+2Cl^-$	0.68
280	$Pt(OH)_2+2e^- = Pt+2OH^-$	0.14
281	$PtO_2+4H^++4e^- = Pt+2H_2O$	1.00
282	$PtS+2e^- = Pt+S^{2-}$	−0.83
283	$Pu^{3+}+3e^- = Pu$	−2.031
284	$Pu^{5+}+e^- = Pu^{4+}$	1.099
285	$Ra^{2+}+2e^- = Ra$	−2.8
286	$Rb^++e^- = Rb$	−2.98
287	$Re^{3+}+3e^- = Re$	0.300
288	$ReO_2+4H^++4e^- = Re+2H_2O$	0.251
289	$ReO_4^-+4H^++3e^- = ReO_2+2H_2O$	0.510
290	$ReO_4^-+4H_2O+7e^- = Re+8OH^-$	−0.584
291	$Rh^{2+}+2e^- = Rh$	0.600
292	$Rh^{3+}+3e^- = Rh$	0.758
293	$Ru^{2+}+2e^- = Ru$	0.455
294	$RuO_2+4H^++2e^- = Ru^{2+}+2H_2O$	1.120
295	$RuO_4+6H^++4e^- = Ru(OH)_2^{2+}+2H_2O$	1.40
296	$S+2e^- = S^{2-}$	−0.476
297	$S+2H^++2e^- = H_2S$(水溶液,aq)	0.142
298	$S_2O_6^{2-}+4H^++2e^- = 2H_2SO_3$	0.564
299	$2SO_3^{2-}+3H_2O+4e^- = S_2O_3^{2-}+6OH^-$	−0.571
300	$2SO_3^{2-}+2H_2O+2e^- = S_2O_4^{2-}+4OH^-$	−1.12
301	$SO_4^{2-}+H_2O+2e^- = SO_3^{2-}+2OH^-$	−0.93
302	$Sb+3H^++3e^- = SbH_3$	−0.510
303	$Sb_2O_3+6H^++6e^- = 2Sb+3H_2O$	0.152

续表

序号	电极过程	$\varphi^{\ominus}$/V
304	$Sb_2O_5+6H^++4e^-$ ══ $2SbO^++3H_2O$	0.581
305	$SbO_3^-+H_2O+2e^-$ ══ $SbO_2^-+2OH^-$	−0.59
306	$Sc^{3+}+3e^-$ ══ Sc	−2.077
307	$Sc(OH)_3+3e^-$ ══ $Sc+3OH^-$	−2.6
308	$Se+2e^-$ ══ Se^{2-}	−0.924
309	$Se+2H^++2e^-$ ══ H_2Se(水溶液,aq)	−0.399
310	$H_2SeO_3+4H^++4e^-$ ══ $Se+3H_2O$	−0.74
311	$SeO_3^{2-}+3H_2O+4e^-$ ══ $Se+6OH^-$	−0.366
312	$SeO_4^{2-}+H_2O+2e^-$ ══ $SeO_3^{2-}+2OH^-$	0.05
313	$Si+4H^++4e^-$ ══ SiH_4(气体)	0.102
314	$Si+4H_2O+4e^-$ ══ SiH_4+4OH^-	−0.73
315	$SiF_6^{2-}+4e^-$ ══ $Si+6F^-$	−1.24
316	$SiO_2+4H^++4e^-$ ══ $Si+2H_2O$	−0.857
317	$SiO_3^{2-}+3H_2O+4e^-$ ══ $Si+6OH^-$	−1.697
318	$Sm^{2+}+2e^-$ ══ Sm	−2.68
319	$Sm^{3+}+3e^-$ ══ Sm	−2.304
320	$Sn^{2+}+2e^-$ ══ Sn	−0.138
321	$Sn^{4+}+2e^-$ ══ Sn^{2+}	0.151
322	$SnCl_4^{2-}+2e^-$ ══ $Sn+4Cl^-$ (1 mol·L^{-1} HCl)	−0.19
323	$SnF_6^{2-}+4e^-$ ══ $Sn+6F^-$	−0.25
324	$Sn(OH)_3^-+3H^++2e^-$ ══ $Sn^{2+}+3H_2O$	0.142
325	$SnO_2+4H^++4e^-$ ══ $Sn+2H_2O$	−0.117
326	$Sn(OH)_6^{2-}+2e^-$ ══ $HSnO_2^-+3OH^-+H_2O$	−0.93
327	$Sr^{2+}+2e^-$ ══ Sr	−2.899
328	$Sr^{2+}+2e^-$ ══ $Sr(Hg)$	−1.793
329	$Sr(OH)_2+2e^-$ ══ $Sr+2OH^-$	−2.88
330	$Ta^{3+}+3e^-$ ══ Ta	−0.6
331	$Tb^{3+}+3e^-$ ══ Tb	−2.28
332	$Tc^{2+}+2e^-$ ══ Tc	0.400
333	$TcO_4^-+8H^++7e^-$ ══ $Tc+4H_2O$	0.472
334	$TcO_4^-+2H_2O+3e^-$ ══ TcO_2+4OH^-	−0.311
335	$Te+2e^-$ ══ Te^{2-}	−1.143
336	$Te^{4+}+4e^-$ ══ Te	0.568
337	$Th^{4+}+4e^-$ ══ Th	−1.899

续表

序号	电极过程	$\varphi^\ominus$/V
338	$Ti^{2+}+2e^-$ ══ Ti	−1.630
339	$Ti^{3+}+3e^-$ ══ Ti	−1.37
340	$TiO_2+4H^++2e^-$ ══ $Ti^{2+}+2H_2O$	−0.502
341	$TiO^{2+}+2H^++e^-$ ══ $Ti^{3+}+H_2O$	0.1
342	Tl^++e^- ══ Tl	−0.336
343	$Tl^{3+}+3e^-$ ══ Tl	0.741
344	$Tl^{3+}+Cl^-+2e^-$ ══ $TlCl$	1.36
345	$TlBr+e^-$ ══ $Tl+Br^-$	−0.658
346	$TlCl+e^-$ ══ $Tl+Cl^-$	−0.557
347	$TlI+e^-$ ══ $Tl+I^-$	−0.752
348	$Tl_2O_3+3H_2O+4e^-$ ══ $2Tl^++6OH^-$	0.02
349	$TlOH+e^-$ ══ $Tl+OH^-$	−0.34
350	$Tl_2SO_4+2e^-$ ══ $2Tl+SO_4^{2-}$	−0.436
351	$Tm^{2+}+2e^-$ ══ Tm	−2.4
352	$Tm^{3+}+3e^-$ ══ Tm	−2.319
353	$U^{3+}+3e^-$ ══ U	−1.798
354	$UO_2+4H^++4e^-$ ══ $U+2H_2O$	−1.40
355	$UO_2^++4H^++e^-$ ══ $U^{4+}+2H_2O$	0.612
356	$UO_2^{2+}+4H^++6e^-$ ══ $U+2H_2O$	−1.444
357	$V^{2+}+2e^-$ ══ V	−1.175
358	$VO^{2+}+2H^++e^-$ ══ $V^{3+}+H_2O$	0.337
359	$VO_2^++2H^++e^-$ ══ $VO^{2+}+H_2O$	0.991
360	$VO_2^++4H^++2e^-$ ══ $V^{3+}+2H_2O$	0.668
361	$V_2O_5+10H^++10e^-$ ══ $2V+5H_2O$	−0.242
362	$W^{3+}+3e^-$ ══ W	0.1
363	$WO_3+6H^++6e^-$ ══ $W+3H_2O$	−0.090
364	$W_2O_5+2H^++2e^-$ ══ $2WO_2+H_2O$	−0.031
365	$Y^{3+}+3e^-$ ══ Y	−2.372
366	$Yb^{2+}+2e^-$ ══ Yb	−2.76
367	$Yb^{3+}+3e^-$ ══ Yb	−2.19
368	$Zn^{2+}+2e^-$ ══ Zn	−0.7618
369	$Zn^{2+}+2e^-$ ══ $Zn(Hg)$	−0.7628
370	$Zn(OH)_2+2e^-$ ══ $Zn+2OH^-$	−1.249
371	$ZnS+2e^-$ ══ $Zn+S^{2-}$	−1.40
372	$ZnSO_4+2e^-$ ══ $Zn(Hg)+SO_4^{2-}$	−0.799

附录 11　甘汞电极在不同温度下的电极电势

温度/℃	电解质 0.1 mol · L^{-1} KCl	1 mol · L^{-1} KCl $\varphi^{\ominus}$/V	饱和 KCl
0	0.338	0.2888	0.2601
1	0.3379	0.2886	0.2594
2	0.3379	0.2883	0.2588
3	0.3378	0.2881	0.2581
4	0.3378	0.2878	0.2575
5	0.3377	0.2876	0.2568
6	0.3376	0.2874	0.2562
7	0.3376	0.2871	0.2555
8	0.3375	0.2869	0.2549
9	0.3379	0.2866	0.2542
10	0.3374	0.2864	0.2536
11	0.3373	0.2862	0.2529
12	0.3373	0.2859	0.2523
13	0.3373	0.2857	0.2516
14	0.3372	0.2854	0.251
15	0.3371	0.2852	0.2503
16	0.337	0.285	0.2497
17	0.337	0.2847	0.249
18	0.3369	0.2845	0.2843
19	0.3369	0.2842	0.2477
20	0.3368	0.284	0.2471
21	0.3367	0.2838	0.2464
22	0.3367	0.2835	0.2458
23	0.3366	0.2833	0.2451
24	0.3366	0.283	0.2445
25	0.3365	0.2828	0.2438
26	0.3364	0.2826	0.2431
27	0.3364	0.2823	0.2425

续表

温度/℃	电解质 0.1 mol·L⁻¹ KCl	1 mol·L⁻¹ KCl $\varphi^{\ominus}$/V	饱和 KCl
28	0.3363	0.2821	0.2418
29	0.3363	0.2818	0.2412
30	0.3362	0.2816	0.2405
31	0.3361	0.2814	0.2399
32	0.3361	0.2811	0.2393
33	0.336	0.2809	0.2386
34	0.336	0.2806	0.2379
35	0.3359	0.2804	0.2373
36	0.3358	0.2802	0.2366
37	0.3358	0.2799	0.236
38	0.3357	0.2797	0.2353
39	0.3357	0.2794	0.2347
40	0.3356	0.2792	0.234
41	0.3355	0.279	0.2334
42	0.3355	0.2787	0.2327
43	0.3354	0.2785	0.2321
44	0.3354	0.2782	0.2314
45	0.3353	0.278	0.2308
46	0.3352	0.2778	0.2301
47	0.3352	0.2775	0.2295
48	0.3351	0.2773	0.2288
49	0.3351	0.277	0.2282
50	0.335	0.2768	0.2275
60			0.2199
70			0.2124
80			0.2047
90			0.1967
100			0.1885

附录 12　不同温度下水的表面张力

T/℃	γ/(10^{-3}N · m^{-1})	T/℃	γ/(10^{-3}N · m^{-1})
0	75.64	21	72.59
5	74.92	22	72.44
10	74.22	23	72.28
11	74.07	24	72.13
12	73.93	25	71.97
13	73.78	26	71.82
14	73.64	27	71.66
15	73.49	28	71.50
16	73.34	29	71.35
17	73.19	30	71.18
18	73.05	35	70.38
19	72.90	40	69.56
20	72.75	45	68.74

附录 13　不同温度下水的饱和蒸气压

温度/℃	水的饱和蒸气压/Pa
−10	260
0	610
10	1228
20	2338
30	4243
50	1.233×10^{4}
75	3.854×10^{4}
100	1.013×10^{5}
200	1.555×10^{6}

附录 14 乙醇在 101.3 kPa 下的饱和蒸气压

温度/℃	饱和蒸气压/kPa
−31.5	0.13
−12.0	0.67
8.0	2.67
19.0	5.333
26.0	8.00
34.9	13.33
48.4	26.66
63.5	53.93
78.3	101.33

附录 15 298 K 时电解质水溶液的摩尔电导率

c /(mol·L^{-1})	Λ_m/(Ω^{-1}·m^2·mol^{-1})					
	KCl	HCl	$AgNO_3$	1/2H_2SO_4	1/2$BaCl_2$	CH_3COOH
0.0000	0.01498	0.04261	0.01333	0.04296	0.01399	0.039070
0.0005	0.014781	0.042274	0.013136	0.041310	0.013596	0.00677
0.0010	0.014695	0.042136	0.013051	0.03995	0.013434	0.00492
0.0050	0.014355	0.041580	0.012720	0.03694	0.012802	0.00229
0.0100	0.014127	0.041200	0.012476	0.033640	0.012394	0.00163
0.0500	0.013337	0.039909	0.011524	0.027260	0.011148	0.00074
0.1000	0.012896	0.039132	0.010914	0.025080	0.010519	—
0.2000	0.01239	0.03796	0.01081	0.02343	0.00986	—
0.5000	0.01172	0.03592	—	0.02225	0.00888	—
1.0000	0.01119	0.03328	—	—	0.00805	—

附录 16　298 K 时一些离子的极限摩尔电导率

正离子	$\Lambda_+^\infty \times 10^4$ /($\Omega^{-1}\cdot m^2\cdot mol^{-1}$)	负离子	$\Lambda_-^\infty \times 10^4$ /($\Omega^{-1}\cdot m^2\cdot mol^{-1}$)
K^+	73.52	Cl^-	76.34
Na^+	50.11	Br^-	78.4
Li^+	38.69	I^-	76.8
NH_4^+	73.4	NO_3^-	71.44
H^+	349.82	HCO_3^-	44.48
Ag^+	61.92	OH^-	198
Tl^+	74.7	CH_3COO^-	40.9
$1/2Ca^{2+}$	59.50	CH_2ClCOO^-	39.7
$1/2Ba^{2+}$	63.64	ClO_4^-	68.0
$1/2Sr^{2+}$	59.46	$1/2SO_4^{2-}$	79.8
$1/2Mg^{2+}$	53.06	$1/3Fe(CN)_6^{3-}$	101.0
$1/3La^{3+}$	69.6	$1/4\ Fe(CN)_6^{4-}$	110.5